高等学校电子信息类专业平台课系列教材

Data Structure & Algorithm in C#

数据结构与算法
（C# 语言实现）

主编　王文伟

武汉大学出版社

图书在版编目(CIP)数据

数据结构与算法:C#语言实现/王文伟主编.—武汉:武汉大学出版社,
2020.10

高等学校电子信息类专业平台课系列教材

ISBN 978-7-307-21748-5

Ⅰ.数… Ⅱ.王… Ⅲ.①数据结构—高等学校—教材 ②C 语言—程
序设计—高等学校—教材 Ⅳ.TP311.12

中国版本图书馆 CIP 数据核字(2020)第 161968 号

责任编辑:胡 艳 责任校对:李孟潇 版式设计:马 佳

出版发行:**武汉大学出版社** (430072 武昌 珞珈山)
(电子邮箱:cbs22@whu.edu.cn 网址:www.wdp.com.cn)
印刷:武汉中远印务有限公司
开本:787×1092 1/16 印张:17.75 字数:421 千字 插页:1
版次:2020 年 10 月第 1 版 2020 年 10 月第 1 次印刷
ISBN 978-7-307-21748-5 定价:55.00 元

前　　言

在计算机科学中，"数据结构与算法"是一门进阶性课程，其讨论的知识内容和提倡的技术方法，构成程序设计的重要理论和方法基础。系统地学习数据结构与算法的理论方法，无论对进一步学习计算机领域的其他课程，还是对从事软件工程的开发，都有着不可替代的作用。

我们开设的"数据结构与算法"课程，旨在为非计算机专业，特别是电子信息类各专业及相近专业的本科生提供高效、实用和现代化的数据结构设计与算法分析的训练，希望学生通过学习本课程，巩固提高程序设计基础，理解洞悉数据结构与算法的重要理论方法，掌握并熟练应用先进的软件开发技术，具备面向应用的抽象与建模能力及软件实现能力。

"数据结构与算法"是一门理论和实践密切结合的课程，其所讨论的概念较为抽象，所关联的知识面较为广泛，学习难度较大。随着计算机技术的飞速发展，数据结构与算法的相关内容，包括数据设计与组织、算法设计与分析的能力在内的软件开发技能，需求日益增长。对于学生而言，他们在学习了一些编程基础之后，便期望快速进阶到软件开发、复杂度分析和数据结构等主题，而这些内容过去往往是在高级课程中学习的。由于时代的需要，我们可以看到，高等院校有明显的前置开设"数据结构与算法"课程的趋势。不过，此阶段，学生在进入这门课程时，编程语言还不够熟练，往往不甚了解其中的高级内容，编程体验更难言丰富。在数据结构与算法课程的整个学习过程中，学生常常被同时要掌握深奥概念和复杂编程细节这样的综合性任务搞得不知所措，相当一部分学生会感受挫折而影响学习的积极性，进而使学习成效大打折扣。学生难以体验用计算机解决问题的成就感和兴奋感，教师就难以体验用先进方法和技术使学生快速进步的成就感。从我们的经验看，这种现象在国内外高校并非个例，是普遍存在的。

信息类非计算机专业的本科生对于数据结构课程的学习，在入门时，相关知识和技能基础有限，而且投入学习的时间和精力也相对有限，为了使他们在学习过程中不至于雾里看花，而是学得懂、用得上，作者在编写本书的过程中，结合多年从事计算机应用的教学经验，在涉及内容范围及难易度选取上力图适中、精简，在章节结构安排上力图新颖合理，在编程实现上力图准确、完整，而又不冗长且琐碎，在技术方法上力图先进、适用，符合技术发展潮流，而不是陈旧过时。这些特色，编者希望通过以下若干方面加以反映：

- 即学即用。每一章引入新的概念和方法后，即刻引导学生熟悉和掌握相应易学易用的"标准"类，使学生能迅速将新的概念和方法投入应用，增强学生的获得感和成就感。

- 采用 C#语言描述全部的数据结构，充分表达数据内在特征和算法的设计与实现精髓。C#语言具有精确、简单、类型安全、面向对象等特点，相较于 C/C++等语言，其编程实现相对容易，代码更为清晰简洁，采用 C#语言描述数据结构与算法更具可操作性和吸引力，使学生在编程方面能够将简单的任务高效解决，复杂的任务简洁解决，看似不可能完成的任务成为可能。

- 面向对象编程。面向对象编程是目前国际上开发大型软件系统的主要编程范型，让学生理解和掌握面向对象编程，才能使之有可能站在时代巨人的肩上。我们不是琐碎地叙述面向对象的空洞概念和复杂的语法规定，而是通过数据结构设计的实践来阐述面向对象编程的基本原理，让学生得以有效掌握和应用相关编程思想和方法。

- 各章结构安排呈现一种虚实结合及"抽象—具体—深入—再抽象"之特点。每当引入一个抽象概念后，立刻介绍标准类库中对应的具体实现，这些堪称标准的东西，是技术上集大成的产物，它们既是学生学习编程设计的模板，更可为大多数技术人员直接使用。在学生对抽象问题有了感性认识后，再深入学习数据结构的具体实现方法，使学生既博采众长，又着实锤炼能力。希望这种结构安排的有效性远超部分教材所常采用的 C++结合 STL 的模式。

总之，在本书的编写过程中，作者希望体现出简洁而高效的教育教学理念，力图使教材支撑的数据结构与算法课程具有实用性、易学性和先进性。其实用性表现在学生们能学以致用，促进其综合能力的提高；其易学性表现在学生们能在有限的时间里高效地掌握重要的软件开发方法和技术；其先进性表现在始终能反映和跟踪最新的国际软件技术发展潮流。

本书由王文伟编写。2015 年，课程讲义列为武汉大学电子信息学院重点教材建设项目；2017 年，"数据结构与算法"作为学院平台课程开设；2019 年，教材建设入选武汉大学规划特色教材。本书在编写过程中，得到了孙涛、曾圆圆、刘勇、尹凡、王泉德、赵小红、蔡磊、陶维亮等老师的大力帮助。在教学实践和教材编写过程中，学院两任分管教学工作的副院长田茂教授和贺赛先教授先后给予了作者宝贵的指导意见和大力的帮助和鼓励，在此一并表示感谢。

编　者

2020 年 7 月

目　　录

第1章 绪　　论

数据结构与算法是一门讨论如何在计算机中构建描述现实世界实体的计算模型并实现其操作的学科。数据的表示和组织直接关系到软件的运行效率，软件设计时要考虑的首要问题是数据的表示、组织和处理方法。数据结构与算法的系统理论是设计和实现系统程序与应用程序的重要基础，掌握数据结构与算法是进行卓越程序设计的必备条件。

本章将讨论数据结构与算法分析中重要的基本概念，如数据、抽象数据类型、数据结构、算法等，以及介绍算法分析的基本方法。

1.1　数据结构的基本概念

随着计算机产业的飞速发展，计算机的应用范围迅速扩展，计算机已深入到人类社会的各个领域，计算机技术日益显现其重要作用。软件设计是计算机科学与技术各个领域的主体任务之一，而数据结构设计和算法设计则是软件系统设计的核心。在计算机领域流传着一句源于著名计算机科学家 Niklaus Wirth 教授的经典名言——"数据结构+算法＝程序"，它简洁明了地指明了计算机程序和数据结构与算法的关系，因而也说明了"数据结构和算法"课程的重要性。

1.1.1　数据类型与数据结构

1. 数据、数据项和数据元素

数据(data)是计算机程序的处理对象，包括描述客观事物数量特征的数值数据以及描述名称特性的字符数据等，也就是说，数据是以多种形式呈现的信息，可以是任何能输入计算机并等待其加工处理的符号集合的总称。例如，学生信息管理系统处理的数据是一所学校每个学生的信息，包括学号、姓名、年龄和各科成绩等；科研设备管理系统处理的数据是每台设备的信息，包括设备号、设备类型、名称和保管人等；图像和视频处理软件接收和处理的数据是经过专业设备采集并数字化的图像和视频信号。随着技术的进步，数据的形式也越来越多。

数据的基本单位是数据元素(data element)，它是表示一个事物的一组数据，通常在逻辑上作为一个整体进行考量和处理，有时又称为数据结点。在很多问题中，一个数据元素可能分成若干成分，构成数据元素的某个成分的数据称作该数据元素的数据项(data item)，有时又称为数据域(data field)，数据项是数据元素的基本组成单位。

2. 数据类型

在用高级程序语言(如 C 语言和 C#语言)编写的程序中，必须对程序中出现的每个变量、常量或表达式，明确说明它们所属的数据类型。数据类型(data type)如同一个模板，定义了属于该种类型的数据对象的性质、取值范围以及对该类数据对象所能进行的各种操作。例如，C#语言中整数(int)类型的值域是 $\{-2^{31}, \cdots, -2, -1, 0, 1, 2, \cdots, 2^{31}-1\}$，对这些值所能进行的操作包括加减乘除、求模、相等或不等比较操作或运算，等等。

每种高级程序设计语言往往都提供了一些基本数据类型，如 C#语言中有 int、long、float、double、char、string 等基本数据类型。这些基本数据类型在数据处理程序中应用得最为频繁，但是它们一般不能满足程序设计中的所有需求，这时可以利用基本类型设计出各种复杂的数据类型，称为自定义数据类型。自定义数据类型要声明一个"值"的集合和定义在此集合上的"一组操作"。例如，可以定义"学生"类型，它是一种复合类型，包括姓名、学号和成绩等信息，学生姓名可以用字符串类型 string 表示，学号可以用整数类型 int 表示，成绩则可以用浮点类型 float 表示等。定义了新类型后，就可定义属于该类型的数据对象，并将它们在逻辑上作为一个整体进行处理。

3. 抽象数据类型

为了描述更广泛范围的数据实体，数据结构和算法描述中使用的数据类型不仅仅局限于程序设计语言中的数据类型，更多是指某种抽象数据类型(abstract data type，ADT)。抽象数据类型是指一个概念意义上的类型和这个类型上的逻辑操作集合。

相对于编程语言中的数据类型，抽象数据类型的范畴更为广泛。一般地说，数据类型指的是高级程序设计语言支持的数据类型，包括固有数据类型和自定义数据类型；而抽象数据类型是数据与算法在较高层次的描述中用到的概念，指的是在常规数据类型支持下软件设计人员新设计的高层次数据类型。

抽象数据类型具有数据抽象和数据封装两个重要特征。数据抽象特征表现在：用抽象数据类型描述程序处理的数据实体时，强调的是数据的本质特征、其所能完成的功能以及它和外部的接口(即外界使用它的方法)。数据封装特征表现在：抽象数据类型将数据实体的外部特性和其内部实现细节分离，并且对外部用户隐藏其内部实现细节。

数据类型和抽象数据类型实质上是相互关联的，有时甚至是等价的。我们将讨论线性表、栈、队列、串、数组和矩阵、树和二叉树、图等典型的数据结构。我们一般从抽象数据类型的角度描述这些典型数据结构的不同逻辑特性，而在实现某个数据结构时，我们需要定义相应的数据类型。

4. 数据结构

计算机处理的数据一般很多，但它们不是杂乱无章的，众多的数据间往往存在着内在的联系。而对大量的、复杂的数据进行有效处理的前提是分析清楚它们的内在联系。

数据结构(data structure)是指数据元素之间存在某种关系的数据集合。例如，一个按设备号排列的科研设备信息的数据集合(科研设备信息表)，就是一个具有"顺序"关系的数据结构，这种关系不因数据的改变而改变。

数据结构可以看成是关于数据集合的数据类型，它关注三个方面的内容：数据元素的特性、数据元素之间的关系，以及由这些数据元素组成的数据集合所允许进行的操作。例如，前面提到的科研设备信息表具有顺序关系，可以增加新的设备信息或删除已有设备的信息；又如，由祖父、父亲、我、儿子、孙子等成员组成的家族数据结构显然具有层次关系，可以增加新的成员或计算某成员所处的层次。

数据结构课程主要讨论三方面的问题：数据的逻辑结构、数据的存储结构和数据的操作。后面将陆续介绍相关的概念。

【例 1.1】用 C#语言描述学生信息和学生信息表数据结构。

假设要描述的学生信息包括学生的学号、姓名、性别、年龄和成绩等数据。每个学生的相关信息一起构成学生信息表中的一个数据元素，其中学号、姓名、性别、年龄、成绩等数据就构成学生情况描述的数据项。表 1.1 是一个有 3 个数据元素的学生信息表。

表 1.1   学生信息表

学号	姓名	性别	年龄	成绩
200518001	王兵	男	18	85
200518002	李霞	女	19	92
200518003	张飞	男	19	78

学生信息可以用 C#语言声明为如下的类型(类型种类：类类型，类型名称：Student)：

```
public class Student{
    public string studentID;
    public string name;
    public string gender;
    public int age;
    public float score;
}
```

学生信息表则是由 Student 类型的数据元素组成的能够进行特定操作的数据集合，即学生信息表是一种特定类型的数据结构。

学生信息表可用 C#语言声明为如下的类型(类型种类：类类型，类型名称：StudentInfoTable)：

```
class StudentInfoTable{
    Student[] studentList;                  //学生信息表内部存储数组(块)
    public int Add(Student st);             //将新学生添加到表的结尾处
    public bool Contains(Student st);       //确定某个学生是否在表中
    public void Sort();                     //对表中元素进行排序
}
```

1.1.2 数据的逻辑结构

数据的逻辑结构侧重于数据集合的抽象特性，它描述数据集合中数据元素之间的逻辑关系。一般可用一个数据元素的集合和定义在此集合上的若干关系来表示数据元素之间的逻辑关系，即数据的逻辑结构。"数据结构"这一术语很多时候指的就是数据的逻辑结构。

按照数据集合中数据元素之间存在的逻辑关系的不同特性，常见的数据结构可以分为三种基本类型：线性结构、树结构和图结构。

1. 线性结构

一组具有某种共性的数据元素按照某种逻辑上的顺序关系组成一个数据集合，称为线性数据结构。线性结构具有的特性是：数据集合的第一个数据元素没有前驱数据元素，最后一个数据元素没有后继数据元素，其他的每个元素只有一个前驱元素和一个后继元素。

线性结构如图 1.1(a)所示，其中数据元素 B 有一个前驱数据元素 A，有一个后继数据元素 C，A 是该数据集合中的首数据元素，没有前驱数据元素，C 是尾数据元素，没有后继数据元素。

数组是最基本的具有线性结构的数据集合，其他常用的线性数据结构有线性表、栈、队列等类型。

2. 树结构

一组具有某种共性的数据元素按照某种逻辑上的层次关系组成一个数据集合，则称该数据集合具有树状数据结构。这种层次关系类似于自然界中的树，树的树根、枝杈和叶子分别对应于层次结构的起源、分支和分支终点。树结构具有的特性是：数据集合有一个特殊的数据元素称为根(root)结点，它没有前驱数据元素；树中其他的每个数据元素都只有一个前驱数据元素，可有零个或若干个后继数据元素。现实世界中的很多对象之间具有层次关系，如家族成员、企业的管理部门、计算机的文件系统、书籍的目录等。

树结构如图 1.1(b)所示，其中数据元素 A 是根结点，它有两个后继数据元素 B 和 C，没有前驱数据元素；数据元素 B 有一个前驱数据元素 A，有两个后继数据元素 D 和 E。

3. 图结构

一组具有某种共性的数据元素按照某种逻辑上的网状关系组成一个数据集合，则称该数据集合具有图状数据结构，简称图结构。图结构具有的特性是：数据集合的每个数据元素可有零个或若干个前驱数据元素，可有零个或若干个后继数据元素，即每个数据元素可与其他零个或若干个元素有关系。因而，图结构也可以定义为由数据元素集合及数据元素间的关系集合组成的一种数据结构。现实世界中的很多对象之间呈现某种图结构，如城市间的铁路网络图、电子系统中的元器件连接图等。

图结构如图 1.1(c)所示，其中数据元素 C 有三个前驱数据元素 A、B 和 D，或者说，元素 C 与 A、B 和 D 三个元素有关系。

软件设计人员经常用图 1.1 所示的图示法表示数据的逻辑结构。其中，圆圈表示一个数据元素(数据结点)，圆圈中的字符或数字表示数据元素的标记或数据元素的值，连线则表示数据元素间的逻辑关系。

1.1.3　数据的存储结构

数据的逻辑结构是软件设计人员从逻辑关系的角度观察和描述数据，而为了在计算机中实现对数据的操作，还需要按某种方式在计算机中表示和存储这些数据。数据集合在计

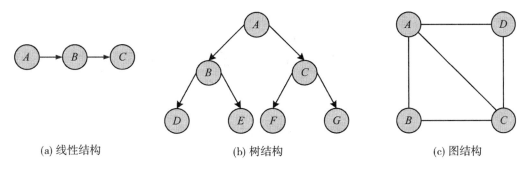

图 1.1　三种基本的数据结构

算机中的存储表示方式称为数据的存储结构，也称为物理结构。

数据的存储结构要能正确体现数据的逻辑结构，但同一种逻辑结构可能会有多种不同的存储结构实现方案。数据的逻辑结构具有独立于计算机的抽象特性，而数据的存储结构则依赖于计算机，它是逻辑结构在计算机中的实现。

1. 顺序存储结构和链式存储结构

常见的数据存储结构有两种基本形式：顺序存储结构和链式存储结构。

顺序存储结构是指将数据集合中的数据元素存储在一块地址连续的内存空间中，并且逻辑上相邻的元素在物理上也相邻。例如，用 C 语言中的数组可以实现顺序存储结构，数据元素的存储位置由其在数据集合中的逻辑位置确定，数组元素之间的顺序体现了线性结构中元素之间的逻辑次序。

链式存储结构使用称为链结点(link node)的扩展类型存储各个数据元素，链结点由数据元素域和指向其他结点的指针域组成，链式存储结构使用指针将相互关联的结点链接起来。数据集合中逻辑上相邻的元素在物理上不一定相邻，元素间的逻辑关系表现在结点的链接关系上。

在链式存储结构中，每个结点至少由两部分组成：数据域和指针域。数据域保存数据元素的数据，指针域指向相关结点。指针域保存指向相关结点的链信息，因此又称为链域。

顺序存储结构和链式存储结构是两种常用的基本存储结构。用不同方式组合这两种基本存储结构，可以产生复杂的存储结构。

【例 1.2】线性表的两种存储结构。

对于包含三个数据元素的线性结构{A，B，C}，其顺序存储结构和链式存储结构如图 1.2 所示。

2. 存储密度

一个数据结构所需的存储空间不仅用来存放数据本身，也可能存放其他的信息。数据结构的存储密度定义为数据本身所占用的存储量和整个数据结构所占的存储量的比值，即：

$$存储密度 = \frac{数据本身所占的存储量}{整个结构所占的存储总量}$$

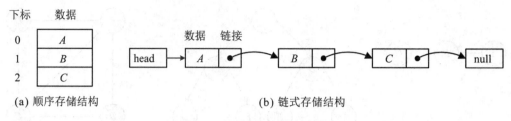

图 1.2 两种不同的存储结构

如果数据结构所有的存储空间都用来存储数据元素，则这种存储结构是紧凑结构，紧凑结构的存储密度为 1。在顺序存储结构中，所有分配的存储空间都被数据元素自身占用了，因而顺序存储结构是紧凑结构。

如果数据结构的所有存储空间不仅用来存储数据本身，也用来存储其他的信息，则这种存储结构是非紧凑结构，它的存储密度小于 1。存储密度越大，则存储空间的利用率越高；存储密度低，说明附加的信息可能较多，占用的存储空间大，但附加的信息可能会带来操作上的便利。在链式存储结构中，每个结点至少包含数据域和指针域，因而链式存储结构是非紧凑结构。

3. 数据存储结构的选择

任何程序在计算机中运行都要花费一定的时间和占用一定的内存空间，理想的情况是花费的时间少和占用的空间小。但有时程序对时间和空间的要求相互矛盾，所以在软件设计时，除了用正确的逻辑结构描述要解决的问题外，还应选择一种合适的存储结构，使得所实现的程序在数据操作所花费的时间和程序所占用的存储空间这两方面的综合性能最佳。

例如，对于线性数据集合的存储，可以按下面两种情况分别处理：

(1)当不需要频繁插入和删除数据元素时，可以采用顺序存储结构，此时占用的存储空间小。

(2)当插入和删除操作很频繁时，需要采用链式存储结构。此时虽然占用的存储空间较大，但操作的时间效率较高。这种方案以存储空间为代价换取了较高的时间效率。

1.1.4 数据的操作

在数据结构中，数据的操作指的是对数据集合对象所能进行的某种处理。对一个数据结构进行的所有操作构成该数据结构的操作集合。

每种特定的逻辑结构都有一个自身的操作集合，不同的逻辑结构有不同的操作集合。例如，对于一个线性数据结构，尽管可采用的存储结构有多种方式，在线性数据集合上都可以定义以下几种常用的操作：

(1)获取或设置数据集合中某元素的值(get/set)。

(2)统计数据集合的元素个数(count)。

(3)插入新的数据元素(insert)。

(4)删除某数据元素(remove)。

(5)在数据结构中查找满足一定条件的数据元素(search)。

(6)将数据集合的元素按某种指定的顺序重新排列(sort)。

同样,树结构和图结构都有与之相应的操作集合。数据的操作是定义在数据的逻辑结构上的,在不同的逻辑结构中插入和删除元素的操作是不同的。

在某个逻辑结构上定义的操作的具体实现与数据的存储结构有关。例如,对于一个线性数据集合,选择顺序存储结构还是链式存储结构,对于插入或删除操作都会造成不同的实现方式。

1.2 算法与算法分析

1.2.1 算法

1. 算法定义

简单来说,算法(algorithm)是指一系列的计算步骤。特定的算法描述对特定问题的求解过程,它定义了解决该问题的一个确定的、有限长的操作序列。数据结构与算法领域的经典著作 *The Art of Computer Programming* 的作者、图灵奖获得者、著名计算科学家 D. Knuth 对算法做过一个为学术界广泛接受的描述性的定义:算法是一个有穷规则的集合,其规则确定了一个解决某一特定类型问题的操作序列。

算法过程具有如下 5 个重要特征:

(1)确定性。对于每种情况下所应执行的操作,在算法中都有确切的规定,算法的执行者或阅读者都能明确其含义,并且在任何条件下,算法都只有一条执行路径。

(2)可行性。算法中的所有操作都必须是足够基本的,都可以通过已经实现的基本操作运算有限次予以实现。

(3)有穷性。对于任意一组合法输入值,算法必须在执行有穷步骤之后结束。算法中的每个步骤都能在有限时间内完成。

(4)有输入。算法有零个或多个输入数据,它们构成算法的加工对象。有些输入量需要在算法执行过程中输入,而有的算法表面上好像没有输入数据,实际上输入量已被嵌入算法过程之中。

(5)有输出。算法有一个或多个输出数据,它们是算法进行信息加工后得到的结果,与"输入"数据之间形成某种确定关系,这种关系体现算法的功能。

2. 计算模型

计算模型是指算法实现技术的模型。本书讨论的计算模型适合于常用的计算机,具有两方面的基本特性:①采用通用的单处理器,在同一时间执行一条指令,并且执行的指令是确定的,计算机程序以指令一条接一条地执行的方式实现算法。②随机存储机(random access machine,RAM)模型,处理器可以随机访问存储器。该计算模型中的指令集合没有一致接受的精确定义,但包含真实计算机中常见的指令,如算术指令、数据访问指令、数据移动指令和控制指令,其中每条指令的执行所需的时间都是非常小的常量。单条指令完成的任务很基本，但计算机的优势是能精确、高速地完成基本指令，并且能不厌其烦地重复执行基本指令。随着硬件性能的不断提高以及算法越来越丰富，计算机能用来解决越来越复杂的问题。

3. 算法的描述方式

算法过程可用文字、流程图、高级程序设计语言或类似于高级程序设计语言的伪码来描述。无论哪种描述形式，都要体现出算法是由语义明确的操作步骤组成的有限操作序列，它精确地描述了怎样将给定的输入信息加工处理，逐步得到要求的输出信息，算法的执行者或阅读者都能明确其含义。

【例 1.3】线性表的顺序查找(sequential search)算法。

在线性表中，按关键字进行顺序查找的算法思路为：对于给定值 k，从线性表的一端开始，依次与每个元素的关键字进行比较，如果存在关键字与 k 相同的数据元素，则，查找成功；否则，查找不成功。

在一个顺序存储的线性表中进行顺序查找的过程如图 1.3 所示。

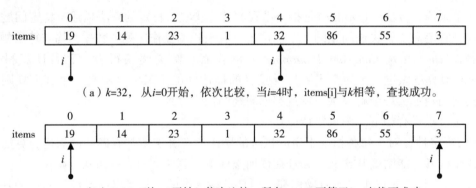

（a）$k=32$，从 $i=0$ 开始，依次比较，当 $i=4$ 时，items[i] 与 k 相等，查找成功。

（b）$k=16$，从 $i=0$ 开始，依次比较，所有 items[i] 不等于 k，查找不成功。

图 1.3 顺序存储线性表的顺序查找过程

4. 算法与数据结构的关系

数据的逻辑结构、存储结构以及对数据所进行的操作这三者是相互依存的。在研究一种数据结构时，总是离不开研究对这种数据结构所能进行的各种操作，因为这些操作从不同角度体现了这种数据结构的某种性质；只有通过研究这些操作的算法，才能更清楚地理解这种数据结构的性质；反之，每种算法都是建立在特定的数据结构上的。数据结构和算法之间存在着本质的联系，失去一方，另一方就可能失去意义。

(1)不同的逻辑结构需采用不同的算法。

每种特定的逻辑结构都有一个自身的操作集合，在不同的逻辑结构中插入和删除元素的操作算法是不同的。在后续各章中，讨论不同的数据逻辑结构，均需探讨基本操作算法的不同。

(2)同样的逻辑结构因为存储结构的不同而采用不同的算法。

线性表可以用顺序存储结构或链式存储结构实现，用顺序存储结构实现的线性表称为顺序表，用链式存储结构实现的线性表称为链表。在顺序表和链表中插入和删除元素的操作算法是不同的，详见第 3 章"线性表"。在不同存储结构的线性表上的排序算法也可能不同。例如，冒泡排序、折半插入排序等算法适用于顺序表；适用于链表的排序算法有直接插入排序、简单选择排序等，详见第 11 章"排序算法"。

（3）同样的逻辑结构和存储结构，因为要解决问题的要求不同而采用不同的算法。

在前面的例子中介绍的顺序查找算法适合于数据量较小的线性表，如学生成绩表。一部按字母顺序排序的字典也是一个顺序存储的线性表，具有与学生成绩表相同的逻辑结构和存储结构，但数据量较大，采用顺序查找算法的效率会很低，查找操作所需花费的时间可能比较多，此时可以采用如例 1.4 所示的分块查找算法。

【例 1.4】 大规模线性表的分块查找（blocking search）算法。

一部字典是按词条的字母顺序排好序的线性表，它也可以看成是由首字母相同、大小不等的若干块（block）所组成的分块结构。为使查找方便，每部字典都设计了一个索引表，指出每个字母对应单词块的起始页码。

字典分块查找算法的基本思想：将所有单词排序后存放在数组 dict 中，并为字典设计一个索引表 index，index 的每个数据元素由两部分组成：首字母和下标，它们分别对应于单词的首字母和以该字母为首字母的单词块在 dict 数组中的起始下标。

这样，通过索引表 index，将较长的单词表 dict 逻辑上划分成若干个数据块，以首字母相同的若干单词构成一个数据块，因此每个数据块的大小不等，每块的起始下标由 index 中对应"首字母"列的"下标"标明。

比如，使用分块查找算法，在字典 dict 中查找给定的单词 token，必须分两步进行：

①根据 token 的首字母，查找索引表 index，确定 token 应该在 dict 中的哪一块；

②在相应数据块中，使用顺序查找算法查找 token，得到查找成功与否的信息。

1.2.2 算法设计的要求

一个好的算法设计应达到以下目标：

1. 正确性（correctness）

算法应确切地满足具体问题的需求，这是算法设计的基本目标。对算法是否"正确"的理解可以有四个层次：①不含语法错误；②对于某几组输入数据能够得出满足要求的结果；③程序对于精心选择的、典型的、苛刻的且带有刁难性的几组输入数据能够得出满足要求的结果；④程序对于一切合法的输入数据都能得出满足要求的结果。

2. 可读性（readability）

算法既是为了计算机执行，也是为了人的阅读与交流。算法的描述应易于人们理解，这既有利于程序的调试和维护，也有利于算法的交流和移植；相反，晦涩难读的程序易于隐藏较多错误而且难以调试。算法的可读性主要体现在两方面：一是被描述算法中的类名、对象名、方法名等的命名要见名知意；二是要有足够多的清晰注释。

3. 健壮性（robustness）

当输入非法数据时，算法要能做出适当的处理，而不应产生不可预料的结果。一般地，处理出错的方法不应是中断程序的执行，而应是返回一个表示错误或错误性质的值，以便在更高的抽象层次上进行处理。

4. 高效性(efficiency)

算法的执行时间应满足问题的需求，执行时间短的算法称为高时间效率的算法；算法在执行时一般要求额外的内存空间，内存要求低的算法称为高空间效率的算法。算法应满足高时间效率与低存储量需求的目标，对于同一个问题，如果有多个算法可供选择，应尽可能选择执行时间短和内存要求低的算法。但算法的高时间效率和高空间效率通常是矛盾的，在很多情况下，首先考虑算法的时间效率目标。

1.2.3 算法效率分析

1. 算法的时间复杂度

由算法编写的程序运行所需的时间，既依赖于算法过程本身，也取决于算法处理的数据规模，还与计算机系统的软件、硬件等环境因素有关。一个算法由控制结构和原操作构成，算法的执行时间等于所有语句执行时间的总和，它取决于控制结构和原操作两者的综合效果。为了便于比较同一问题的不同算法，通常选取一种原操作，它对于所研究的问题来说是基本操作，以原操作重复执行的次数作为算法的某种时间度量。

算法重复执行原操作的次数是该算法所处理的数据个数 n 的某种函数 $f(n)$，其渐进特性称作该算法的时间复杂度(time complexity)，记作 $T(n)=O(f(n))$，它表示随着问题规模的增大算法执行时间的增长率和函数 $f(n)$ 的增长率相同，通常用算法的时间复杂度来表示算法的时间效率。

$O(1)$ 表示算法执行时间是一个常数，不依赖于 n；$O(n)$ 表示算法执行时间与 n 成正比，是线性关系，$O(n^2)$、$O(n^3)$、$O(2^n)$ 分别称为平方阶、立方阶和指数阶；$O(\log_2 n)$ 为对数阶。若两个算法的执行时间分别为 $O(1)$ 和 $O(n)$，当 n 充分大时，显然 $O(1)$ 的执行时间要少。同样，$O(n^2)$ 和 $O(n\log_2 n)$ 相比较，当 n 充分大时，因 $\log_2 n$ 的值远比 n 小，则 $O(n\log_2 n)$ 所对应的算法速度要快得多。

时间复杂度随 n 变化情况的比较如表 1.2 所示。

表 1.2　　　　　　　不同的时间复杂度随 n 变化情况举例

时间复杂度	$n=8(2^3)$	$n=10$	$n=100$	$n=1000$
$O(1)$	1	1	1	1
$O(\log_2 n)$	3	3.322	6.644	9.966
$O(n)$	8	10	100	1000
$O(n\log_2 n)$	24	33.22	664.4	9966
$O(n^2)$	64	100	10 000	10^6

【例 1.5】分析算法片段的时间复杂度。

(1)时间复杂度为 $O(1)$ 的简单语句。

```
s = 10;
```
该语句的执行时间是一常量，时间复杂度为 $O(1)$。

（2）时间复杂度为 $O(n)$ 的单重循环。
```
int n = 100, sum = 0;
for(int i =0;i<n;i++) sum += a[i];
```
该 for 语句循环体内语句的执行时间是一常量，共循环执行 n 次，所以该循环的时间复杂度为 $O(n)$。

（3）时间复杂度为 $O(n^2)$ 的二重循环。
```
int n = 100;
for(int i =0;i<n;i++)
    for(int j =0;j<n;j++)
        Console.Write(i * j);
```
外层循环执行 n 次，每执行一次外层循环时，内层循环执行 n 次。所以，二重循环中的循环体语句被执行 $n×n$ 次，时间复杂度为 $O(n^2)$。如果代码改为：
```
int n = 100;
for(int i =0;i<n;i++)
    for(int j =0;j<i;j++)
        Console.Write(i * j);
```
外层循环执行 n 次，每执行一次外层循环时，内层循环执行 i 次。此时，二重循环的执行次数为 $\sum_{i=1}^{n} i = \dfrac{n(n+1)}{2}$ ，则时间复杂度仍为 $O(n^2)$。

（4）时间复杂度为 $O(n\log_2 n)$ 的二重循环。
```
int n = 64;
for(int i =1;i<=n;i * =2)
    for(int j =1;j<=n;j++)
        Console.Write(i * j);
```
外层循环每执行一次，i 就乘以 2，直至 $i>n$ 停止，所以外层循环共执行 $\log_2 n$ 次。内层循环执行次数恒为 n。此时，总的循环次数为 $\sum_{i=1}^{\log_2 n} n = O(n \log_2 n)$ ，则时间复杂度为 $O(n\log_2 n)$。

（5）时间复杂度为 $O(n)$ 的二重循环。
```
int n = 64;
for(int i =1;i<=n;i * =2)
    for(int j =1;j<=i;j++)
        Console.Write(i * j);
```
外层循环执行 $\log_2 n$ 次。内层循环执行 i 次，随着外层循环的增长而成倍递增。此时，总的循环次数为 $\sum_{i=1}^{\log_2 n} 2^i = O(n)$ ，则时间复杂度为 $O(n)$。

2. 算法的空间复杂度

算法的执行除了需要存储空间来寄存本身所用指令、变量和输入数据外，也需要一些对数据进行操作的工作单元和存储一些为实现算法所需的辅助空间。与算法的时间复杂度概念类似，算法的空间复杂度(space complexity)主要着眼于算法所需辅助内存空间与待处理的数据量之间的关系，也用 $O(f(n))$ 的形式表示。例如，分析某个排序算法的空间复杂度，就是要确定该算法执行中所需附加的内存空间与待排序数据序列的长度之间的关系。在冒泡排序过程中，需要一个辅助存储空间来交换两个数据元素，这与序列的长度无关，故冒泡排序算法的空间复杂度为 $O(1)$。归并排序算法在运行过程中需要与存储原数据序列的空间相同大小的辅助空间，所以它的空间复杂度为 $O(n)$。

习题 1

1.1 数据结构与算法课程研究的内容是什么？其中哪个方面独立于计算机？

1.2 数据结构按逻辑结构可分为哪几类？分别有什么特征？

1.3 为什么要进行算法分析？算法分析主要研究哪几个方面？

1.4 分析下面各程序段的时间复杂度。

```
(1)for(i=0; i<n; i++)
        for (j=0; j<m; j++)
          A[i,j] = 0;
(2)s=0;
    for(i=0; i<n; i++)
        for(j=0; j<n; j++)
            s += B[i,j];
    sum = s;
(3)x = 0;
    for(i=1; i<n; i++)
        for (j=1; j<=n-i; j++)
            x++;
(4)i = 1;
    while(i<=n)
          i=i*3;
```

1.5 数据结构被形式地定义为 (D, R)，其中，D 是数据元素的有限集合，R 是 D 上的关系的有限集合。设有数据逻辑结构 $S = (D, R)$，试按各小题所给条件画出它们的逻辑结构图，并确定相对于关系 R，哪些结点是起始结点？哪些结点是终端结点？

(1)$D = \{d_1, d_2, d_3, d_4\}$, $R = \{(d_1, d_2), (d_2, d_3), (d_3, d_4)\}$

(2)$D = \{d_1, d_2, \cdots, d_9\}$, $R = \{(d_1, d_2), (d_1, d_3), (d_3, d_4), (d_3, d_6), (d_6, d_8), (d_4, d_5), (d_6, d_7), (d_8, d_9)\}$

第 2 章　C#语言编程基础与数据集合类型

　　熟练运用高级编程语言，对于数据结构与算法的学习与实践非常重要，而数据结构与算法的系统理论方法则是卓越程序设计的基础。数据结构可以看成是关于数据集合的数据类型，是一种特殊的抽象数据类型。计算机程序往往要处理很多的数据，而众多的数据间存在着内在的联系。将待处理数据依其元素间的内在关系作为特定的数据集合处理，才能写出符合逻辑并且高效的程序。在编程实践中掌握若干集合类型是良好编程的必要条件。

　　本章介绍 C#语言的基本内容，重点讨论 C#语言的面向对象机制，以及软件开发中常用的数据集合类型，如数组、线性表、栈、队列、字典等。

2.1　C#语言编程基础

　　Microsoft 公司推出的 C#（读作 C sharp）语言是一种新的面向对象编程语言，它是为开发运行在 . NET Framework 平台上的、广泛的企业级应用程序而设计的。在面向对象的编程语言中，C#具有精确、简单、类型安全、面向对象、跨平台互用的特点；用 C#语言开发的应用软件在可移植性、健壮性、安全性等方面大大优于用已存在的其他编程语言开发的应用软件。

　　C#语言从 C 和 C++语言演化而来。它在语句、表达式和运算符方面借用了 C 和 C++语言中一些已有的元素，并加入新特性。C#语言在类型安全性、版本转换、事件和垃圾回收等方面进行了相当大的改进和创新。. NET Framework 平台为软件开发提供了丰富的类库，利用这个庞大的类库，可进行面向对象的事件描述、处理和综合，极大地方便了众多领域的应用开发。

　　C#语言对于数据结构和算法的描述也带来了极大的便利。在以 Pascal 和 C 为代表的结构化程序设计语言中，数据的描述和对数据的操作两者是分离的，数据的描述用数据类型表示，对数据的操作则用过程或函数表示。例如，在描述字符串时，先定义字符串的数据表示，再用一系列过程或函数实现对字符串的各种操作。这是典型的面向过程的程序设计方式，用这种方式所设计的代码往往具有重用性差、可移植性差、数据维护困难等缺点。针对这些问题逐渐发展出了面向对象的程序设计思想，面向对象技术具有抽象、信息隐藏和封装、继承和多态等特性，C++、Java 以及 C#等语言支持面向对象技术。

　　数据结构的三个要素，即数据的逻辑结构、存储结构以及对数据所进行的操作，实际上是相互依存、互为一体的，所以用封装、继承和多态等面向对象的特性能够更深入地刻画数据结构。例如，在 C#类库中，用面向对象的思想设计 String 这个类来描述字符串对

13

象，而串连接、串比较等操作则设计为该类的方法。关于数据的描述和对数据的操作都封装在同一个以类为单位的模块中，因此增强了代码的重用性、可移植性，使数据易于维护。String 类的使用者(应用编程人员)只需要知道该类对外的接口，即类中的公共方法和属性，即可方便地构造和使用字符串这种数据结构。正是借助于面向对象技术，C#类库设计者实现了多种复杂的数据结构与算法，让广大应用编程人员方便地用于自己的编程实践中。

C#语言支持一维数组、多维数组(矩形数组)和数组的数组，C#数组提供了基本的顺序存储机制，Array 类中定义的公有属性及方法为各种数组的操作(如排序、搜索和复制数组)提供了统一、高效和实用的方法。C#还提供了对象的自引用方式来实现数据的链式存储结构，这种方式避免直接使用指针所带来的安全隐患。总之，使用 C#语言，可以让软件设计人员以面向对象的方式实现和应用各种复杂的数据结构与算法。

2.1.1　C#程序的编辑、编译和运行

为进行 C#程序设计，可以使用多种方法和工具。最简单的方法是使用文本编辑器和C#命令行编译器(csc.exe，它包含在 .NET 软件开发工具包 SDK 中)来构建 .NET 程序。.NET SDK 可以从 Microsoft 公司的网站免费下载，但在 SDK 中不包含代码生成实用工具(向导)、图形用户接口等功能的集成开发环境(IDE)。

为了帮助减轻在命令行构建软件的负担，许多 .NET 开发人员都利用可视化工具，例如 Microsoft 功能齐全的 Visual Studio(2010 版以上至 2019 版)，这个软件的功能非常强大。Visual Studio 系列中的 Express Edition(速成版本，在 2017 系列中改称为 Community Edition(社区版本))扩展了 Visual Studio 的产品线，它是一种能迅速上手、易于使用的工具，对于编程爱好者和大学生来说是很好的开发 Windows 应用程序和网站的工具。C#在 Visual Studio 套件中作为 Visual C#引入，Visual C# Community Edition 能完全满足学习和使用 C#程序设计的需求，它对 C#编程的支持包括项目模板、设计器、属性页、代码向导、一个对象模型以及开发环境的其他功能。Visual C#编程所基于的类库是 .NET Framework。

开发工具的获取：

(1)使用 .NET Framework SDK。可以到下列地址免费下载：

http: // www. microsoft. com/downloads/Search. aspx? displaylang=zh-cn

(2)使用 Visual Studio 2017/2019 Community Edition。可以到下列地址免费下载：

https: // msdn. microsoft. com/zh-cn/

1. 编辑 C#源程序

使用文本编辑器(如 Windows 自带的 Notepad 以及 Microsoft 公司较新推出的 Visual Studio Code)创建 C#程序的源文件，并将其存储为名如 Hello. cs 的文件。C#源代码文件使用的扩展名是 .cs。

以下控制台应用程序是传统"Hello World!"程序的 C#版，运行该程序(Hello. exe)，将在控制台显示字符串"Hello World!"

```
//A "Hello World!" program in C#
    class Hello{
```

```
static void Main(){
    System.Console.WriteLine("Hello World!");
    }
}
```

注意该程序代码的几个要点：①代码注释；②Main 方法；③输入和输出。这些也是使用其他编程语言需要具备的基本编程要素。

2. 编译和运行 C#程序

从命令行编译程序：打开一个命令提示符窗口，设置好环境变量，进入 C#源代码文件所在的文件夹(假设为 d：\ csharp)，然后输入命令"csc Hello. cs"。

如果程序没有包含任何编译错误，则该命令将创建一个名为 Hello. exe 的文件。若要运行程序，则输入命令"Hello"。

3. 命令行编译其他示例

(1)编译 File. cs 以产生 File. dll：

csc /target：library File. cs

(2)编译当前目录中所有的 C# 文件，以产生 File2. dll 的调试版本。不显示任何警告：

csc /target：library /out：File2. dll /warn：0 /debug *. cs

有关 C#编译器及其选项的更多信息，请参见 C#相关手册中关于编译器选项的说明，也可以在 Visual Studio 的集成环境中通过创建项目来编译"Hello World!"程序，这可以参考 Visual Studio 的使用手册。

2.1.2　C#的数据类型与流程控制

1. 数据类型

C#语言的数据类型主要分为两大类：值类型(value type)和引用类型(reference type)。值类型的变量包含其自身的数据，而引用类型的变量包含的则是实际数据的引用或者称句柄，即引用类型变量是对真正包含数据的内存块的指向。从图 2.1 中可以清晰地看出值类型变量和引用类型变量两者的差别。

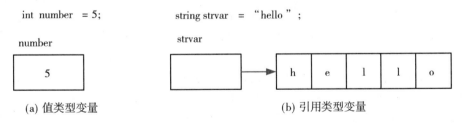

图 2.1　值类型变量和引用类型变量

C#语言的值类型包括结构类型和枚举类型(enum)。结构类型包括简单类型(primitive type)和用户自定义结构类型(struct)。简单类型可分为布尔类型(bool)、字符类型(char)和数值类型。表 2.1 是对 C#的简单数据类型的详细描述及示例。

表 2.1 　　　　　　　　　　　　　**C#的简单数据类型关键字及示例**

简单类型	描述	示　例
sbyte	8-bit 有符号整数	sbyte val = 12;
byte	8-bit 无符号整数	byte val1 = 12; byte val2 = 34U;
short	16-bit 有符号整数	short val = 12;
ushort	16-bit 无符号整数	ushort val1 = 12; ushort val2 = 34U;
uint	32-bit 无符号整数	uint val1 = 12; uint val2 = 34U;
int	32-bit 有符号整数	int val = 12;
long	64-bit 有符号整数	long val1 = 12; long val2 = 34L;
ulong	64-bit 无符号整数	ulong val1 = 12; ulong val2 = 34U; ulong val3 =56L; ulong val4 = 78UL;
float	32-bit 单精度浮点数	float val = 1.23F;
double	64-bit 双精度浮点数	double val1 = 1.23; double val2 = 4.56D;
bool	布尔类型	bool val1 = true; bool val2 = false;
char	字符类型，16-bit Unicode 编码	char val = 'h';
decimal	28 个有效数字的 128-bit 十进制类型	decimal val =1.23M;

　　C#语言中，布尔类型严格地与数值类型相互区分，布尔类型只有 true 和 false 两种取值，它们不能像 C/C++程序里那样与其他类型之间进行转换。

　　C#语言中的字符类型的字宽为 16 位，表示一个用 Unicode 编码的字符，而 C 语言中的字符类型的字宽为 8 位，表示一个用 ASCII 编码的字符。

　　数值类型包括整数、浮点和 decimal 三种类型。整数类型有 sbyte、byte、short、ushort、int、uint、long、ulong 八种，它们两两一组，分别为有符号和无符号两种，字宽分别为 8 位、16 位、32 位和 64 位。浮点值有 float 和 double 两种不同精度的类型。decimal 主要用于金融、货币等对精度要求比较高的计算环境。

　　C#语言的引用类型共分四种类型：类(class)、接口(interface)、数组(array)和委派(delegate)。

　　利用类(class)，程序员可以定义自己的类型，事实上，类是自定义类型最重要的渠道。C#中已定义了两个比较特殊的类类型：object 和 string。object 是 C#中所有类型(包括所有的值类型和引用类型)从其继承的根类。string 类是一个密封类类型(不能被继承的类)，该类对象表示用 Unicode 编码的字符串。

　　接口(interface)类型定义一个有关一系列方法的合同。委派(delegate)类型是一个指向方法的签名，类似于 C/C++中的函数指针。这些类型实际上都是类的某种形式的包装。

　　每种数据类型都有对应的缺省值。数值类型的缺省值为 0 或 0.0，字符类型的缺省值为"\x0000"，布尔类型的缺省值为 false，枚举类型的缺省值为 0。所有引用类型的缺省值为 null，表示引用类型变量没有对任何实际地址进行引用。结构类型的缺省值是将它所有的值类型的域设置为对应值类型的缺省值，将其所有引用类型的域设置为 null。

不同类型的数据之间可以转换，C#的类型转换有隐式转换、显式转换、标准转换、自定义转换四种方式。

隐式转换与显式转换同 C++里一样，隐式转换是系统默认的，不需要任何声明就可以进行，它是由编译器根据不同类型数据间转换规则("小类型"到"大类型"转换)自动完成的，又称为自动转换。显式转换就是强制执行从一种数据类型到另一种数据类型的转换，因此也称为强制类型转换，从"大类型"到"小类型"的转换必须用显式转换，显式转换需要括号转换操作符，也就是使用"(Type)data"形式。标准转换和自定义转换是针对系统内建转换和用户定义的转换而言的，两者都是对类或结构这样的自定义类型而言的。

值类型和引用类型之间的转换依靠装箱(boxing)和拆箱(unboxing)机制完成。

装箱就是将值类型变量隐式地转换为引用类型变量。把一个值类型装箱的具体过程是：创建一个 object 对象类型的实例，并把该值类型的值复制给该实例。例如：

```
int val = 1000;
object obj = val;              //装箱,将 val 的值复制给 obj 实例
```

拆箱是装箱的逆过程。具体过程是：先确认 object 类型实例的值是否为目标值类型的装箱值，如果是，则将这个实例的值复制给目标值类型的变量。例如：

```
int val = 1000;
object obj = val;          //装箱
int val1 = (int)obj;       //拆箱
```

当进行装箱操作时，不需要显式地进行强制类型转换；当要进行拆箱操作时，则必须显式地进行类型转换。

2. 操作符与表达式

C#从 C/C++中继承了几乎所有的操作符，它们主要分为四类：算术操作符、位操作符、关系操作符和逻辑操作符。表 2.2 按优先级从高到低的次序列出 C#定义的所有操作符，分隔符的优先级最高，表中"左⇨右"表示从左向右的操作次序(结合性)。

表 2.2　　　　　　　　　　　　　　　　操作符的优先级

优先级	运 算 符	结合性
1	. [ ] ( ) new typeof sizeof checked unchecked	
2	++ -- ~ ! + -(一元)	右⇨左
3	* / %	左⇨右
4	+ -(二元)	左⇨右
5	<< >>	左⇨右
6	< > <= >= is as	左⇨右
7	== !=	左⇨右

续表

优先级	运　算　符	结合性
8	&	左⇨右
9	∧	左⇨右
10	│	左⇨右
11	&&	左⇨右
12	│ │	左⇨右
13	?:	右⇨左
14	=　* =　/=　%=　+=　-=　<<=　>>=　&=　∧=　│=	右⇨左

C#引入了几个具有特殊意义的操作符：as，is，new，typeof。

作为操作符的 new 关键字用于创建对象和调用构造方法。值得注意的是，值类型对象（例如结构）是在栈上创建的，而引用类型对象（例如类）则是在堆上创建的。

as 操作符用于执行兼容类型之间的转换，当转换失败时，as 操作符结果为 null。is 操作符用于检查对象的运行时类型是否与给定类型兼容，当表达式非 null 且可以转化为指定类型时，is 操作符结果为 true，否则为 false。as 和 is 操作符是基于同样的类型鉴别和转换方式而设计的，两者有相似的应用场合。实际上，expression as type 相当于 expression is type ?（type）expression ：（type）null。运算符 typeof 用于获得某一类型的 System. Type 对象。

C#的某些操作符可以像在 C++中那样被重载。操作符重载，使得自定义类型可以用简单的操作符来方便地表达某些常用的操作。

为完成一个计算结果的一系列操作符和操作数的组合，称为表达式。和 C++一样，C#的表达式可以分为赋值表达式和逻辑表达式两种。

3. 流程控制

C#语言流程控制语法元素也大量借用了 C 和 C++中已有的元素，按程序的执行流程，程序的控制结构可分为顺序结构、分支结构和循环结构三种类型。这些结构的流程图如图 2.2 所示。

1) 分支结构语句

C#有两种分支语句实现分支结构，if 语句实现二路分支，switch 语句实现多路分支。这些与 C/C++/Java 别无二致。

if 语句的定义格式如下：

```
if(<布尔表达式>){
    <语句块 1>;
}
else{
    <语句块 2>;
}
```

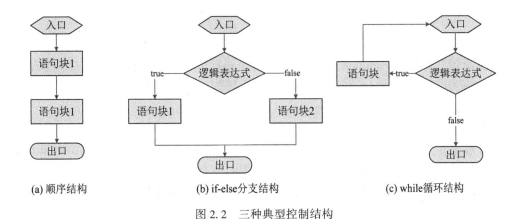

(a) 顺序结构　　　　　(b) if-else分支结构　　　　　(c) while循环结构

图 2.2　三种典型控制结构

switch 语句的定义格式如下：

```
switch(<表达式>){
    case<常量1>:
        <语句块1>;
        break;
    case<常量2>:
        <语句块2>;
        break;
    ......
    [default:<语句块>;]
}
```

2）循环语句

循环语句除了 C/C++/Java 中都具有的 while、do-while、for 三种循环结构外，还引入了 foreach 语句，用于方便地遍历集合中所有的元素。

for 语句的定义格式举例如下：

```
for(int i=0;i<10;i++){
    <语句块>;
}
```

foreach 语句的定义格式举例如下：

```
foreach(string s in args){
    <语句块>;
}
```

while 语句的定义格式举例如下：

```
int i=0;
while(i<10){
    <语句块>;
```

```
    i++;
}
```

3）转向语句

跳转语句有 break、continue、goto、return、throw 五种语句，前四种与 C++里的语义相同，throw 语句与后面将介绍的 try 语句一起用来进行异常处理。

2.1.3　类与对象

类与对象作为面向对象的灵魂，在 C#语言里有着相当广泛深入的应用，对象是类的实例，类是描述所属对象的蓝图。C#在面向对象技术的基础上引入一些新的特性，使其特别适合组件编程。组件编程技术不是对传统面向对象技术的抛弃，相反，组件编程正是面向对象编程的深化和发展。

1. 对象的创建和使用

对象是类的实例，属于某个已知的类。对象声明的格式为：

<类名>　<对象名>；

对象的声明语句并没有实际创建新的对象，需要用 new 操作符在需要的时候创建新的对象，并为之分配内存。new 操作符调用类的构造方法来初始化新的对象。

在声明对象的同时可以使用 new 操作符创建对象，其格式如下：

<类名> <对象名> = new <与类名有相同名字的构造方法>(<参数列表>)；

例如：Stack s = new Stack()；

通过对象引用类的成员变量的格式为：

<对象名>.<成员名>

通过对象调用成员方法的格式为：

<对象名>.<方法名>(<参数列表>)

不同于 C++，在 C#程序中，程序员只需创建所需对象，而不需显式地销毁它们。.NET 平台的垃圾回收（gabage collect，GC）机制会自动判断对象是否还在被使用，并能够自动销毁不再使用的对象，收回这些对象所占用的内存资源。

2. 类的声明

C#的类（class）是一种用来定义封装包括数据成员和方法成员的数据类型的机制。其中，数据成员可以是常量和域（又称字段成员，field member）；方法成员（method member）可以是方法（method）、属性（property）、索引器（indexer）、事件（event）、操作符方法（operator）、构造方法（construtor）。

在 C#语言中，类的定义格式包括两个部分：类声明和类主体。类声明包括关键字 class、类名及类的属性。类声明的格式如下：

[<修饰符>] class <类名> [：<基类名>]

包含类主体的类结构如下：

<类声明>{
　　<数据成员声明>

```
        <方法成员声明>
    |
```

声明常量成员要用 const 关键字，并给出常量名及其类型。其格式如下：

[<修饰符>]const <常量类型> <常量名> = <值>

声明字段成员必须给出变量名及其所属的类型，同时还可以指定其他特性。其格式如下：

[<修饰符>] [static] <变量类型> <变量名>

声明方法成员的格式如下：

```
[<修饰符>] [static]  <返回值类型> <方法名> (<参数列表>) |
    <方法体>
|
```

构造方法是一种特殊的方法成员，它具有与类名相同的名字，用于对类的实例进行初始化。构造方法声明中不需返回值类型。

属性提供对类的某个特征的访问。一个属性可以有两个访问操作符，分别是 get 和 set，它们分别指定属性读取或写入新值的方式。属性定义的格式如下：

```
[<修饰符>] [static]  <类型> <属性名>|
    get |属性读取过程|
    set |写入新属性值的过程|
|
```

属性的声明方式和方法非常相似，区别在于它没有使用括号，也不能使用显示的参数。

下面的代码给出复数 Complex 类的框架定义。C#语言与 C 和 C++等语言一样，都没有将复数设计为内部数据类型，而在科学与工程数值计算中复数运算是基本运算之一。当我们需要频繁操作复数时，需要自定义复数类。

```
public class Complex: IComparable |
    private double rp = 0.0;           //复数的实部
    private double ip = 0.0;           //复数的虚部
    private static double eps = 0.0; //缺省精度
    public double RealPart |
        get | return rp; |
        set |rp = value;|
    |
    public double ImaginaryPart |
        get |return ip;|
        set |ip = value;|
    |
    public Complex() | |
    public Complex(double r, double i) |
```

```
        rp = r;
        ip = i;
    }
```
……//实现复数操作的其他相关方法,如加减乘除、指数对数、三角函数等。
```
    }
```

3. 实例成员和类成员

C#类包括两种不同类型的成员：实例成员和类成员。其中，类成员也称为静态成员。在类的成员声明中，用 static 关键字声明静态成员，静态成员属于整个类，该类的所有实例共享静态成员。实例成员的声明没有 static 关键字，该类的每个实例都有自己专有的实例成员。

C#所有的对象都将创建在托管堆上。当创建类的一个对象时，每个对象拥有了一份自己特有的数据成员拷贝。这些为特有的对象所持有的数据成员称为实例数据成员，没有用关键字 static 修饰的成员就是实例成员。相反，那些不为特有的对象所持有的数据成员称为静态数据成员，在类中用 static 修饰符声明。不为特有的对象所持有的方法成员称为静态方法成员。C#中静态数据成员和静态方法成员只能通过类名引用获取。

4. 类成员的访问权限控制

C#程序用多种访问修饰符来表达类中成员的不同访问权限，以实现面向对象技术所要求的抽象、信息隐藏和封装等特性。

信息隐藏和封装特性要求将类设计成一个黑匣子，只有类中定义的公共接口对外部是可见的，而类实现的细节一般是不可见的，类的使用者不能直接对类中的数据进行操作，这样可以防止外界的误用或干扰。即使类的设计者要改变类中数据的定义，只要外部接口保持不变，就不会对使用该类的程序产生任何影响。因此，信息隐藏和封装减少了程序对类中数据表达的依赖性。

C#为类的成员定义了四种不同的访问权限限制修饰符，如表 2.3 所示，缺省访问权限为 private，protected 和 internal 可以组合一起使用。

命名空间或组合体(程序集)内的类有 public 和 internal 两种修饰，缺省方式为 internal。本章后面有对命名空间和组合体的简单解释。

表2.3　　　　　　　　　　　权限修饰符允许的访问级别

权限修饰符	本类	子类	本组合体	其他类
公有的(public)	✓	✓	✓	✓
保护的(protected)	✓	✓		
内部的(internal)	✓	✓	✓	
私有的(private)	✓			

2.1.4　类的继承

继承(inheritance)是面向对象技术的关键特性之一，面向对象编程语言都提供类的继承机制。从现有类出发定义一个新类，我们称新类继承了现有的类。被继承的类叫做基类（base class）或父类，继承的类叫做基类的派生类（derived class）或子类。

在类的声明时可以说明类的基类，声明格式如下：

public class <派生类名>：<基类名>

在 C#程序中，除 object 类之外的每个类都有基类，如果没有显式地标明基类，则隐式地继承自 object 类。

派生类继承基类中所有可被派生类访问的成员，当派生类成员与基类成员同名时，称派生类成员将基类同名成员隐藏，这时应在派生类成员定义中加上 new 关键字。

对基类中声明的虚方法（virtual method），派生类可以重写（override），即为声明的方法提供新的实现。这些方法在基类中用 virtual 修饰符声明，而在派生类中，将被重写的方法用 override 修饰符声明。

在 C#程序中，可以通过 this 引用当前实例，访问其自身的每个成员，通过 base 引用访问从基类继承的成员。在类中定义索引器时也要用到 this，这是规定的语法形式，其作用也可视为对当前实例的引用。

C#程序中所有的类都直接或间接继承自 System. Object 类，这个 System 命名空间中的 Object 类完全等同于用小写的 object 关键字来表示的类。当我们定义一个类时，如果没有明确指定它的基类，则该类缺省继承自 object 类。这样，C#中所有的类都继承了 System. Object 类的公共接口，剖析它们对我们理解并掌握 C#中类的行为非常重要。System. Object 类的公共接口如下所示：

```
namespace System{
    public class Object {
        public static bool Equals(object objA, object objB) { }
        public static bool ReferenceEquals(object objA,
            object objB) { }
        public Object() { }
        public virtual bool Equals(object obj) { }
        public virtual int GetHashCode() { }
        public Type GetType() { }
        public virtual string ToString() { }
        protected virtual void Finalize() { }
        protected object MemberwiseClone() { }
    }
}
```

2.1.5 抽象类和密封类

1. 抽象方法与抽象类

在声明类时，除了可以说明类的基类，还可以声明抽象类（abstract class）或密封类（sealed class）等特性。当需要定义一个抽象概念时，可以声明一个抽象类，该类只描述抽象概念的结构，而不实现每个方法。这个抽象类可以作为一个基类被它的所有派生类共享，而其中的方法由每个派生类去实现。

当声明一个方法为抽象方法（abstract method）时，则不需提供该方法的实现，但这个方法或者被派生类继续声明为抽象的，或者被派生类实现。用关键字 abstract 来说明抽象方法，例如：

```
abstract void f1();
```

任何包含抽象方法的类必须被声明为抽象类，抽象类是不能直接被实例化的类。用关键字 abstract 来声明抽象类，例如：

```
abstract class AC1{...}
abstract class AC2：AC1{...}
```

抽象类的派生类必须实现基类中的抽象方法，或者将自己也声明为抽象的。

2. 密封类

密封类是指不能被继承的类，即密封类不能有派生类。用关键字 sealed 来说明密封类，例如：

```
sealed class SC{...}
```

2.1.6　接口

接口（interface）类似于类（class），但它仅说明方法的形式，不需定义方法的实现，接口可以视为是定义一组方法的合同。接口的定义形式如下：

```
[<修饰符>] interface <接口名> [：<基接口名>] {
    <方法 1>
    <方法 2>
    ...
}
```

接口的所有成员都定义为公共（public）成员，并且接口不能包含常量、字段（私有数据成员）、构造方法及任何类型的静态成员。一旦定义了一个接口，一个或更多的类就能实现（implement）这个接口，即这个类将满足接口规定的合同。实现某接口的类声明的格式如下：

```
[<修饰符>] class <类名>：[<基类名>]，[<接口名>] {...}
```

C#只支持单重继承机制，即一个类只能继承于一个基类，但是一个类可以实现多个接口。

C#类库中已定义了 IComparable 接口，它的定义如下：

```
public interface IComparable {
    //返回结果：一个值,指示要比较的对象的相对顺序。返回值的含义如下:返回值小
于零此实例小于 obj;返回值等于零,此实例等于 obj;返回值大于零,此实例大于 obj。
    int CompareTo(object obj);
}
```

可进行比较操作的类型都应实现该接口，即在类的设计中，完成方法 CompareTo 的具体定义。几乎所有内部数据类型也都实现了该接口，因而成为可比较的类型，如 int、 double、string 等类型。

2.1.7　多态性

在面向对象编程语言中，多态性（polymorphism）是指"一个接口，多个方法"，即一个方法可能有多个版本，一次单独的方法调用可能是这些版本中的任何一种。多态性有两种表现形式：方法的重载和方法的覆盖。

1. 方法的重载（method overloading）

一个类中如果有许多同名的方法带有不同的参数，称为方法的重载。例如，控制台输出方法 Console.Write 可以有不同的参数：

```
Console.Write(string s);
Console.Write(int a);
```

一个方法的名称和它的形参的个数以及每个形参的类型组成该方法的签名（signature）。可以有多个同名的方法，但每个方法的签名应该是唯一的，所以在方法重载时要注意以下两点：

（1）参数必须不同：可以是参数个数不同，也可以是参数类型不同，或者是参数顺序不同。

（2）方法的签名不取决于方法的返回类型，即仅利用不同的返回类型无法区分方法。

方法重载的价值在于，它允许通过使用一个相同的方法名称来访问一系列相关的方法。当调用一个方法时，具体调用哪一个版本，则根据调用方法的参数由编译程序决定，编译程序将选择与调用的实参相匹配的重载方法。

2. 方法的覆盖

C#通过为方法的定义引入 virtual（虚方法）和 override（方法覆盖/重写）关键字提供父子类间方法多态的机制。类的虚方法是可以在该类的继承类中改变其实现的方法，当然这种改变仅限于方法体的改变，而非方法头（即方法声明）的改变。被子类改变的虚方法必须在方法头加上 override 关键字来表示。当一个虚方法通过某实例对象被调用时，该实例的运行时类型（run-time type）决定哪个方法体被调用。

进行方法覆盖时，子类必须覆盖父类中声明为 virtual 的方法；子类覆盖父类中的虚方法时，子类方法必须与父类中的方法有相同的方法签名。

2.1.8　命名空间和程序集

实际的应用程序往往由若干不同的部分组成，每个部分可以分别进行编译。例如，企业级应用程序可能依赖于若干不同的组件，其中包括某些内部开发的组件和某些他人开发的组件。

命名空间（name space）和程序集（assembly）有助于组织开发基于组件的系统。每个命名空间定义一个声明空间，用于声明多个类型（类、结构、接口、枚举等）或嵌套的命名空间。命名空间为应用程序的组织提供一种逻辑体系，它提供了一种向其他程序表示公开程序元素的途径。

程序集，或称作组合体，用于物理打包和部署程序。程序集可以包含类型、用于实现这些类型的可执行代码以及对其他程序集的引用。

有两种主要的程序集：应用程序和库。应用程序有一个主入口点，通常具有 .exe 文件扩展名；而库没有主入口点，通常具有 .dll 文件扩展名。

为了说明命名空间和程序集的使用，我们再次以"hello world"程序为例，并将它分为两个部分：提供消息的类库和显示消息的控制台应用程序。这个类库仅含一个名为 HelloMessage 的类。

```
//HelloLibrary.cs
namespace CSharp.Introduction {
    public class HelloMessage {
        public string Message {
            get { return "hello world"; }
        }
    }
}
```

该类定义在名为 CSharp. Introduction 的命名空间中。HelloMessage 类提供一个名为 Message 的只读属性。命名空间可以嵌套，而声明 namespace CSharp. Introduction {...}仅是若干层命名空间嵌套的简写形式。若不简化，则应该像下面这样声明：

```
namespace CSharp {
    namespace Introduction
    {...}
}
```

将"hello world"组件化的下一个步骤是编写使用 HelloMessage 类的控制台应用程序。可以使用此类的完全限定名 CSharp. Introduction. HelloMessage，但该名称太长，使用起来不方便。一种更方便的方法是使用"using 命名空间"指令，这样，使用相应的命名空间中的所有类型时就不必加限定名称。例如：

```
using CSharp.Introduction;
class HelloApp {
    static void Main() {
        HelloMessage m =new HelloMessage();
        System.Console.WriteLine(m.Message);
    }
}
```

该例通过"using 命名空间"指令引用 CSharp. Introduction 命名空间。这样，HelloMessage 就成为 CSharp. Introduction. HelloMessage 的简写形式。

我们已编写的代码可以编译为包含类 HelloMessage 的类库和包含类 HelloApp 的应用程序。使用 Visual Studio 中提供的命令行编译器 csc 时，用如下所列的命令：

```
csc /target:library HelloLibrary.cs
csc /reference:HelloLibrary.dll HelloApp.cs
```

第一条命令产生一个名为 HelloLibrary. dll 的类库，第二条命令产生一个名为 HelloApp. exe 的应用程序。

当在 Visual Studio 中构建项目时，实际上就是旨在创建 . NET 程序集。从形式上说，程序集就是一个物理文件(其文件扩展名通常是 ＊. exe 或 ＊. dll)，我们可以使用 Windows Explorer 在文件目录中直接查看此文件。

Visual Studio 解决方案浏览器窗口将显示一个名为 References 的子文件夹，它列出了当前项目所使用的程序集的集合。不同的项目需要引用的程序集可能是不一样的，图 2.3 显示了当前控制台应用程序的程序集。

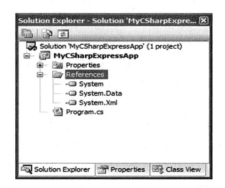

图 2.3　控制台应用程序项目引用的程序集

随着构建越来越大的 . NET 应用程序，程序员通常需要使用特定项目所包含的集合以外的程序集。为此，Visual Studio 提供了"添加引用"对话框，它可以使用 Project→Add Reference 菜单命令调用。

当某个 C#项目需要使用给定程序集中的类型时，第一步就是使用"Add Reference"对话框来引用相应的程序集(＊. dll)。第二步是在 C#源文件的开头添加 using 指令，以指定要访问的命名空间。这样我们就能在代码中使用简写的类名，以代替长长的类的全名称，例如，使用 List 来代替全名 System. Collections. Generic. List。

在后面的章节中，我们将设计和实现多种常见的数据结构和算法。管理这些程序的最简单方法，是将有关数据结构定义在独立的类模块中，所有模块集中在一个文件夹中，不指定命名空间，也就是使用缺省的命名空间。但随着编写的代码越来越多，有必要采用更为系统的管理代码的方法。为了使读者在某一章的学习和编程实践中更集中注意力于所在章节，我们在 Visual Studio 中为每一章设立两个项目：一个项目为"类库"型项目，用于实现相关数据结构的基础类定义，这些类都声明在命名空间 DSA 中；另一个项目为"控制台应用程序"型项目，用于实现相关数据结构的测试、演示和应用，一般需要引用相应的类库模块，并在测试和应用代码中加入"using DSA"指令，以方便源代码的编辑。例如在第 3 章中，用名为 lists 的项目实现各种"线性表"数据结构，用名为 liststest 的项目实现多个使用"线性表"数据结构的应用程序。在熟悉了相关概念后，用 . NET Framework SDK 中的命令行编译器也能顺利完成各章代码的编译和运行。

2.1.9 异常处理

在程序执行的过程中，无论什么时候出现了严重错误，.NET 运行环境都会创建一个 Exception 对象来描述和处理该错误。在 .NET 平台中，Exception 是所有异常类的基类。从 Exception 基类派生了两种类别的异常：System. SystemException 和 System. Application-Exception。System 命名空间中的所有异常类型都是从 SystemException 派生的，而用户定义的异常应该从 ApplicationException 派生，以便区分运行库错误和应用程序错误。以下是一些常见的系统异常：

（1）IndexOutOfRangeException：使用了大于数组或集合大小的索引；

（2）NullReferenceException：在将引用设置为有效的实例之前使用了引用的属性或方法；

（3）ArithmeticException：在操作产生溢出或下溢时引发的异常；

（4）FormatException：参数或操作数的格式不正确。

与 Java 编程语言中一样，当我们有一段容易引起异常的代码时，我们应该将此代码放在 try 语句块中，紧接其后的是一个或多个提供错误处理的 catch 语句块。如果 try 块中的某一操作触发了一个异常，则错误将传递到相关的 catch 作用域，可以在该作用域中适当地处理此问题。如果 try 作用域中的每个语句在执行时都没有出现错误，那么将跳过整个 catch 块。我们还可以对任何我们想执行但又不知道是否引发异常的代码使用 finally 块。

当使用多个 catch 块时，捕获异常的代码必须以升序的顺序放置，这样就只有第一个与引发的异常相匹配的 catch 块会被执行。C#编译器会强制这样做，而 Java 编译器不做这种强制检查。C#也与 Java 一样，catch 块可以不需要参数；在缺少参数的情况下，catch 块适用于任何 Exception 类。

例如，当从文件中进行读取时，可能会遇到 FileNotFoundException 或 IOException，我们需要首先放置更具体的 FileNotFoundException 处理程序，然后放置更一般的 IOException 处理程序。

```
try {
    string myText = File.ReadAll(@ "D:\myTextFile.txt");
}
catch (FileNotFoundException ex){
    Console.WriteLine("Error: {0}", ex.Message);
}
catch (IOException ex){
    Console.WriteLine("Error: {0}", ex.Message);
}
```

2.1.10 C#的标准输入流和输出流

System. Console 类对从控制台读取字符并向控制台写入字符的应用程序提供基本支持。来自控制台的数据从标准输入流读取；传给控制台的正常数据会写入标准输出流；而传给控制台的错误数据会写入标准错误输出流。应用程序启动时，这些流自动与控制台（Console）关联，并以 In、Out 和 Error 属性形式提供给程序员。

1. Console 类包含的控制台输入方法

从标准输入流读取下一个字符：

```
public static int Read();
```

从标准输入流读取下一行字符：

```
public static string ReadLine();
```

2. Console 类包含的控制台输出方法

Console 类包含若干"Write"方法，这些方法可自动将各种值类型的实例、字符数组或对象转换为格式化字符串或无格式字符串，然后将该字符串写入控制台，该字符串后面还可以带行终止字符串。

```
public static void WriteLine(char);
public static void Write (char);
public static void WriteLine(int);
public static void Write (int);
public static void WriteLine(double);
public static void Write (double);
public static void WriteLine(string);
public static void Write (string);
```

使用指定的格式信息，将指定的对象数组（后跟当前行结束符）写入标准输出流：

```
public static void WriteLine(string format, params object[] args);
```

2.1.11 C#泛型

2.0 版 C#语言和公共语言运行库（CLR）中增加了泛型（Generics），包括泛型类和泛型方法。泛型类和泛型方法同时具备可重用性、类型安全和效率等方面的优点，这是非泛型类和非泛型方法所不具备的。

泛型应用类型参数的概念，类型参数使得设计如下类和方法成为可能：这些类和方法将一个或多个类型的指定推迟到声明并实例化该类或调用方法的时候。

泛型通常与集合以及作用于集合的方法一起使用。.NET Framework 2.0 版类库提供一个新的命名空间 System.Collections.Generic，其中包含几个新的基于泛型的集合类，如 List<T>。建议面向 2.0 版的所有应用程序都使用新的泛型集合类，而不要使用旧的非泛型集合类，如 ArrayList。有关更多信息，请参见 .NET Framework 类库中的泛型编程指南。

例如，声明并构造整型数的列表：

```
List<int>  a = new List<int>();        //声明并构造整型数的列表
a.Add(86); a.Add(100);                 //向列表中添加整型元素
```

声明并构造字符串列表：

```
List<string>  s = new List<string>();  //声明并构造字符串列表
s.Add("Hello"); s.Add("C# 2.0");       //向列表中添加字符串型元素
```

也可以声明并构造自定义类型的列表：

```
List< Student>  st = new List< Student>();  //声明并构造学生列表
st.Add(newStudent(200518001,"王兵","男",18,92));  //向列表中添加
                                                        学生类型元素
```

当然，也可以创建自定义泛型类型和方法，以提供自己的通用解决方案，设计类型安全的高效模式。在后面的章节中，我们所实现的数据结构和算法都是基于泛型的。

C#语言中泛型的优越性在下面的一段例子中应能较好地显示出来。对于同样的运算逻辑(例子中是交换两个变量的内容)，仅是数据的类型不一样，原始编程模式可能就需要定义一堆相似的方法；而应用泛型特性则可仅需定义一个泛型方法(例子中是 swap<T>)。

```
static void Main(string[] args) {
    int a = 3;  int b = 7;
    swapint(ref a, ref b);
    double ad = 3.5; double bd = 7.5;
    swapdouble(ref ad, ref bd);
    swap<int>(ref a, ref b);
    swap< double >(ref ad, ref bd);
}
static void swapint(ref int a, ref int b) {
    int x = a;
    a = b;
    b = x;
}
static void swapdouble(ref double a, ref double b) {
    double x = a;
    a = b;
    b = x;
}
static void swap<T>(ref T a, ref T b) {
    T x = a;
    a = b;
    b = x;
}
```

2.1.12　委托与 Lambda 表达式

委托(delegate)是一种特殊类型，用来定义能够引用方法的对象，通过委托实例可以调用所引用的方法，委托实例可以引用不同的方法，因而，通过同一个委托实例可以调用不同的方法实体。委托在功能上类似于 C 语言中指向函数的指针，但与函数指针不同，委托是面向对象的，委托变量只能指向签名兼容的方法，具有类型安全的优点。

声明委托需要使用 delegate 关键字，语法如下：

```
delegate  return-type Delegate-Identifier(parameter-list);
```

C#类库在 System 命名空间中定义了两个常用的委托类型，分别是 Comparison 委托和 Predicate 委托，它们的定义如下：

```
public delegate int Comparison<T>(T x, T y);
public delegate bool Predicate<in T>(Tk);
```

Comparison 委托从形式上用来表示具有两个同类型的参数、返回值为有符号整数的方法，该方法从功能上定义比较相同类型的两个对象(x 和 y)的操作规则，用不同的返回值表达不同的比较结果(x<y，返回值为负；x=y，返回值为 0；x>y，则返回值为正)。

Predicate 委托从形式上用来表示具有一个参数、返回值为布尔类型的方法，该方法从功能上定义断言对象 k 满足特定条件的操作规则，用不同的返回值表达不同的断言结果(一般情况，返回值为 true，说明对象 k 满足特定条件；返回值为 false，说明对象 k 不满足特定条件)。

委托变量可以指向与之签名兼容的方法，包括匿名方法，这称为委托实例化。如果已经有一个定义好的方法 comp1，它具有"int comp1(T x, T y);"形式的签名，则可以定义一个 Comparison 委托类型的变量 c，用下列语句实例化使之指向 comp1 方法：

```
Comparison<int> c = comp1;
```

如果临时需要一个能完成比较操作的方法，不一定非要为这样简短的代码设计一个专门名称，这时可以用匿名方法的形式定义所需的功能。3.0 版 C#语言引入 Lambda 表达式，可用来方便简洁地表达匿名方法。例如，下列语句用 Lambda 表达式定义了一个比较两个整数的匿名方法，并用之实例化委托变量 c，该匿名方法定义了以绝对值大小来决定孰大孰小的规则：

```
Comparison<int> c = (x, y) => Math.Abs(x).CompareTo(Math.Abs(y));
```

通过委托实例 c 可以调用其引用的方法(包括上述匿名方法)来进行两个整数的比较操作，语法是：

```
i = c(a,b);
```

如果需要将一个整数数组 a 按元素绝对值的大小排序，则可以调用 Array 类中的 Sort 静态方法，将委托实例 c 作为第二个参数传递给 Sort 方法，调用语句为：

```
Array.Sort(a,c);
```

对于自定义的复合类型的数据序列，我们可以用与前述例子相仿的方法，用 Lambda 表达式定义出不同的"比较"规则，以达到按不同字段对数据进行排序的目的。

Lambda 表达式使用"=>"运算符，该运算符的左边指定匿名方法的形参表，右边为方法的返回值的表达式。Lambda 表达式是 Lambda 语句的特殊形式，一般的 Lambda 语句将匿名方法的方法体语句块置于一对大括号中，上面比较方法的例子，用 Lambda 语句改写为：

```
Comparison<int> c = ( int x,int y) =>
    { return Math.Abs(x).CompareTo(Math.Abs(y)); };
```

下面是另一个使用 Lambda 表达式定义匿名方法的例子，此例将匿名方法作为第二个参数传递给 FindAll 方法,以顺序找出数组 a 中的偶数并置于数组 b 中。FindAll 方法的第二个参数的类型为 Predicate 委托。

```
int[] b = Array.FindAll (a, x => x % 2 == 0);
```

2.2　C#语言数据集合类型

程序往往要处理很多的数据,而众多数据间存在着内在的联系。只有将待处理数据依其元素间的内在关系作为特定的数据集合处理,才能写出符合逻辑并且高效的程序,在编程实践中掌握类库中若干集合类型是良好编程的必要条件。下面介绍 C#语言中几种常用数据集合类型,包括数组以及类库中的线性表(List)类、栈(Stack)类、队列(Queue)类、字典(Dictionary)类等。

2.2.1　数组

数组是由一组具有相同类型的元素组成的集合,各元素依次存储于一个连续的内存空间。数组是其他数据结构实现顺序存储的基础。C#中数组的工作方式与大多数其他流行语言中数组的工作方式类似,但还是有一些差异应引起注意。C#支持一维数组、多维数组(矩形数组)和数组的数组(又称为交错的数组)。

1. 一维数组

声明一维数组变量的格式是:

<类型>[ ] <数组名>;

例如: int[] a;

注意,声明数组时,方括号"[ ]"必须跟在类型后面,而不是变量名后面。另一细节是,数组的大小不是其类型的一部分,而在 C 语言中它却是数组类型的一部分。因此,在 C#中可以声明一个数组并向它分配相应类型对象的任意数组,而不管数组长度如何。

声明数组并没有实际创建数组实例。在 C#中,数组是对象,必须进行实例化。只有用 new 操作符为数组分配空间后,数组才真正占有实在的存储单元。使用 new 创建一维数组的格式如下:

<数组名> = new <类型>[<长度>];

可以在声明数组的同时为数组进行初始化,例如:

int[] a = {1,2,3,4,5};

通过下标可以访问数组中的任何元素。数组元素的访问格式为:

<数组名>[<下标>];

可见,C#中的数组是在运行时分配所需空间,声明数组变量时不用指定数组长度,使用 new 运算符为数组分配空间后,数组才真正占用一片地址连续的存储单元空间。而当使用数组的目的完成之后,不需要立即向系统归还所占用的内存空间。.NET 平台的垃圾回收机制将自动判断对象是否在使用,并能够自动销毁不再使用的对象,收回对象所占的资源。

2. 多维数组

多维数组用说明多个下标的形式来定义，例如：

int[,] items = new int[5,4];

声明了一个二维数组 items，并分配 5×4 个存储单元。还可以有更高维数的数组。例如，可以有三维的矩形数组：

int[, ,] buttons = new int[4,5,3];

同样也可以初始化多维数组，例如：

int[,] numbers = new int[3, 2] {{1, 2}, {3, 4}, {5, 6}};

可以省略数组的大小，如下所示：

int[,] numbers = new int[,] {{1, 2}, {3, 4}, {5, 6}};

C#中的二维数组按行优先顺序存储数组元素。

3. 数组的数组

如果数组的元素也是数组，则称为数组的数组，或交错的数组。例如：

int[][] scores = new int[4][];

声明并分配交错数组 scores，它具有四个元素 scores[0]，…，scores[3]，每个元素都是一个整型数组，即 int[ ]，每个数组的长度可以不一样。

4. 所有数组都是类类型的数据类型

C#中的所有数组都是类(class)类型的数据类型，任何数组类型都隐含继承自基类型 System. Array，因此数组变量属于引用类型变量，数组实例都具有对象特性。System. Array 类中定义的公有属性以及其他成员方法都可以供所有数组实例使用，例如 Length 属性可以获得数组元素的个数，即数组的长度。System. Array 类还提供了许多用于排序、搜索和复制数组的方法。

Array 类中定义的公共属性：

virtual int Length {get;}　　　　　//返回数组的所有维数中元素的总数

virtual int Rank {get;}　　　　　　//获取数组的维数

Array 类中定义的公共方法：

static void Copy(Array source, int srcIndex, Array destination, int dstIndex, int length)

//从指定位置开始,复制源数组中指定长度的元素到目数组中的指定位置,有多个重载方法。

void CopyTo(Array dstArray, int dstIndex)

//将当前一维数组的所有元素复制到目数组中指定位置

static int IndexOf<T>(T[] a, T k)　　//返回给定数据首次出现位置

static void Sort(Array a)　　　　　　//对整个一维数组元素进行排序,有多个重载方法

int GetLength(int dimension);　　　//获取数组指定维中的元素数

【例 2.1】写一个完整的 C#程序，声明并实例化三种数组。

using System;

```
class ArraysSample {
    public static void Main() {
        int[] numbers = new int[5];                    //一维数组
        string[,] names = new string[5, 4];            //多维数组
        Console.WriteLine(names.Length);
        int[][] scores = new int[4][]; //数组的数组(交错数组)
        for (int i = 0; i < scores.Length; i++) {
            scores[i] =new int [i + 3];//创建交错数组
        }
        for (int i = 0; i < scores.Length; i++) {
            Console.WriteLine("Length of row {0} is {1}", i,
                    scores [i].Length);
        }
        Console.WriteLine("Number of rows is {0}",scores.Length);
    }
}
```

程序输出结果如下：

```
20
Length of row 0 is 3
Length of row 1 is 4
Length of row 2 is 5
Length of row 3 is 6
Number of rows is4
```

【例 2.2】数组的搜索与排序。

```
class ArrayTest {
    static void Main(string[] args) {
        double[] d = { 3.0, 4.0, 1.0, 2.0, 5.0 };
        int i = Array.IndexOf<double>(d, 5.0);
        Console.WriteLine("{0}'s index is: {1}",5.0,i);
        Console.Write("Sorted Array: ");
        Array.Sort(d);
        foreach(double f in d) Console.Write("{0} ", f);
        Console.WriteLine();
    }
}
```

程序运行结果如下：

```
5's index is: 4
Sorted Array: 1 2 3 4 5
```

这里使用了 Array 类的静态泛型方法 IndexOf<T>来进行查找操作，在调用时，需指明

数组元素的类型，上例用 double 代替符号"< T >"中的 T。该例还使用了 Array 类的静态方法 Sort 来进行排序操作。

2.2.2 线性表类

在 C#类库中定义了一个非泛型线性表 ArrayList 类和一个泛型线性表 List<T>类，是编程中常用的数据集合类型。

1. 非泛型线性表类 ArrayList

C#类库在 System. Collections 命名空间中定义了一个线性表类 ArrayList。ArrayList 类提供了一种元素数目可按需动态增加的数组，并且在其任意位置可以进行插入和删除数据元素的操作。ArrayList 的元素类型是 object 类，插入线性表的数据元素要求是 object 对象，因为 object 类是 C#中类层次的根类，所有其他的类都是由 object 类派生出来的，所以实际上可以将任意类型的对象加入线性表；获取线性表某元素的数据可用 object 类型的变量引用，一般需根据要求转化为 string 或其他实际类型的对象。

ArrayList 类具有如下成员(属性和方法)实现线性表的各种操作：

公共构造函数：

```
ArrayList();                    //初始化 ArrayList 类的新实例
ArrayList(ICollection c);       //初始化 ArrayList 类的新实例,它包含从
                                    指定集合复制的元素并且具有与所复制的
                                    元素数相同的初始容量
ArrayList(int initCapacity);    //初始化 ArrayList 类的新实例,它具有指
                                    定的初始容量
```

公共属性：

```
virtual int Count {get;}                        //返回线性表的长度,即包含
                                                    的元素数
virtual int Capacity {get; set;}                //获取或设置线性表可包含的
                                                    元素数
virtual object this[int index] {get; set;}      //获取或设置指定索引处的元
                                                    素
```

公共方法：

```
virtual void Insert(int i, object x);       //将数据元素插入指定位置
virtual int Add(objectx);                   //将对象添加到表的结尾处
virtualvoid AddRange(ICollection c);        //将集合对象添加到表的结尾处
virtual int IndexOf(object x);              //返回给定数据首次出现的位置
virtual bool Contains(object x);            //确定某个元素是否在表中
virtual void Remove(object x);              //从表中移除特定对象的第一个匹
                                                配项
virtual void RemoveAt(inti);                //删除指定位置的数据元素
virtual void Reverse();                     //将表中元素的顺序反转
```

35

```
virtual void Sort ();                        //对表中元素进行排序
```

2. 泛型线性表类 List<T>

较新的 C#语言(2.0 版起)和公共语言运行库(CLR)中增加了泛型(Generics)，包括泛型类和泛型方法。泛型通常与集合一起使用。C#基础类库提供一个新的命名空间 System. Collections. Generic，它包含多个定义泛型集合的类(class)和接口(interface)。泛型集合允许用户创建强类型的数据集合，并且能提供比非泛型集合更好的类型安全性和性能。建议面向 2.0 及更新版的所有应用程序都使用新的泛型集合类，如 List<T>，而不要使用旧的非泛型集合类，如 ArrayList。

List<T>类是与 ArrayList 类逻辑上等效的泛型线性表类，表示可通过索引访问的对象的强类型列表，它定义在 System. Collections. Generic 命名空间中。泛型类 List<T>在大多数情况下比非泛型类 ArrayList 执行得更好并且是类型安全的。

List<T>类所具有的属性和方法非常类似于 ArrayList 类对应的属性和方法，差别在于前者是强类型列表，在列表(实例)上进行操作时，元素的类型要与列表(实例)定义时声明的类型保持一致，即具有所谓的类型安全性。

公共构造函数：

```
List<T>();                    //初始化 List<T>类的新实例
List<T>(IEnumerable<T> c);    //初始化 List<T>类的新实例,它包含从指定
                                集合复制的元素并且具有与所复制的元素数
                                相同的初始容量
```

公共属性：

```
virtual T this[ int index] {get; set;}       //获取或设置指定索引处的元素
```

公共方法：

```
virtual void Insert(int i, T x);             //将数据元素插入指定位置
virtualvoid Add(T x);                         //将对象添加到表的结尾处
virtualvoid AddRange(IEnumerable<T> c);       //将集合对象添加到表的结尾处
virtual int IndexOf(T x);                     //返回给定数据首次出现的位置
virtual bool Contains(T item);                //确定某个元素是否在表中
virtual void Remove(T item);         //从表中移除特定对象的第一个匹配项
```

下面的几个例子分别声明并构造特定类型的列表：

```
List<int>  a = new List<int>();              //声明并构造整型数列表
a.Add(86); a.Add(100);                        //向列表中添加整型元素
List<string>  s = new List<string>();        //声明并构造字符串列表
s.Add("Hello"); s.Add("C# 2.0");             //向列表中添加字符串型元素
List< Student>  st = new List< Student>();   //声明并构造学生列表
st.Add(newStudent(200518001,"王兵","男",18,92));   //向列表中添加
                                                    学生类型元素
```

3.0 版 C#语言增加了"集合初始化器"以方便集合对象的初始化，例如：

```
List<int> nums = new List<int> { 0, 1, 2, 6, 7, 8, 9 };
```

集合初始化器其实是利用编译时技术对初始化器中的元素进行按序调用 Add(T) 方法。

【例 2.3】 创建并初始化 ArrayList 以及打印出其值。

```
public class SamplesArrayList {
    public static void Main() {
        //Creates and initializes a new ArrayList.
        ArrayList myAL = new ArrayList();
        myAL.Add("Hello"); myAL.Add("World");myAL.Add("!");
        myAL.Insert(1, "C#");
        //Displays the properties and values of the ArrayList.
        Console.WriteLine("myAL");
        Console.WriteLine("\tCount:    {0}", myAL.Count);
        Console.Write("\tValues:");
        foreach (object o in myAL) {
            Console.Write("\t{0}", o);
        }
        Console.WriteLine();
        myAL.Sort();
        Console.Write("\tSorted Values:");
        for (int i = 0; i < myAL.Count; i++) {
            Console.Write("\t{0}", myAL[i]);
        }
        Console.WriteLine();
    }
}
```

程序运行结果如下：

```
myAL
        Count:4
        Values: Hello  C#  World  !
        Sorted Values：!   C#    Hello  World
```

这个例子本身很简单，但演示了 ArrayList 类的实例 myAL 线性表的元素数目可按需动态增加，可在表中任意位置进行插入和删除数据元素的操作，一般的数组不具备这种方便的特性。

2.2.3 栈类

在 C#类库中定义了一个非泛型栈 Stack 类和一个泛型栈 Stack<T>类，是编程中常用的数据集合类型。

非泛型栈类 Stack 定义在 System. Collections 命名空间中，它刻画了一种数据后进先出的集合，其数据元素的类型是 object 类。入栈的数据元素类型定义为 object 类型，所以，在实际的入栈操作时可以是 int、string 等任意类型的对象，而出栈的数据元素类型也定义为 object 类型，一般需要用 object 对象保存，再转化为合适类型(如 string 或其他类型)的对象。

Stack<T>类是 Stack 类的泛型等效类，它定义在 System. Collections. Generic 命名空间中。Stack <T>类所具有的属性和方法非常类似于非泛型 Stack 类对应的属性和方法，差别在于前者是强类型栈，即元素的类型要与栈实例定义时声明的类型保持一致。泛型类在大多数情况下比非泛型类执行得更好，并且是类型安全的。

Stack 类具有如下成员(属性和方法)实现栈的各种操作：

公共构造函数：

```
Stack();                    //初始化 Stack 类的新实例
Stack(ICollection c);
Stack (int capacity);
```

公共属性：

```
virtual int Count {get;}              //获取包含在栈中的元素数
```

公共方法：

```
virtual void Push(objectx);      //将对象插入栈的顶部
virtual object Pop();            //移除并返回位于栈顶部的对象
virtual object Peek();           //返回位于栈顶部的对象,但不将其移除
virtual bool Contains(objectx);  //确定某个元素是否在栈中
```

【例 2.4】创建 Stack 对象并向其添加元素，且打印出其值。

```
using System;
    using System.Collections;
      public class SamplesStack{
        public static void Main(){
         //Creates and initializes a new Stack.
         Stack myStack = new Stack();
         myStack.Push("Hello");
         myStack.Push("World"); myStack.Push("!");
         //Displays the properties and values of the Stack.
         Console.Write("myStack" );
         Console.WriteLine(" \tCount：   {0}", myStack.Count );
         Console.Write(" \tValues:\n" );
         foreach(object o in  myStack)
            Console.Write(" \t{0}", o);
     }
  }
```

程序运行结果如下：

```
myStack  Count：   3
         Values:  ！  World  Hello
```

输出序列的顺序与元素入栈的顺序相反，这是由栈的后进先出(LIFO)特性形成的。

2.2.4　队列类

C#类库中定义了一个非泛型队列 Queue 类和一个泛型队列 Queue<T>类，是编程中常用的数据集合类型。

非泛型队列类 Queue 定义在 System. Collections 命名空间中。它刻画了一种具有先进先出特性的数据集合，其数据元素的类型是 object 类。入队的数据元素类型定义为 object 对象，所以，在执行实际的入队操作时可以是 int、string 等任意类型的对象，而出队的数据元素类型也定义为 object 类型，一般需要用 object 对象保存，再转化为合适的类型(如 string 或其他类型)的对象。

Queue<T>类是 Queue 类的泛型等效类，它定义在 System. Collections. Generic 命名空间中。Queue<T>类所具有的属性和方法非常类似于非泛型 Queue 类对应的属性和方法，差别在于前者是强类型队列，元素的类型要与队列实例定义时声明的类型保持一致。泛型类在大多数情况下比非泛型类执行得更好并且是类型安全的。

Queue 类具有如下成员(属性和方法)实现队列的各种操作：

公共构造函数：

```
Queue ();                 //初始化 Queue 类的新实例
Queue (ICollection col);
Queue (int capacity);
```

公共属性：

```
virtual int Count {get;}           //获取包含在 Queue 中的元素数
```

公共方法：

```
virtual void Enqueue(object obj);  //将对象添加到 Queue 的结尾
virtual objectDequeue ();          //移除并返回位于 Queue 开始处的对象
virtual object Peek();             //返回队头处的对象但不将其移除
virtual bool Contains(object obj); //确定某个元素是否在队列中
```

【例 2.5】创建 Queue 对象并向其添加值，且打印出其值。

```
using System;
using System.Collections;
public class SamplesQueue {
    public static void Main() {
        //Creates and initializes a new Queue.
        Queue myQ = new Queue();
```

```
myQ.Enqueue("Hello");myQ.Enqueue("World");
myQ.Enqueue("!");
//Displays the properties and values of the Queue.
Console.WriteLine( "myQ" );
Console.WriteLine( "\tCount:    {0}",myQ.Count );
Console.Write( "\tValues: " );
foreach(object o in  myQ){
    Console.Write("{0}\t",o);
}
Console.WriteLine();
}
} //end of class SamplesQueue
```

程序运行结果如下：

```
myQ
    Count:    3
    Values:Hello  World  !
```

队列的输出序列的顺序与元素入队的顺序一致，这是队列先进先出(FIFO)特性的体现。

2.2.5　Hashtable 和 Dictionary 类

C#类库中的 Hashtable 类和 Dictionary 类都应用哈希查找技术以实现快速查找，特别是对数据量大且某些数据会被高频查询的数据集合，哈希查找技术相对于顺序查找方法，在时间效率上有较大提高。

Hashtable 类定义在 System. Collections 命名空间中。该类提供了表示(键，值)对(key-value pair)的集合，集合中的每个元素都是一个存储在 DictionaryEntry 对象中的键/值对，这些(键，值)对根据键的哈希码进行组织，值的集合构成一个哈希表。Hashtable 集合内的元素可以直接通过键来索引，键的作用类似于数组中的下标，如下例中用"王红"作为索引可以得到(键，值)对的值"785386"。

在 .NET Framework 2.0 及以后版本的类库中新增了技术上类似于 Hashtable 类的 Dictionary 泛型类(在 System. Collections. Generic 命名空间中)，它也表示(键，值)对的集合。Dictionary 泛型类是作为一个哈希表来实现的，各(键，值)对根据键的哈希码进行组织，哈希表提供了从一组键到一组值的映射，通过键来检索值的速度是非常快的，时间效率接近于 $O(1)$。

通过下面的例子来看看 Dictionary 类的应用方法。

【例 2.6】创建并初始化 Dictionary 以及打印出其值。

```
using System;
using System.Collections.Generic;
```

```
class SamplesDictionary {
    public static void Main() {
        Dictionary<string, string> tpbook =   new
                Dictionary<string, string>();
        tpbook.Add("王红", "785386");
        tpbook.Add("张小虎", "684721");
        tpbook.Add("刘胜利", "1367899");
        tpbook.Add("李明", "678956");
        tpbook["王浩"] = "678912";
        foreach (KeyValuePair<string, string> kvp in tpbook) {
            Console.WriteLine("Key = {0}, Value = {1}",
                    kvp.Key, kvp.Value);
        }
        Console.WriteLine("\nRemove(\"王浩\")");
        tpbook.Remove("王浩");
        if (! tpbook.ContainsKey("王浩")) {
            Console.WriteLine("Key \"王浩\" is not found.");
        }
    }
}
```

程序运行结果如下：

```
Key = 王红, Value = 785386
Key = 张小虎, Value = 684721
Key = 刘胜利, Value = 1367899
Key = 李明, Value = 678956
Key = 王浩, Value = 678912
Remove("王浩")
Key "王浩" is not found.
```

习题 2

2.1 学习并掌握类库中 Array、Random、Console 等常用类的主要使用方法，并应用于编程中。

2.2 编程定义一个含 Main 方法的类，在其中定义和随机初始化一个具有 20 个元素、取值在-99 到 99 的整数数组，分别练习在数组中查找特定数据、对数组中的数据按自然值大小排序、对数组中的数据按绝对值大小排序。认识和使用类库中 Array、Random、

Console 等常用的类型。

　　2.3　编程定义一个含 Main 方法的类，在其中利用 List<T>类定义和初始化一个 int 类型的线性表，在表中添加(Add)和插入(Insert)新的元素。说明线性表与数组主要特性上的异同。

　　2.4　编程定义一个自定义 Student 类，定义一个含 Main 方法的类，在其中利用 List<T>类定义和初始化一个 Student 类型的线性表，在表中添加(Add)和插入(Insert)新的元素。说明与前一题在主要特性上的异同。

第3章 线性表

线性表(linear list)是一种基本的线性数据结构，其数据元素间具有线性逻辑关系，并且可以在线性表的任意位置进行插入和删除数据元素的操作。线性表数据结构可以用顺序存储结构和链式存储结构两种方式实现，前者称为顺序表，后者称为链表。

本章首先学习线性表在逻辑结构层次方面的特性，然后讨论以顺序存储结构实现的线性表和以链式存储结构实现的线性表在结点结构和各种操作的实现方面的特性，并分析和比较这些不同实现的优缺点。

本章在 Visual Studio 中用名为 lists 的类库型项目实现有关数据结构的类型定义，用名为 liststest 的应用程序型项目实现对这些数据结构的测试和演示程序。

3.1 线性表的概念及类型定义

线性数据结构是一组具有某种共性的数据元素按照某种逻辑上的顺序关系组成的一个数据集合。线性结构的数据元素之间具有顺序关系，除第一个和最后一个数据元素外，每个元素只有一个前驱元素和一个后继元素，第一个数据元素没有前驱元素，最后一个元素没有后继元素。

线性表是一种典型的线性数据结构，其数据元素之间具有顺序关系，并且可以在表中任意位置进行插入和删除数据元素的操作。

线性表中元素的类型可以是数值型或字符串型，也可以是其他更复杂的自定义数据类型。例如：

数字表：个位数字表{0，1，2，…，9}可以看成是一个线性表，数据元素是单个数字，数据元素间是按顺序排列的。

学生成绩表：一个班级学生的成绩列表可以看成是一个线性表，数据元素是"学生"类型的数据实体，对应于单个学生的学号、姓名、成绩等信息。

科研设备信息表：一个实验室的科研设备信息表可以看成是一个线性表，数据元素是"设备"类型的数据实体，对应于单台设备的编号、类型、名称和保管人等信息。

3.1.1 抽象数据类型层面的线性表

1. 线性表的数据元素

当我们讨论线性表时，我们使用具有某种抽象类型的数据元素 a_i 表示线性表中的位置 i 的数据元素。线性表是由 $n(n \geqslant 0)$ 个数据元素 a_0，a_1，a_2，…，a_{n-1}组成的有限序列，记作：

$$LinearList = \{\ a_0,\ a_1,\ a_2,\ \cdots,\ a_{n-1}\ \}$$

其中，n 表示线性表的元素个数，称为线性表的长度。若 $n=0$，则表示线性表中没有元素，我们称之为空表；若 $n>0$，对于线性表中第 i 个数据元素 a_i，有且仅有一个直接前驱数据元素 a_{i-1} 和一个直接后继数据元素 a_{i+1}，而 a_0 没有前驱数据元素，a_{n-1} 没有后继数据元素。

线性表中的数据元素至少具有一种相同的属性，我们称这些数据元素属于同一种抽象数据类型。在具体设计线性表的物理实现时，元素的数据类型将具体化，各元素的具体类型可以相同，也可以不同，但是至少具有一种相同的属性。例如，在 C#类库中的线性表（ArrayList 类），元素的类型可以是相同的整数（int）类型、字符（char）类型或字符串（string）类型；如果数据元素的类型不相同，则可以用 object 类来描述它们，以表明它们至少具有某种相同的性质（都是某种类型的对象），因为 object 类是 C#中类层次的根类，所有其他的类都是由 object 类派生出来的。在这个意义上，可以简单地说，线性表中的数据元素具有相同的类型。

线性表在实现方式上，可以选择两种存储结构方式之一：顺序存储结构和链式存储结构。用顺序存储结构实现的线性表称为顺序表（sequenced list），用链式存储结构实现的线性表称为链表（linked list）。

2. 线性表的基本操作

线性表的数据元素之间具有顺序关系，可以在表中任意位置进行插入和删除数据元素的操作。线性表结构所具有的典型操作有：

（1）Initialize：初始化。创建一个线性表实例，并对该实例进行初始化，例如设置表状态为空。

（2）Get/Set：访问。对线性表中指定位置的数据元素进行取值或置值操作。

（3）Count：求长度。求线性表的数据元素的个数。

（4）Insert：插入。在线性表指定位置插入一个新的数据元素，插入后，其所有元素仍构成一个线性表。一种常见的插入操作是在表尾添加一个新元素（Add）。

（5）Remove：删除。删除线性表指定位置的数据元素，同时保证更改后的线性表仍然具有线性表的连续性。

（6）Copy：复制。重新复制一个线性表。

（7）Join：合并。将两个或两个以上的线性表合并起来，形成一个新的线性表。

（8）Search：查找。在线性表中查找满足某种条件的数据元素。

（9）Sort：排序。对线性表中的数据元素按关键字的值，以递增或递减的次序进行排列。

（10）Traversal：遍历。按次序访问线性表中的所有数据元素，并且每个数据元素恰好访问一次。

3.1.2 C#中的线性表类

在 C#类库中定义了一个非泛型线性表 ArrayList 类和一个泛型线性表 List<T>类，是编程中常用的数据集合类型。线性表的元素数目可按需动态增加，可在表中任意位置进行插入和删除数据元素的操作，一般的数组不具备这种方便的特性。

【例 3.1】 以顺序表求解约瑟夫(Joseph)环问题。

约瑟夫环问题：有 n 个人围坐在一个圆桌周围，把这 n 个人依次编号为 1，…，n。从编号是 s 的人开始报数，数到第 d 个人离席，然后从离席的下一位重新开始报数，数到 d 的人离席……如此反复，直到最后剩一个人在座位上为止。比如当 $n=5$，$s=1$，$d=2$ 的时候，离席的顺序依次是 2，4，1，5，最后留在座位上的是 3 号。

解决这个问题的直接思路是：建立一个有 n 个元素的线性表，每个元素分别表示某个人，利用取模运算实现环形位置记录，当某人该出环时，删除表中相应位置的数据元素。实现这种直接思路的程序为：

```
using System;
using System.Collections;
    public class JosephProgram{
        public static void Main(string[] args) {
            JosephRing(5,1,2);
        }
    public static void Show(ArrayList alist){
        foreach(object o in alist){
            Console.Write(o + " ");
        }
        Console.WriteLine();
    }
    public static void JosephRing(int n,int s,int d) {
    //n 为总人数,从第 s 个人开始数起,每次数到 d
    ArrayList aRing = new ArrayList();
    int i,j,k;
    for(i=1;i<=n;i++)
        aRing.Add(i);            //n 个人依次插入线性表
    Show(aRing);
    i = s-2;                     //第 s 个人的下标为 s-1,i 初始指向第 s 个人
                                 //的前一位置
    k = n;                       //每轮的当前人数
    while(k>1) {                 //n-1 个人依次出环
        j = 0;
        while(j<d) {
            j++;                 //计数
            i = (i+1)%k;         //取模运算实现环形位置记录
```

```
        }
        Console.WriteLine("out:  " + aRing[i]);
        aRing.RemoveAt(i);      //第 i 个人出环,删除第 i 个位置的元素
        k--; i = (i-1)% k;
        Show(aRing);
    }
    Console.WriteLine(" \n{0} is the last person", aRing[0]);
    }
  }
}
```

程序运行结果如下:

```
1 2 3 4 5
out:  2
1 3 4 5
out:  4
1 3 5
out:  1
3 5
out:  5
3
3 is the last person
```

上面这个解决方案的思路是简单直接的,但是算法的实际运行效率非常低,本章后面将进行分析并介绍改进后的算法。

3.2　线性表的顺序存储结构

线性表的顺序存储结构指的是用一组连续的内存空间来顺序存放线性表的数据元素,数据元素在内存空间中的物理存储次序与它们的逻辑次序是一致的,即数据元素 a_i 与其前驱数据元素 a_{i-1} 及后继数据元素 a_{i+1} 无论在逻辑上还是在物理存储上,它们的位置都是相邻的。用顺序存储结构实现的线性表称为顺序表(sequenced list)。

如前所述,线性表中的数据元素属于同一种抽象数据类型,因此每个数据元素在内存中占用的存储空间的大小是相同的。假设每个数据元素占据 c 个存储单元,第一个数据元素的地址为 $\mathrm{Loc}(a_0)$,它也是整个顺序表的起始地址,则第 i 个数据元素 a_i 的地址为:

$$\mathrm{Loc}(a_i) = \mathrm{Loc}(a_0) + i \times c, \quad i = 0, 1, 2, \cdots, n-1$$

可见,每个数据元素的地址是该元素在线性表中逻辑位序(或称下标)的线性函数,该地址可以直接由下标通过公式计算出来,每次寻址一个元素所花费的时间都是相同的。因此,顺序表中的每个数据元素是可以随机访问的,访问一个数据元素所需的时间与该元素的位置以及顺序表中元素的个数没有关系。顺序表的存储结构如图 3.1 所示。

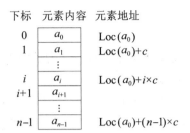

图 3.1　线性表的顺序存储结构

3.2.1　顺序表的类型定义

程序中的数组对象可以得到连续的存储空间，因此数组可以作为实现顺序表的基础。本节将顺序表用 C#语言的自定义类刻画和实现出来，不妨将该类命名为 SequencedList<T>。在该类的定义中，字段 items 是一维数组变量，将记录顺序表的数据元素所占用的存储空间，数组的元素类型标记为 T，即与泛型顺序表的类型参数 T 相同的类型；字段 count 表示顺序表的长度，即顺序表中元素的个数；数组 items 的长度 items.Length 告知顺序表的当前容量。SequencedList<T>类声明如下：

```
public class SequencedList<T> {
    private T[] items;
    private int count = 0;
    其他成员……
}
```

线性表的操作将作为 SequencedList 类的属性和方法成员予以实现。完整定义好该类后，就可用它来声明和构造顺序表实例，用来表示一个具体的线性表对象。当我们需要使用一个顺序表时，就用 new 操作符创建 SequencedList 类的一个实例对象，而通过在这个对象上调用类中定义的公有(public)的属性和方法来操作线性表对象。

对于这个类的使用者来说，他关心的是该类的功能，而不必关心类的具体设计；此外，对这个类的设计者而言，他不需要也不应该向类之外的对象提供直接操作类的数据成员的通道，所以设计者将类中的数据成员都声明为私有的(private)，即设置其对外不可见。这就是面向对象程序设计所要求的类的封装性。

SequencedList 类的源代码保存在 SequencedList.cs 文件中，该类及本章介绍的其他自定义线性表类都实现在名为 lists 的类库型项目中，它们与后续章节将介绍的实现其他相关数据结构的基础类，如栈类、二叉树类等，都统一定义在 DSA 命名空间，而将使用这些基础类的测试与应用类都各自独立地定义和实现在相应的项目和命名空间中，例如本章的测试与应用程序隶属于名为 liststest 的项目，命名空间的名称则采用了 Visual Studio 为项目中的新增代码自动选择的名称(通常与项目名称相同，对于本章即为 liststest)。

3.2.2　顺序表的操作

1. 顺序表的初始化

使用类的构造方法创建并初始化顺序表对象，为顺序表实例预分配存储空间，并设置顺序表为空状态。该操作的实现编码如下：

```
public SequencedList(int c) {          //构造空的顺序表,分配 c 个存储单元
        items =new T[c];               //申请 c 个存储单元
        count = 0;       //此时顺序表中元素个数为 0,即长度为 0
     }
```

构造方法可以有多个重载形式，方便调用者以不同方式初始化顺序表对象。下面是一个重载的构造方法，不带参数，又称为缺省构造方法。自动构造具有 16 个存储单元的空表，编码如下：

```
public SequencedList() : this(16) { }
```

下面是另一个重载的构造方法，它以一个数组的多个元素作为初值来构造顺序表实例，该操作的实现编码如下：

```
//以一个数组的多个元素构造顺序表实例
public SequencedList(T[] itemArray) {
    count = itemArray.Length;       //计算元素个数,即求表长度
    int capacity = count + 16;
        items =new T[capacity];
    for (int i = 0; i < count; i++) {
        items[i] = itemArray[i];
    }                               //for 循环结束
}                                   //方法体结束
```

2. 返回顺序表长度

该操作告知线性表实例中的数据元素的个数，将这个操作通过定义成类的公有整型属性 Count 来实现，编码如下：

```
public int Count{ get{return count;} }
```

在 SequencedList 类中将返回顺序表长度的功能定义为类的属性(property)成员，功能上与将其定义为方法成员类似，但相对于后者，前者在使用时显得更简洁。方法的调用必须加上括号，而属性的调用则无须括号。在前面的例子中我们也看到，C#用数组对象所具有的 Length 属性来获取数组的元素个数，如 a. Length 返回数组 a 的元素个数，此时 Length 后没有括号。

3. 判断顺序表的空状态和满状态

通过定义布尔类型的属性 Empty 来实现判断顺序表为空的功能，如果 Empty 返回值为 true，则表明顺序表为空；如果 Empty 返回值为 false，则表明顺序表为非空。

在 Empty 属性的设计上，当成员变量 count 等于 0 时，顺序表为空状态，此时应设置 Empty 返回 true，否则返回 false。Empty 应设计为只读属性。功能实现如下：

//判断顺序表是否为空

```
public bool Empty{ get{ return count ==0;} }
```

通过定义布尔类型的属性 Full 来实现判断顺序表当前预分配的空间已满的功能，如果 Full 返回值为 true，则表明顺序表当前预分配空间已满；如果 Full 返回值为 false，则表明顺序表非满。Full 也应设计为只读属性。功能实现如下：

//判断顺序表是否为满

```
public bool Full{ get{ return count == items.Length;} }
```

//items.Length 表示数组长度

后面将看到，顺序表预分配的存储空间可以而且应该根据需要而动态地调整，在使用顺序表进行应用编程时，如果原分配的空间已用完，就需要扩大预分配的存储空间。一般可以认为系统所能提供的可用空间是足够大的，在绝大多数情况下可以满足扩大存储空间的需求。如果系统无法分配新的存储空间，则产生运行时异常。

4. 获取或设置顺序表的容量

定义公有属性 Capacity 供外部获取或设置顺序表的当前容量。获取顺序表的容量，仅是简单地返回数据成员 items 数组的长度。设置顺序表的新容量，则要依次进行以下操作：重新分配指定大小的存储空间作为顺序表的"数据仓库"，将原数组中的数据元素逐个拷贝到新数组。后面将看到，在执行插入等操作时，当 count 等于 items.Length 时，表明顺序表当前预分配的存储空间已装满数据元素，在进行后续的操作前，需要调用 Capacity 属性重新分配存储空间。该操作的实现编码如下：

```
public int Capacity {
    get { return items.Length; }
    set {
        int n = value;
        T[] copy =new T[n];            //重新分配指定大小的存储空间
        if (count > n) count = n;
        Array.Copy(items, copy, count);//将原数组中的元素拷贝到新数组
        items = copy;                  //items 指向新数组
    }
}
```

5. 获取或设置指定位置的数据元素值

通过定义索引器(indexer)来提供获得或设置顺序表的第 i 个数据元素值的功能，并实现对顺序表实例进行类似于数组的访问。就像 C#的数组下标从 0 开始一样，我们用从 0 开始的索引参数 i 来指示顺序表的第 i 个元素。该操作的实现编码如下：

//声明索引器以提供对顺序表实例进行类似于数组的访问;获得或设置顺序表的第 i 个数据元素值

```
public T this[int i]{
    get{
```

```
        if(i>=0 && i<count)
            return items[i];
        else
          throw new IndexOutOfRangeException(
              "Index Out Of Range Exception in " + this.GetType() );
          }
      set{
        if(i>=0 && i<count) {
            items[i] = value;
        }
        else{
            throw new IndexOutOfRangeException(
                "Index Out Of Range Exception in " + this.GetType() );
          }
        }
      }
}
```

6. 查找具有特定值的元素

在线性表中顺序查找具有特定值 k 的元素的过程为：从线性表的第一个数据元素开始，依次检查线性表中的数据元素是否等于 k。若当前数据元素与 k 相等，则查找成功；否则继续与下一个数据元素进行比较，当完成与线性表的全部数据元素的比较后仍未找到，则返回查找不成功的信息。上述操作分别用 Contains 方法和 IndexOf 方法实现，Contains 方法查找成功时返回 true，不成功则返回 false。IndexOf 方法查找成功时返回 k 值首次出现位置，否则返回-1。该操作的实现编码如下：

```
//查找线性表是否包含 k 值,查找成功时返回 true,否则返回 false
public bool Contains(T k){
    int j = IndexOf(k);
    if(j! =-1)
        return true;
    else
        return false;
}
//查找 k 值在线性表中的位置,查找成功时返回 k 值首次出现位置,否则返回-1
public int IndexOf(T k) {
    int j = 0;
    while( j<count && ! k.Equals(items[j]) )
        j++;
    if(j>=0 && j<count)
        return j;
    else
```

```
    return -1;
  }
```

7. 在顺序表的指定位置插入数据元素

在线性表指定位置上插入一个新的数据元素，插入后，其所有元素仍构成一个线性表。要想在顺序表的第 i 个位置上插入给定值 k，使得插入后的线性表仍然保持连续性，首先必须将第 $n-1$ 到第 i 个位置上的数据元素依次向后移动一个位置，即依次向后移动从 a_{n-1} 到 a_i 的数据元素，以空出第 i 个位置的内存单元，然后在第 i 个位置上放入给定值 k，其过程如图 3.2 所示，图中 n 表示数组中数据元素的个数，它等于顺序表的 Count 属性的值。

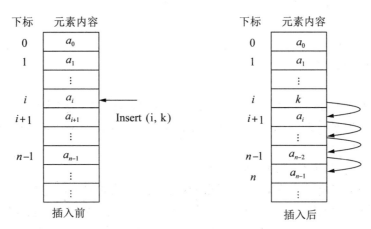

图 3.2　顺序表中插入数据元素

该操作的实现编码如下：

```
// 在顺序表的第 i 个位置上插入数据元素 k
public void Insert(int i,T k) {
    int n = items.Length;
    if ( count >= n ) {              // 若顺序表的当前空间已满,需要调用
                                     //   Capacity属性重新分配存储空间
        Capacity =n * 2;            // 容量加倍
    }
    if ( i < 0 ) i = 0;
    if ( i > count ) i = count;
    if ( i < count ) {
        for ( int j = count - 1; j >= i; j--)
            items[j + 1] = items[j];
    }
    items[i] = k;
```

```
        count++;
        return;
    }
```

一种常见的插入操作是在线性表的表尾添加（Add）一个新元素，算法实现如下：

```
//将 k 添加到顺序表的结尾处
public void Add(T k){
    int n = items.Length;
    //see if array needs to be resized
    if (count >= n){            //重设数组大小
        Capacity =n * 2;        //容量加倍
    }
    items[count] = k;
    count++;
}
```

在执行插入或添加操作时，当 count 等于 items. Length 时，表明顺序表当前预分配的存储空间已装满数据元素，在进行后续的操作前，需要调用 Capacity 属性重新分配存储空间。

8. 删除顺序表指定位置的数据元素

删除线性表指定位置的数据元素，同时保证更改后的数据集合仍然具有线性表的连续性。若想删除顺序表的第 i 个数据元素，使得删除后线性表仍然保持连续性，则必须将顺序表中原来的第 $i+1$ 到第 $n-1$ 位置上的数据元素依次向前移动。数据元素移动次序是从 a_{i+1} 到 a_{n-1}，将 a_{i+1} 移动到位置 i 上，实际上就是删除了 a_i，如图 3.3 所示，n 表示数组中数据元素的个数，它等于顺序表的 Count 属性的值。

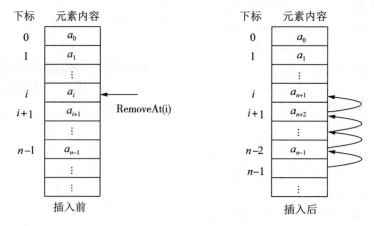

图 3.3　删除顺序表中的数据元素

算法实现如下：

```
//删除顺序表的第 i 个数据元素
public void RemoveAt( int i） {
    if( i>=0 && i<count） {
        for( int j=i+1;j<count;j++)
            items[j-1] = items[j];
        count --;
    } else
        throw new IndexOutOfRangeException(
            "Index Out Of Range Exception in" + this.GetType() );
}
```

一种常见的删除操作是从表中移除特定对象的第一个匹配项，算法实现如下：

```
//删除顺序表中首个出现的 k 值数据元素
public void Remove( T k） {
    int i = IndexOf( k);                    //查找 k 值的位置 i
    if( i! =-1） {
        for( int j=i+1;j<count;j++)         //删除第 i 个值
            items[j-1] = items[j];
        count --;
    } else
        Console.WriteLine( k + "值未找到,无法删除!" );
}
```

9. 输出顺序表

```
public void Show( bool showTypeName=false） {
    if( showTypeName)
        Console.Write( "SequencedList: ");
    for ( int i = 0; i < this.count; i++) {
        Console.Write( items[i] + "  ");
    }
    Console.WriteLine();
}
```

这是本类设计的一个实用工具方法，它在控制台上显示顺序表对象的内容。

比在控制台上显示信息更为一般的操作，是以字符串的形式返回对顺序表对象而言有意义的值，这可以通过在顺序表 SequencedList 类中重写(override) 从 object 类继承的 ToString 方法来实现。按照 C#语言的惯例，在实现一个自定义类时，一般需重写 ToString 方法，使得它能以字符串的形式返回对该类型对象有意义的值。

```
public override string ToString() {
    StringBuilder s = new StringBuilder();
```

```
for (int i = 0; i < this.count; i++) {
    s.Append(items[i]);
    s.Append("; ");
}
return s.ToString();
}
```

3.2.3 顺序表操作的算法分析

上一节给出了顺序表基本操作的实现代码，从代码分析中可以看出，不同的操作可能会有不同的效率特性。有些操作实现所蕴含的原操作的执行次数与表中数据元素的个数无关，例如判断顺序表的空状态、返回顺序表的长度、获取或设置指定位置的数据元素的值等操作，所以这些操作的时间复杂度为 $O(1)$；而有些操作实现所蕴含的原操作的执行次数与表中数据元素的个数有关，例如在线性表中查找给定值、插入和删除数据元素等操作，所以这些操作的时间复杂度为 $O(n)$。

如果暂不考虑有时可能会发生的内存空间的重分配问题，在顺序表中进行插入和删除数据元素的操作时，算法所花费的时间主要用在移动数据元素。插入的位置不同，则移动数据元素的次数也不同；若在表头（即表的第 0 个位置）插入新的数据，则移动操作的次数为 n（n 为顺序表中数据元素的个数）；若在顺序表的最后一个位置插入新的数据，则移动操作次数为 0。设在第 i 个位置插入新的数据的概率为 p_i，则在顺序表中插入一个数据元素所做的平均移动次数为

$$\sum_{i=0}^{n}(n-i)\times p_i$$

如果在各位置插入数据元素的概率相同，即

$$p_0 = p_1 = \cdots = p_n = \frac{1}{n+1}$$

则插入操作的平均移动次数为

$$\sum_{i=0}^{n}(n-i)\times p_i = \frac{1}{n+1}\sum_{i=0}^{n}(n-i) = \frac{1}{n+1}\times\frac{n(n+1)}{2} = \frac{n}{2}$$

上述分析表明，插入一个数据元素的操作，在等概率条件下，平均需要移动线性表全部数据元素的一半，所以插入操作的时间复杂度为 $O(n)$。

同理，在等概率条件下，删除一个数据元素的操作平均需要移动线性表全部数据元素的一半，所以删除操作的时间复杂度也为 $O(n)$。

综上所述，顺序表具有以下特点：

(1)随机访问：顺序表的存储次序直接反映了其逻辑次序，可以直接访问任意位置的数据元素，时间复杂度为 $O(1)$；

(2)存储密度高：所有的存储空间都可以用来存放数据元素；

(3)插入和删除操作的效率不高：每插入或删除一个数据元素，都可能需要移动大量的数据元素，其平均移动次数是线性表长度的一半，时间复杂度为 $O(n)$；

（4）预分配数组空间时，需要给出数组存储单元的个数，这个数值只能根据不同的情况估算。可能出现因空间估算过大而造成系统内存资源的浪费，或因空间估算过小而在随后的某个操作中不得不重新分配存储空间。

【例 3.2】以顺序表求解约瑟夫环问题的改进算法。

在例 3.1 中实现的算法多次使用删除操作，即每当一个数据元素出环时，删除表中相应位置的元素，这时必须移动其他元素（ArrayList 类完成该操作），操作的时间复杂度高。为了避免这个问题，下面的程序没有使用删除操作，而是采用了一种设置特殊标志的变通方法，将应出环元素相应位置的值置为零（将 0 作为空单元的标志），以后在计数时跳过值为零的单元。当 $n=5$，$s=1$，$d=2$ 时，基于这种思路的约瑟夫环问题执行过程如图 3.4 所示。程序实现代码如下：

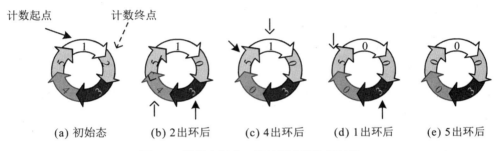

图 3.4 设置空标志 0 的约瑟夫环执行过程

```
using System;
using DSA;
namespace liststest {
    public class JosephNewSolution{
        public static void Main(string[] args) {
            (new JosephNewSolution()).JosephRing(5,1,2);
        }
        public void JosephRing(int n,int s,int d) {
            const int KilledValue = 0;
            int i,j,k;
            int[] a = new int[n];
            for (i = 0; i < n; i++)                //n个人依次插入线性表
                a[i] = i + 1;
            SequencedList<int> ring1 = new SequencedList<int>(a);
            ring1.Show(true);
            i = s-2;      //第 s 个人的下标为 s-1,i 初始指向第 s 个人的前一位置
            k = n;                      //每轮的当前人数
            while(k>1) {          //n-1 个人依次出环
```

```
        j = 0;
        while(j<d) {
            i = (i+1)%n;                    //将线性表看成环形
            if(ring1[i]! =KilledValue)
            j++;                            //计数,但跳过值为空的单元
        }
        Console.WriteLine("out：  " + ring1[i]);
        ring1[i] = KilledValue;   //第 i 个人出环,设置第 i 个位置为空
        k--;
        ring1.Show(true);
    }
    i = 0;
    while(i<n && ring1[i]==KilledValue) //寻找最后一个人
        i++;
    Console.WriteLine("The last person is " + ring1[i]);
   }
  }
}
```

粗略地测算一下前后两种算法实现的运行速度：如果去掉算法中显示中间结果的语句，对于 $n=50000$ 的情况，例 3.1 中的算法耗时 1.828 秒，而例 3.2 中的算法耗时仅 0.016 秒，相差 100 多倍。

3.3　线性表的链式存储结构

线性表的链式存储结构是指将线性表的数据元素分别存放在一个个链结点(link node)中，每个链结点由数据元素域和一个或若干个指针域组成，指针用来指向其他结点。这样，线性表数据元素之间的逻辑次序就由结点间的链接关系来实现，逻辑上相邻的结点在物理上不一定相邻。用链式存储结构实现的线性表称为线性链表(linear linked list)，简称链表(linked list)。

指向线性链表第一个结点的指针称为线性链表的头指针。一个线性链表由头指针指向链表的头结点(head node)，头结点的链指向第一个数据结点(first node)，每个数据结点的链指向其后继结点，最后一个结点的链为空(null)。链表的数据结点个数称为链表的长度，长度为 0 时称为空表。

线性链表根据结点所包含的链的个数分为单向链表和双向链表两种。

3.3.1　线性链表的结点结构

线性表的数据元素分别存放在链表的结点中，结点由值域和指针域组成，值域保存数

据元素的值，指针域则包含指向其他结点的引用(即指针)，指针域又称链域。这样，线性表数据元素之间的逻辑次序就由结点间的链接来实现。

在 C#程序中不能直接使用类似于 C 语言中的指针，但 C#中用类类型(class type)定义的变量都属于引用类型(reference type)变量，用来指向具体的对象，或称实例。引用类型的变量保存的内容，不是该对象(实例)自身的内容，而是到该对象的引用，它在功能上起着记录实例地址的作用。因此，在 C#程序设计中可以定义"自引用的类"(self referential class)表示链表的结点结构。

1. 声明自引用的结点类

自引用的类包含一个属于同一类型对象的成员，因为对象类型的变量为引用类型，该成员存储的内容是某个对象(实例)的引用，实际起着记录对象地址的作用。例如，

```
public class SingleLinkedNode<T> {
    T item;                        //数据域,存放结点值
    SingleLinkedNode<T> next;      //指针域,后继结点的引用
    ......

}
```

SingleLinkedNode<T>类的定义中声明了两个成员变量：item 和 next。成员 item 构成结点的值域，用于记载(结点)数据；成员 next 构成结点的链域，用于引用同类的某个对象，例如数据集合中的其他结点。所以，SingleLinkedNode<T>类构成自引用的类。实例变量 next 称为链(link)，它是一种引用类型，在功能上类似于 C/C++语言中的指针，将一个 SingleLinkedNode<T>类的对象与另一个同类型的对象"链接"起来，实现结点间的链接。

在本章，我们将链表中的结点设计成独立的 SingleLinkedNode 类，一个结点就是用 SingleLinkedNode 类定义和创建的一个实例。C#中定义的类都是引用类型，通过用引用类型的链域将多个实例(结点对象)链接起来，就可以实现多种动态的数据结构，如链表、二叉树、图等结构。在后面的章节中我们还会多次用到这种方法。

2. 创建并使用结点对象

创建和维护动态数据结构需要动态内存分配(dynamic memory allocation)，即一个程序在运行时申请所需的内存空间，系统分配内存后程序才可使用，使用完成后释放不再需要的空间。

C#使用 new 操作符创建对象并为之分配内存。例如，

```
SingleLinkedNode<string>  p, q;      //声明 p 和 q 是 SingleLinked-
                                       Node<string>类的变量
p = new SingleLinkedNode<string>();  //创建 SingleLinkedNode 类的
                                       一个对象,由 p 引用
q = new SingleLinkedNode<string>();  //创建 SingleLinkedNode 类的
                                       一个对象,由 q 引用
```

如果没有可用内存，new 操作产生一个 OutOfMemoryException 类型的异常。

结点对象的两个成员变量 item 和 next 记录该实例的状态，称为实例变量，由 p 引用对象的这两个实例成员变量的语法格式为 p. item 和 p. next。通过下述语句可将 p、q 两个

结点对象链接起来：

    p.next = q;

这时，称结点对象 p 的 next 成员变量指向结点对象 q，简称结点 p 指向结点 q。链表的结点结构和链接起来的两个结点如图 3.5 所示。

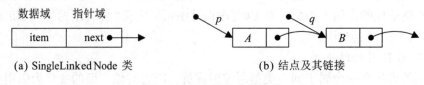

图 3.5   结点结构及其链接

3.3.2   单向链表

在线性链表中，如果每个结点只有一个链，则只能表达一种链接关系，这种结构称为单向链表(single linked list)，单向链表各结点的链指向其后继结点。在单向链表的具体实现中，一种常用的方式是在链表的第一个数据结点之前附设一个结点，称为头结点(head node)。头结点的数据域可以存储任意信息，而该结点的链域则存储第一个数据结点(first node)的引用。

图 3.6 是一个单向链表的结构示意图，图中头指针 head 指向头结点，若线性表为空，则头结点的链域内容为 null，否则指向第一个数据结点。从头指针 head 开始，沿链表的方向前进，就可以顺序访问链表中的每个结点。

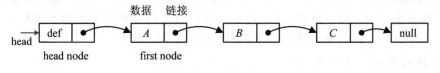

图 3.6   单向链表结构示意图

1. 单向链表的结点类

用 C#语言描述单向链表的结点结构，声明泛型类 SingleLinkedNode 如下：

```
public class SingleLinkedNode<T> {
    private T item;                              //存放结点值
    private SingleLinkedNode<T> next;     //后继结点的引用
    //构造值为 k 的结点
    public SingleLinkedNode(T k) { item = k; next = null; }
    //无参数时构造缺省值的结点
    public SingleLinkedNode() { next = null;}
    //获取和设置结点值
    public T Item {
```

```
        get { return item; }
        set { item = value; }
    }
    //获取和设置链值
    public SingleLinkedNode<T> Next {
        get { return next; }
        set { next = value; }
    }

    //输出以本结点为第一结点的单向链表
    public void Show() {
        SingleLinkedNode<T> p = this;
        while (p ! = null) {
            Console.Write(p.Item);
            p = p.Next;
            if (p ! = null)
                Console.Write(" -> ");
            else
                Console.Write(".");
        }
        Console.WriteLine();
    }
    //重写 ToString 方法
    public override string ToString() {
        StringBuilder s = new StringBuilder();
        SingleLinkedNode<T> p = this;
        while (p ! = null) {
            s.Append(p.Item);
            p = p.Next;
            if (p ! = null) s.Append(" -> ");
            else s.Append(".");
        }
        return s.ToString();
    }
}
```

SingleLinkedNode 类声明了单向链表的结点类型,用这个类型定义和创建的实例即表示一个具体的链结点对象,通过它的成员变量 next 的引用方式,指向其他结点,以实现线性表中各数据元素的逻辑关系。SingleLinkedNode 类中成员变量 next 和 item 设计为私有的(private)，不允许其他类直接访问。但 SingleLinkedNode 类提供公有属性 Next 和 Item 允许外部模块来间接访问 next 和 item。这种设计满足面向对象编程封装性的要求。

2. 单向链表类

用 C#语言描述单向链表，声明泛型类 SingleLinkedList<T>如下：

```
public class SingleLinkedList<T> {
    private SingleLinkedNode<T> head;     //指向链表的头结点
    public SingleLinkedNode<T> Head {
        get { return head; }
        set { head = value; }
    }
    .....
}
```

线性表的各种操作将作为 SingleLinkedList 类的不同属性和方法成员予以实现。一个 SingleLinkedList 类型的实例(对象)表示一条具体的单向链表，它的成员变量 head 作为该链表的头指针，指向链表中仅作为标志的头结点，头结点的链域(head. Next)指向第一个数据结点。当头结点的链域为 null 时，表示链表为空，其元素个数为 0。

3. 单向链表的操作

单向链表的常用操作通过下述 SingleLinkedList 类的若干属性或方法成员实现：

(1)建立单向链表，单向链表的初始化。用 SingleLinkedList 类的构造方法建立一条空链表，它仅包含一个头结点，操作实现如下：

```
//构造空的单向链表
public SingleLinkedList() {
    head =new SingleLinkedNode<T>();     //构造头结点,它仅是个标志结点
}
```

构造一条单向链表，并使其第一个数据结点为指定的结点：通过重载 SingleLinkedList 类的构造方法来实现。代码实现如下：

```
//构造由参数 f 所指向结点为第一个数据结点的单向链表
public SingleLinkedList ( SingleLinkedNode < T > f): this ( ) {
head.Next = f;}
```

用某一数组中的一组数值初始化一个单向链表：通过重载 SingleLinkedList 类的构造方法来实现。在建立单向链表的过程中，使用 new 操作符创建 SingleLinkedNode 类型的对象作为一个新的结点，并依次链入链表的末尾，如图 3.7 所示。设变量 rear 指向原链表的最后一个结点，q 指向新创建的结点，则下列语句将 q 结点链在 rear 结点之后，并更新 rear，使其指向新链尾结点：

```
rear.Next = q;      //q 结点链入原链表尾
rear = q;           // 更新 rear,指向新链尾结点
```

这样就将 q 作为最后一个结点链入到表中。重复上述操作可以建立一条单向链表，该初始化操作的代码实现如下：

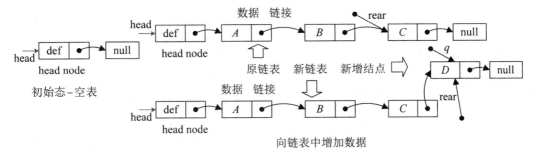

图 3.7 建立单向链表

```
//以一个数组的多个元素构造单向链表
public SingleLinkedList(T[] itemArray): this() {
    SingleLinkedNode<T> rear, q;
    rear = head;                                   //rear 指向链表尾结点
    for (int i = 0; i < itemArray.Length; i++) {
        q =new SingleLinkedNode<T>(itemArray[i]);   //建立结点 q
        rear.Next = q;
        rear = q;
    }
}
```

(2)返回链表的长度。该操作告知线性链表的数据元素个数,用属性 Count 来实现。假设没有设立专门的成员变量记录表中的元素个数,当需要知道元素的数目时,必须从第一个数据结点计数到最后一个结点,编码如下:

```
public virtual int Count {
    get {
        int n = 0;
        SingleLinkedNode<T> p = head.Next;
        while (p ! = null) {
            n++;
            p = p.Next;
        }
        return n;
    }
}
```

(3)判断单向链表是否为空。用 bool 类型的属性 Empty 实现该操作,如果 Empty 返回值为 true,则表明表为空;如果 Empty 返回值为 false,则表明表为非空。在 Empty 属性的设计上,当头结点的链域(即 head. Next)为 null 时,表示链表为空,Empty 应指示 true;否则,指示 false。编码如下:

```
public virtual bool Empty{
    get{return head.Next = = null;}
}
```

在链表的实现中，采用动态分配方式为每个结点分配内存空间，当有一个数据元素需要加入链表时，就向系统申请一个结点的存储空间，在编程时，可认为系统所提供的可用空间是足够大的，一般不必判断链表是否已满。如果内存空间已用完，系统无法分配新的存储单元，则产生运行时异常。

如果仍想在链表类中定义一个 Full 属性，可以让它总是返回 false，编码如下：

```
public virtual bool Full{
    get{return false;}
}
```

(4)获取或设置指定位置的数据元素值。在链表的实现中，不能像顺序结构一样根据数据结点的序号直接找到该结点。在单向链表的每个结点中都有一个指向后继结点的链域，如果以索引参数 i 来指定结点的位置，则必须从表头顺着链找到相应的结点，以达到进一步获取或设置该结点的值的目的。

我们仍然用从 0 开始的索引参数 i 来指示线性链表的第 i 个数据元素。操作实现如下：

```
public virtual T this[int i] {
    get {
        if (i < 0)
            throw new IndexOutOfRangeException(
                "Index is negative in " + this.GetType());
        int n = 0;                        //count of elements
        SingleLinkedNode<T> q = head.Next;
        while (q ! = null && n ! = i) {
            n++;
            q = q.Next;
        }
        if (q = = null)
            throw new IndexOutOfRangeException(
                "Index Out Of Range Exception in " + this.GetType());
        return q.Item;
    }
    set {
        if (i < 0)
            throw new IndexOutOfRangeException(
                "Index is negative in " + this.GetType());
        int n = 0;                        //count of elements
        SingleLinkedNode<T> q = head.Next;
```

```
    while (q ! = null && n ! = i) {
        n++;
        q = q.Next;
    }
    if (q == null)
        throw new IndexOutOfRangeException(
            "Index Out Of Range Exception in " + this.GetType());
    q.Item =value;
}
}
```

（5）输出单向链表。将已建立的单向链表按顺序在控制台输出其每个结点的值。从 head. Next 所指向的结点(这是链表的第一个数据结点)开始，首先访问结点，再沿着其链方向到达后继结点，访问该结点，直至达到链表的最后一个结点。

设 p 指向链表中的某结点，由结点 p 到达其后继结点的语句是：

p = p.Next;

输出整个链表的操作实现编码如下：

```
//输出 head 指向的单向链表
public virtual void Show(bool showTypeName = false) {
    if (showTypeName) {
        Console.Write("SingleLinkedList:  ");
    }
    SingleLinkedNode<T> q = head.Next;
    if (q ! = null) q.Show();
}
```

可见，输出链表的功能，是由链表结点类的 Show( )方法配合链表类的 Show( )方法一起完成的。

比在控制台上显示更为一般的操作，是以字符串的形式返回对链表对象有意义的值，可以通过在链表 SingleLinkedList 类中重写从 Object 类继承的 ToString 方法来实现。

```
public override string ToString() {
    SingleLinkedNode<T> q = head.Next;
    if (q ! = null)
        return q.ToString();
    else
        return null;
}
```

上述代码调用 SingleLinkedNode 类中定义的同名方法，即由链表结点类的 ToString ( )方法配合链表类的 ToString ( )方法一起完成任务。

（6）插入结点。在单向链表中插入新的结点，如果以索引参数 i 来指定结点的位置，则必须先从表头顺着链找到相应的结点，再插入新的结点，过程如图 3.8 所示。

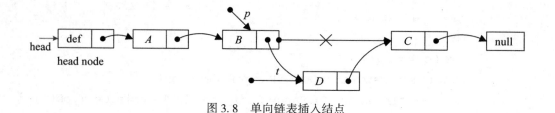

图 3.8　单向链表插入结点

生成值为 k 的新结点并做相应准备工作如下：

```
SingleLinkNode<T>  p, q;
SingleLinkNode<T>  t = new SingleLinkedNode<T>(k);
```

找到正确的插入位置后，设 p 指向链表中的某结点，在结点 p 之后插入结点 t，形成新的链表。语句如下：

```
t.Next = p.Next;
p.Next = t;
```

由此可见，在单向链表中插入结点，只要修改相关的几条链，而不需移动数据元素。完整的操作实现编码如下：

```
public virtual void Insert(int i, T k) {
    int j = 0;
    SingleLinkedNode<T> p = head;
    SingleLinkedNode<T> q = p.Next;
    if (i < 0) i = 0;
    SingleLinkedNode<T> t = new SingleLinkedNode<T>(k);
    while (q ! = null) {
        if (j == i) break;
        p = q;
        q = q.Next;
        j++;
    }
    t.Next = p.Next;
    p.Next = t;
}
```

由于在单向链表中无法直接访问结点的前驱结点，所以算法中设置 p 作为 q 的前驱结点，q 每前进一步，p 也跟随前进。

插入操作中的一种常见情况是在线性表的表尾添加一个新元素 k，可以通过调用 Insert(Count, k)来达成，不过这种方式分别通过执行 Count 和 Insert 两个操作重复地迭代链表的所有结点直至找到最后的结点，时间效率低。可通过在链表类中定义一个 Add 方法来实现该操作，完整的操作实现编码如下：

```
public virtual void Add(T k) {
    SingleLinkedNode<T> p = head;
    SingleLinkedNode<T> q = p.Next;
    SingleLinkedNode<T> t =new SingleLinkedNode<T>(k);
    while (q ! = null) {
        p = q;
        q = q.Next;
    }
    p.Next = t;
}
```

(7)删除结点。要在单向链表中删除指定位置的结点，需要把该结点从链表中退出，并改变相邻结点的链接关系。该结点所占用的存储单元，在 C/C++语言实现中必须归还给系统，而在 C#语言实现中，该结点所占的存储单元由系统管理，适时自动回收。

删除结点的操作过程如图 3.9 所示，设 p 指向单向链表中的某一结点，删除 p 的后继结点 q 的语句是：

```
p.Next = q.Next;
```

执行该操作前要根据不同的要求定位将被删除的结点 q 和它的前驱结点 p。

执行上述语句之后，则建立了新的链接关系，替代了原链接关系。因此，在单向链表中删除结点，只需修改相关的几条链，而不需移动数据。

如果需要删除结点 p 自己，则必须修改 p 前驱结点的 next 链。由于单向链表中的结点没有指向前驱结点的链，无法直接修改 p 前驱结点的 next 链。所以，在单向链表中，要删除 p 的后继结点，操作简单；而要删除结点 p 自己，则操作比较麻烦。

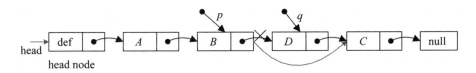

图 3.9　单向链表删除结点

删除结点操作的实现程序如下：

```
//删除链表中首个出现的 k 值数据元素
public void Remove(T k) {
    SingleLinkedNode<T> p = head;
    SingleLinkedNode<T> q = p.Next;
    while (q ! = null) {
        if (k.Equals(q.Item)) {
            p.Next = q.Next;
```

```
        return;
    }
        p = q;
        q = q.Next;
    }
    Console.WriteLine(k + "值未找到,无法删除!");
}
//删除链表的第 i 个数据元素
public void RemoveAt(int i) {
    int j = 0;
    SingleLinkedNode<T> p = head;
    SingleLinkedNode<T> q = p.Next;
    while (q ! = null) {
        if (j == i) {
            p.Next = q.Next;
            return;
        }
        p = q;
        q = q.Next;
        j++;
    }
    throw new IndexOutOfRangeException(
        "Index Out Of Range Exception in" + this.GetType());
}
```

(8)单向链表逆转。设已建立一条单向链表,现欲将各结点的链域 next 改为指向其前驱结点,使得单向链表逆转过来。算法描述如图 3.10 所示。

设 p 指向链表的某一结点,front 和 q 分别指向 p 的前驱和后继结点,则使 p. Next 指向其前驱结点的语句是:

```
p.Next = front;
```

单向链表逆转算法描述如下:

①第 1 次循环时,front = null,p 指向链表的第一个数据结点,执行:

```
p.Next = front 语句;
```

②以 p! =null 为循环条件,front、p 和 q 等变量沿链表方向前进而依次更新,对于 p 指向的每一个结点,执行语句:

```
p.Next = front;
```

③循环结束后,front 指向原链表的最后一个结点,该结点应成为新链表的第 1 个数据结点,需由 head. Next 指向,语句为:

```
head.Next = front;
```

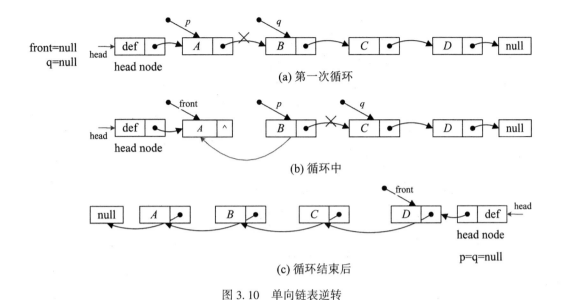

图 3.10 单向链表逆转

【例 3.3】单向链表逆转算法实现与测试。

下面的程序代码，Reverse 方法是在 SingleLinkedList 类中定义的，而 SingleLinkedList 类是在 DSA 命名空间中声明的，测试类 SingleLinkedListTest 则声明于 liststest 命名空间中，故在测试类代码中，需加上语句"using DSA;"，编译该源程序时则需指明引用 lists 类库。

```
public virtual void Reverse() {
    SingleLinkedNode<T> q = null, front = null;
    SingleLinkedNode<T> p = head.Next;
    while (p ! = null) {
        q = p.Next;
        p.Next = front;     //p.next 指向 p 结点的前驱结点
        front = p;
        p = q;
    }
    head.Next = front;
}
```

测试类代码如下：

```
using System;
using DSA;
namespace liststest {
    class SingleLinkedListTest {
        public static void Main(string[] args) {
```

67

```
            int[] ia = new int[8];
            RandomizeIntArray(ia);
            SingleLinkedList<int> a = new SingleLinkedList<int>(ia);
                //以 8 个随机值建立单向链表
            a.Show(true);
            Console.WriteLine("Reverse!");
            a.Reverse(); a.Show(true);
        }
        //产生一个随机数数组
        static void RandomizeIntArray(int[] ia) {
            Random random = new Random();
            for (int i = 0; i < ia.Length; i++) {
                ia[i] = random.Next(100);          //产生随机数
            }
            return;
        }
    }
}
```

程序运行结果如下：

DSA.SingleLinkedList：55 -> 47 -> 5 -> 56 -> 8 -> 59 -> 86 -> 4.
Reverse!
DSA.SingleLinkedList：4 -> 86 -> 59 -> 8 -> 56 -> 5 -> 47 -> 55.

4. 两种存储结构性能的比较

从以下几个方面的对比，让我们来看一看线性表的两种不同实现，即选用不同的存储结构各自的优缺点：

(1)元素的随机访问特性。顺序表能够如同访问数组元素一样，直接访问数据元素，即顺序表可以根据元素的下标直接引用任意一个数据元素；而链表不能直接访问任意指定位置的数据元素，只能从链表的第一个结点开始，沿着链的方向，依次查找后继结点，直至到达指定的位置，才可以访问该结点的数据元素。

(2)插入和删除操作。顺序表的插入和删除操作很不方便，插入和删除操作有时需要移动大量元素；而链表则容易进行插入和删除操作，只要简单地改动相关结点的链即可，不需移动数据元素。

(3)存储密度。顺序表每个单元(即数据结点)的存储密度高，数据结点的全部空间都用来存放数据元素。而链表的结点存储密度较低，每个结点不仅要包含数据的值，还要包含其后继结点的引用。

(4)存储空间的动态利用特性。顺序表中不易动态利用存储空间，例如进行插入操作时，要判断顺序表预分配的存储空间是否已满，当原空间已满时，则需重新分配存储空间，并将原空间中的数据拷贝到新的空间，然后才进行插入操作。但如果预分配的存储空间过多，会造成空间的浪费；过小，又会造成频繁的存储空间重分配的问题。而在链表中插入一个结点，程序会动态地向系统申请一个存储单元，只要系统资源够用，就会分配到需要的存储空间，所以链表进行插入操作时无需判断是否已满，也没有数据移动的问题。

(5) 查找和排序。顺序表具有元素的随机访问特性，查找和排序可以较方便地实施多种算法，如折半查找和快速排序算法等。而在链表中实施一些查找和排序算法相对复杂。本课程后面的相关章节将具体介绍查找和排序算法的不同实现。

由以上多个操作的算法实现分析可知，顺序表 SequencedList 和链表 SingleLinkedList，都实现了"线性表"这个抽象数据结构的基本操作。无论是 SequencedList 类还是 SingleLinkedList 类，都可以用来建立具体的线性表实例，通过线性表实例调用插入或删除方法进行相应的操作。一般情况下，解决某个问题关注的是线性表的抽象功能，而不必关注线性表的存储结构及其实现细节。

3.3.3 单向循环链表

如果在单向链表中，将最后一个结点的链域设置为指向链表的头结点，则这样的链表呈现为环状，称为单向循环链表(circular linked list)，如图 3.11 所示。

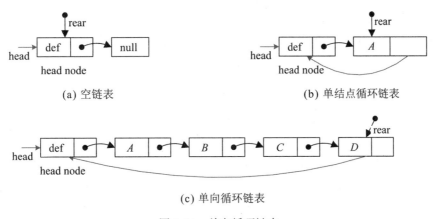

(a) 空链表   (b) 单结点循环链表

(c) 单向循环链表

图 3.11 单向循环链表

在循环链表中设置了一个仅作为开始标志的头结点(head node)，链表的 Head 属性成员指向头结点，头结点的链域(Head. Next)指向第一个数据结点。设置成员变量 rear 指向循环链表的最后一个数据结点(相对第一个数据结点而言)，所以有 rear. Next 等于 Head，rear 起着尾指针的作用。

当 Head. Next == null 或 Head == rear 时，循环链表为空，如图 3.11(a)所示。当 Head. Next. Next == Head 时，循环链表只有一个数据结点，如图 3.11(b)所示的单结点循环链表。一般情况则如图 3.11(c)所示，单向循环链表的所有结点链接成一条环路，即从链表中任意一结点出发，沿着链的方向，访问链表中所有结点之后，又回到出发点。

循环链表的结点与普通的单向链表的结点类型相同，而且循环链表类的实现也不必从头设计，我们可以利用面向对象技术，从单向链表类 SingleLinkedList 中导出(派生)一个新类作为循环链表类的实现。

用 C#语言描述单向循环链表，声明泛型类 CircularLinkedList<T>如下：

```
public class CircularLinkedList<T> : SingleLinkedList<T> {
    private SingleLinkedNode<T> rear;
    public override SingleLinkedNode<T> Rear {
        get { return this. rear; }
        ……
}
```

一个 CircularLinkedList 类型的对象表示一条单向循环链表，该类继承自 SingleLinkedList 类，继承的公有属性 Head 作为链表的头指针，指向链表中仅作为标志的头结点，头结点的链域则指向第一个数据结点。派生类也继承了基类的其他公有属性和方法；对基类中声明的虚方法或虚属性，派生类可以重写(override)，即为声明的方法或属性提供新的实现。这些方法/属性在基类中用 virtual 修饰符声明，而在派生类中，将被重写的方法/属性用 override 修饰符声明。

循环链表的操作将作为 CircularLinkedList 类的属性和方法成员予以实现。部分操作的实现代码如下：

1. 单向循环链表的初始化

用 CircularLinkedList 类的构造方法建立一条循环链表，算法如下：

```
public CircularLinkedList(): base() {
    this.rear = this.Head;
}
public CircularLinkedList(T[] itemArray): this() {
    SingleLinkedNode<T> q = null;
    for (int i = 0; i < itemArray.Length; i++) {
        q =new SingleLinkedNode<T>(itemArray[i]);
        rear.Next = q;
        rear = q;
    }
    q.Next = Head;
}
```

循环链表的初始化操作与普通链表的初始化操作类似，主要差别在于合理地设置导出类的新成员 rear。

2. 返回链表的长度

算法如下：

```
public override int Count {
    get {
        int n = 0;
```

```
        SingleLinkedNode<T> p = Head.Next;
        if (p == null) return 0;
        while (p ! = Head) {
            n++;
            p = p.Next;
        }
        return n;
    }
}
```

3. 判断单向链表是否为空

算法如下：

```
public override bool Empty {
    get {return Head == rear;}
}
```

当尾结点指针 rear 等于头结点指针 Head 时，说明循环链表仅包含一个头结点，而没有数据结点。

3.3.4　双向链表

前面介绍的单链线性链表，每个结点只有一个链，也就只能表达一种链接关系，一般情况下，链指向后继的结点，结点中并没有记载前驱结点的信息。所以，单向链表的这种结构对于向后的操作较方便，而对向前的操作则很不方便。例如，要查找某结点的前驱结点，每次都必须从链表的头指针开始沿着链表方向逐个结点进行检测。

如果在结点结构中再增加一个链用于指向前驱结点，则会产生一种双向链表，它会极大地方便实现既向前又向后的操作。

双向链表(Doubly Linked List)的每个结点除了保存数据的成员变量 item 之外，还有两个作为链的成员变量：prior 指向前驱结点，next 指向后继结点。图 3.12 给出了双向链表的结构示意图。

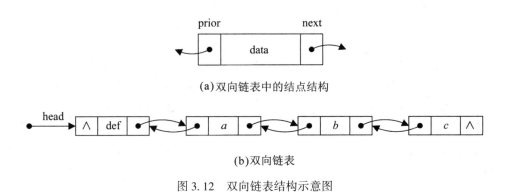

(a)双向链表中的结点结构

(b)双向链表

图 3.12　双向链表结构示意图

1. 双向链表的结点类

为描述具有双链的结点结构, 用 C#语言声明 DoubleLinkedNode<T>类如下:

```csharp
public class DoubleLinkedNode<T> {
    private T item;                        //存放结点值
    private DoubleLinkedNode<T> prior, next;   //前驱与后继结点的引用
    //构造值为 k 的结点
    public DoubleLinkedNode(T k) {item = k; prior = next = null;}
    //无参数时构造缺省值的结点
    public DoubleLinkedNode() { prior = next = null; }
    public T Item {
        get { return item; }
        set { item = value; }
    }
    public DoubleLinkedNode<T> Next{
       get { return next; } set { next = value;} }
    public DoubleLinkedNode<T> Prior{
       get { return prior;} set { prior = value;} }
}
```

用 DoubleLinkedNode<T>类定义和构造的实例即可表示双向链表中的一个结点对象。

2. 双向链表类

用 C#语言描述双向链表结构, 声明 DoubleLinkedList<T>类如下:

```csharp
public class DoubleLinkedList<T> {
    private DoubleLinkedNode<T> head;      //指向链表作为标志的头结点
    //构造空的双向链表
    public DoubleLinkedList() {
        head = new DoubleLinkedNode<T>();  //头结点是个标志结点
    }
    protected DoubleLinkedNode<T> Head {
       get { return head; } set {head = value; } }
}
```

用 DoubleLinkedList<T>类构造的一个实例即可用来表示一条双向链表对象, 它的缺省构造方法建立一条仅有头结点的空链表。双向链表比单向链表在结点结构上增加了一个链, 但给链表的操作带来了很大的便利, 能够沿着不同的链向两个方向移动, 从而既可以找到后继结点, 也可以找到前驱结点。

设 p 指向双向链表中的某一数据结点(尾结点除外), 则双向链表具有下列本质特征:

(p. Prior). Next 等于 p;

(p. Next). Prior 等于 p。

而当 p 指向双向链表的最后一个结点时, 由于线性表的最后一个数据元素没有后继数

据元素，所以有 p. Next 等于 null。

双向链表的头结点的前向链总为空，即有 head. prior 等于 null。

3. 双向链表的操作

双向链表的操作分别用 DoubleLinkedList 类的不同方法成员来实现，部分操作代码如下：

(1)判断双向链表是否为空。算法如下：

```
public virtual bool Empty{ get{return head.Next = =null; } }
```

(2)在双向链表中插入结点。在双向链表中插入新的结点，如果以索引参数 i 来指定结点的位置，则必须从表头顺着链找到相应的结点，再插入新的结点，过程如图 3.13 所示。

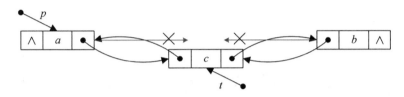

图 3.13　在双向链表中插入结点

生成值为 k 的新结点并做相应准备工作如下：

```
DoubleLinkedNode<T>  p,q,t = new DoubleLinkedNode<T>(k);
```

找到正确的插入位置后，设 p 指向链表中的某结点，在结点 p 之后插入结点 t，形成新的链表。语句如下：

```
t.prior = p;
t.next = p.next;
(p.next).prior = t;
p.next = t;
```

由此可见，在双向链表中插入结点，不需移动数据元素，只要修改相关的几条链，但比单向链表需要维护的工作多一些。完整的插入操作的实现代码如下：

```
public virtual void Insert(int i, T k) {
    int j = 0;
    DoubleLinkedNode<T> p = head;
    DoubleLinkedNode<T> q = head.Next;
    if (i < 0) i = 0;
    DoubleLinkedNode<T> t = new DoubleLinkedNode<T>(k);
    while (q ! = null) {
        if (j == i)break;
        p = q; q = q.Next;
```

```
        j++;
    }
    t.Next = p.Next; t.Prior = p;
    p.Next = t;
    if (q ! = null) q.Prior = t;
}
```

(3)在双向链表中删除结点。在双向链表中删除给定位置的结点，需要把该结点从链表中退出，并改变相邻结点的链接关系。

删除结点的操作过程如图 3.14 所示，首先根据不同的要求定位将被删除的结点 q 和它的前驱结点 p，执行下列语句将结点 q 从链表中退出：

```
p.Next = q.Next;
(p.Next).Prior = p;
```

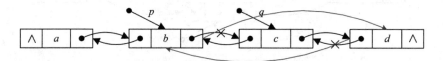

图 3.14　在双向链表中删除结点

执行上述语句之后，则建立了新的链接关系，替代了原链接关系。因此，在双向链表中删除结点，只要修改相关的几条链，而不需移动数据。完整算法如下：

```
public void RemoveAt(int i) {
    int j = 0;
    DoubleLinkedNode<T> p = head;
    DoubleLinkedNode<T> q = head.Next;
    while (q ! = null) {
        if (j == i) {
            p.Next = q.Next;
            (p.Next).Prior = p;
            return;
        }
        p = q; q = q.Next;
        j++;
    }
    throw new IndexOutOfRangeException(
        "Index Out Of Range Exception in" + this.GetType());
}
```

读者不难参考前面的内容实现双向链表的其他操作。

4. 双向循环链表

双向链表中，如果最后一个结点 rear 的 next 链指向链表的头结点(Head Node)，而链表的头结点的 prior 链指向最后一个结点 rear，便形成双向循环链表(Circular Double Linked List)，即在双向循环链表中有下列关系成立：

rear. next 等于 head；

head. prior 等于 rear。

当 Head. Next 等于 null 或 Head 等于 rear 时，循环链表为空。当 head. next 不等于 null 且 head. prior 等于 head. next 时，链表只有单个数据结点，如图 3.15 所示。

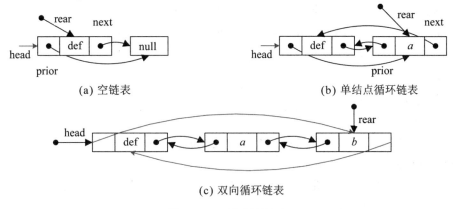

(a) 空链表 (b) 单结点循环链表

(c) 双向循环链表

图 3.15　双向循环链表

双向循环链表类的定义及其查找、插入和删除等操作的实现可以参照前面介绍的单向循环链表类和一般双向链表类的相关方法，此处从略。

习题 3

3.1　编程实现下列操作。

在单向链表中：

(1)构造单向链表，其数据复制于另一个链表，构造方法声明为：

public SingleLinkedList(SingleLinkedList<T> a)；

(2)返回第 i 个结点的值，方法声明为：

public T GetNodeValue(int i)；

(3)定义属性返回第 1 个数据结点，属性声明为：

public SingleLinkedNode<T> First；

(4)定义属性返回表尾数据结点，属性声明为：

public SingleLinkedNode<T> Last；

（5）查找表中是否有值为 k 的节点，返回值为 bool 类型，方法声明为：

public bool Contains(T k) ;

（6）删除链表中首个出现的值为 k 的节点，方法声明为：

public void Remove(T k) ;。

（7）将两条单向链表连接起来，形成一条单向链表。方法声明为：

public void AddRange(SingleLinkedList<T> ll) ;

3.2　分别在 SequencedList 和 SingleLinkedList 类中编程实现（重写）基类 Object 中定义的虚方法"ToString( )"的操作：

public override string ToString( ) ;

3.3　编程实现下列操作。在双向线性链表中：

（1）构造双向链表，它复制另一个链表，构造方法声明为：

public DoubleLinkedList(DoubleLinkedList<T> a) ;

（2）删除值为 k 的结点，方法声明为：

public void Remove(T k) ;。

（3）查找值为 k 的结点，方法声明为：

public int IndexOf(T k) ;

（4）编程实现（重写）基类 Object 中定义的虚方法"ToString( )"的操作：

public override string ToString( ) ;

（5）在表尾添加一个新元素，方法声明为：

public void Add(T k) ;

（6）实现插入排序。

3.4　编程实现一个不包含起标志作用的头结点的单向链表类。它的头结点是链表的第一个数据结点。提示：在该方案中一些操作的实现需判断链表是否为单结点的情况。

3.5　编程定义一个含 Main 方法的类，在其中利用 List<T>类定义和初始化一个 int 类型的线性表，在表中添加（Add）和插入（Insert）新的元素；定义一个自定义 Student 类，定义和初始化一个 Student 类型的线性表，在表中添加（Add）和插入（Insert）新的元素。说明线性表与数组主要特性上的异同。

第4章 栈 与 队 列

栈和队列是两种特殊的线性结构，其数据元素之间也都具有顺序的逻辑关系。与线性表可以在表中任意位置进行插入和删除操作不同，栈和队列的插入和删除操作限制在特殊的位置，栈具有后进先出的特性，队列则具有先进先出的特性。在实现方式上，栈和队列都可以采用顺序存储结构和链式存储结构。

本章首先学习栈与队列的相关概念和抽象数据类型的定义，然后分析它们的不同存储结构的实现和应用举例。栈和队列数据结构在实际问题中有着广泛的应用。

本章在 Visual Studio 中用名为 stackqueue 的类库型项目实现有关数据结构的类型定义，用名为 stackqueuetest 的应用程序型项目实现相应类型数据结构的测试和演示程序。

4.1 栈的概念及类型定义

4.1.1 栈的基本概念

栈(stack)是一种特殊的线性数据结构，栈结构中的数据元素之间具有顺序的逻辑关系，但栈只允许在数据集合的一端进行插入和删除数据元素的操作。向栈中插入数据元素的操作称为入栈(push)，从栈中删除数据元素的操作称为出栈(pop)。每次删除的数据元素总是最后插入的那个数据元素，因此栈是一种"后进先出"(last in first out，LIFO)的线性结构。栈就像某种只有单个出入口的仓库，每次只允许一件件地往里面堆货物(入栈)，然后一件件地往外取货物(出栈)，不允许从中间放入或抽出货物。

栈结构中允许进行插入和删除操作的那一端称为栈顶(stack top)，另一端则称为栈底(stack bottom)。栈顶的当前位置随着插入和删除操作的进行而动态地变化，标识栈顶当前位置的变量称为栈顶指针。栈结构及其操作如图 4.1 所示，图中，数据元素的入栈次序为 1→2→3→4，出栈次序为 4→3→2→1。对于一个数据元素序列，通过控制其元素入栈和出栈时机，可以得到多种不同的出栈排列。

4.1.2 抽象数据类型层面的栈

1. 栈的数据元素

和线性表一样，栈也是由若干数据元素组成的有限数据序列。我们用抽象数据元素 a_i 表示栈的某个数据元素，对于由 $n(n \geqslant 0)$ 个数据元素 a_0, a_1, a_2, $\cdots$, a_{n-1} 组成的栈结构可以记为：

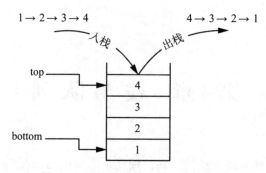

图 4.1 栈结构及其入栈、出栈操作

$$Stack = \{ a_0, a_1, a_2, \cdots, a_{n-1} \}$$

其中，n 表示栈中数据元素的个数，称为栈的长度。若 $n=0$，则栈中没有元素，我们称之为空栈。栈中的数据元素至少具有一种相同的属性，我们称这些数据元素属于同一种抽象数据类型。

栈作为一种特殊的线性结构，可以如同线性表一样采用顺序存储结构和链式存储结构实现。采用顺序存储结构实现的栈称为顺序栈（sequenced stack），采用链式存储结构实现的栈称为链式栈（linked stack）。

2. 栈的基本操作

在一个栈数据结构上可以进行下列基本操作：

Initialize：栈的初始化。创建一个栈实例，并进行初始化操作，例如设置栈实例的状态为空。

Count：数据元素计数。返回栈中数据元素的个数。

Empty：判断栈的状态是否为空，即判断栈中是否已加入数据元素。

Full：判断栈的状态是否已满，即判断为栈预分配的空间是否已占满。

Push：入栈。该操作将一个数据元素插入栈中作为新的栈顶元素。在入栈操作之前，必须判断栈的状态是否已满，如果栈不满，则直接接收新元素入栈；否则，产生栈上溢错误（stack overflow exception）；或者，为栈先重新分配更大的空间，然后接收新元素入栈。

Pop：出栈。该操作取出当前栈顶的数据元素，下一个数据元素成为新的栈顶元素。在出栈操作之前，必须判断栈的状态是否为空。如果栈的状态为空，则产生栈下溢错误（stack underflow exception）。

Peek：探测栈顶。该操作获得栈顶数据元素，但不移除该数据元素，栈顶指针保持不变。

例如，对于数据序列 $\{a, b, c\}$ 依次进行

$$\{Push(a),Push(b),Pop(),Push(c),Pop()\}$$

的操作，被实施该操作序列的栈实例的状态随着相应操作而进行的变化如图 4.2 所示。

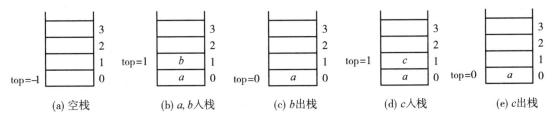

(a) 空栈   (b) a, b入栈   (c) b出栈   (d) c入栈   (e) c出栈

图 4.2　栈状态随插入和删除操作而进行的变化

4.1.3　C#中的栈类

在 C#类库中定义了一个非泛型栈 Stack 类和一个泛型栈 Stack<T>类，栈类刻画了一种数据后进先出的集合，是编程中常用的数据集合类型。

【例 4.1】利用栈进行数制转换。

数制转换是计算机实现计算的一个基本问题。十进制数 N 和其他 d 进制数的转换具有下列关系：

$$N = a_n \times d^n + a_{n-1} \times d^{n-1} + \cdots + a_1 \times d^1 + a_0$$

数制转换就是要确定序列$\{ a_0, a_1, a_2, \cdots, a_n \}$，其解决方法很多，其中一个简单算法基于下列原理：

$$N = (N / d) \times d + N \% d$$

式中，"/"为整数的整除运算，"%"为求余运算。例如：$(2468)_{10} = (4644)_8$，其运算过程如下：

N	N/d	$N\%d$
2468	308	4
308	38	4
38	4	6
4	0	4

现要编写一个满足下列要求的程序：用户输入任意一个非负十进制整数，程序打印输出与其等值的八进制数。上述计算过程是从低位到高位顺序产生八进制数的各个数位，而打印输出一般来说要求符合人的读数习惯，应从高位到低位进行，这恰好与上述计算过程相反。因此，若将计算过程中得到的八进制数的各位顺序进栈，则等完成计算后再依次出栈，并按出栈顺序打印输出的结果即为对应的八进制数，栈能很好地匹配这一过程。程序如下：

```
using System;
using System.Collections.Generic;
namespace stackqueuetest {
    public class DecOctConversion {
        public static void Main(string[] args){
            int n = 2468;
```

```
        if(args.Length>0){
            n = int.Parse(args[0]);
        }
        Stack<int> s = newStack<int>(20);
        Console.Write("十进制数：{0} -> 八进制:",n);
        while (n! =0) {
            s.Push(n% 8);
            n = n/8;
        }
        int i = s.Count;
        while (i>0){
            Console.Write(s.Pop());
            i--;
        }
        Console.WriteLine();
    }
}
```

在上述程序中，我们使用泛型栈类 Stack<T>定义了一个整型数组成的栈 Stack<int>对象 s，Push 操作要求的参数为整型，Pop 操作返回的类型也是整型。如果换用非泛型类 Stack，它的 Push 和 Pop 操作要求的是 object 类型参数，而实参是整型变量，所以，入栈时要先将整型实参装箱为 object 类型，而出栈时要将 object 类型拆箱为整型。如果频繁地进行装箱和拆箱操作，则执行效率会受到很大的影响。这体现了泛型类在大多数情况下比非泛型类执行得更好并且是类型安全的。

4.2 栈的存储结构及实现

栈既可以采用顺序存储结构实现，也可以采用链式存储结构实现。采用顺序存储结构实现的栈称为顺序栈（sequenced stack），采用链式存储结构实现的栈称为链式栈（linked stack）。

4.2.1 栈的顺序存储结构及操作实现

顺序栈用一组连续的存储空间存放栈的数据元素。可以用下面声明的 SequencedStack 类来实现顺序栈：

```
public class SequencedStack<T> {
    private T[] items;
    private const int empty = -1;
    private int top = empty;     //top 为栈顶元素的下标,简称栈顶指针
    .....
}
```

SequencedStack 类中的成员变量 items 定义为数组类型，即准备用数组存储栈的数据元素。成员变量 top 指示当前栈顶数据元素在数组 items 中的下标，起着栈顶指针的作用。成员变量 empty 起着符号常量的作用。定义好完整的 SequencedStack 类后，根据该类构造的对象就是一个个具体的栈实例。

SequencedStack 类的源代码定义在 SequencedStack. cs 文件中，本章将 SequencedStack 类与其他章节介绍的实现相关数据结构的基础类一样，都定义在 DSA 命名空间。

顺序栈的操作作为 SequencedStack 类的属性和方法成员予以实现，下面分别描述实现这些操作的算法。

1. 栈的初始化

用类的构造方法初始化一个栈对象，在构造方法中为 items 数组变量申请指定大小的存储空间，以备用于存放栈的数据元素，通过使成员变量 top 值为 empty 来设置栈初始状态为空（empty 则定义为常量 -1）。多种形式的构造方法编码如下：

```
//带参数时,构造具有 n 个存储单元的空栈
public SequencedStack( int n) {
    items =new T[ n];
    top = empty;            //设置栈初始状态为空
}
//缺省构造方法。不带参数时,构造具有 16 个存储单元的空栈
public SequencedStack() : this(16) { }
```

2. 返回栈中元素的个数

该操作告知栈中已有的数据元素的个数，将这个操作通过定义只读属性 Count 来实现，编码如下：

```
public int Count {
    get { return top + 1; }
}
```

将该功能以属性的形式实现，相对于以方法的形式显得更简洁。属性可以是计算出来的，比变量更具动态性和可控性。

3. 判断栈是否为空和判断栈是否为满

将这两个测试操作分别通过定义相应的布尔类属性（Empty/Full）来实现。当栈顶指针 top 等于 empty 时，表明栈为空状态，Empty 属性应该指示 true。当栈顶指针 top 已指向数组当前预分配存储空间中的最后一个单元时，表明栈为满状态，Full 属性应该指示 true。

定义公有属性 Empty 和 Full 来实现栈是否为空和是否为满的判断，实现编码如下：

```
public bool Empty{   get{ return top ==empty;} }
public bool Full{   get{return top>=items.Length-1;} }
```

4. 入栈

定义 Push 方法实现入栈操作。该操作将数据元素插入栈中作为新的栈顶元素。如果栈的当前预分配存储空间尚未满时，移动栈顶指针，这里是将栈顶数据元素下标变量 top 加 1，将新数据 k 放入 top 位置，作为新的栈顶数据元素。

如果栈实例当前预分配的存储空间已装满数据元素，则在进行后续的操作前，需要调用本类中定义的私有方法 DoubleCapacity 重新分配存储空间，并将原数组中的数据元素逐个拷贝到新数组。

实现编码如下：

```
public void Push(T k) {
    if (Full) DoubleCapacity();
    top++;
    items[top] = k;
}

//扩充顺序栈的容量
private void DoubleCapacity() {
    int c = Count;
    int capacity = 2 * items.Length;
    T[] copy =new T[capacity];        //按照新容量构造一个数组
    for (int i = 0; i < c; i++)
            copy[i] = items[i];
    items = copy;                     //items 指向新分配的空间
}
```

可见，如果为栈预分配的空间大小合理，栈处于非满状态，则 Push 操作的时间复杂度为 $O(1)$。如果经常需要增加存储容量以容纳新元素，则 Push 操作的时间复杂度成为 $O(n)$。

Push 方法的形参 k 声明为 T 类型，即入栈的数据元素声明为 T 类型。在调用该操作时，实参的类型要与栈实例定义时声明的类型保持一致。例如：定义 s 为 SequencedStack<string>类型，则以后入栈语句 s. Push(k)中的实参 k 必须为 string 类型。

5. 出栈

定义 Pop 方法实现出栈操作。该操作取出当前栈顶数据元素，并将下一个数据元素设为新的栈顶元素。需要先判断栈是否为空，当栈不为空时，取走变量 top 指示的位置处的数据元素，变量 top 自减 1，下一位置上的数据元素成为新的栈顶数据元素。Pop 方法的返回值声明为类型 T，即出栈的数据元素具有类型 T，在调用该操作时，将与栈实例定义时声明的类型保持一致。例如：定义 s 为 SequencedStack<string>类型，则以后出栈语句 s. Pop()得到的结果是 string 类型。此方法的运算复杂度是 $O(1)$。编码如下：

```
public T Pop() {
    T k =default(T);        //k 初始化为缺省值
    if (! Empty) {          //栈不为空
        k = items[top];     //取得栈顶元素
        top--;
        return k;
    }
```

```
    else                        //栈为空时产生异常
        throw new InvalidOperationException("Stack is Empty: " +
            this.GetType());
}
```

6. 获得栈顶数据元素的值

定义 Peek 方法实现探测栈顶元素值的操作。该操作获得栈顶数据元素，但不移除该数据元素，栈顶指针 top 不变。实现上，当栈非空时，获得变量 top 指示的位置处的数据元素，此时该数据元素不出栈，top 的值保持不变。此方法的运算复杂度是 $O(1)$。

```
public T Peek() {
    if (! Empty)
        return items[top];
    else
        throw new InvalidOperationException("Stack is Empty: " +
            this.GetType());
}
```

7. 显示栈中所有数据元素的值

当栈非空时，从栈顶结点开始，直至栈底结点，依次显示各结点的值。

```
public void Show(bool showTypeName = false) {
    if (showTypeName)
        Console.Write("SequencedStack: ");
    if (! Empty) {
        for (int i = this.top; i >= 0; i--) {
            Console.Write(items[i] + "   ");
        }
        Console.WriteLine();
    }
}
```

比在控制台上显示信息更为一般的操作，是以字符串的形式返回对栈对象而言有意义的值，这可以通过在顺序栈 SequencedStack 类中重写（override）从 object 类继承的 ToString 方法来实现。

```
public override string ToString() {
    StringBuilder s = new StringBuilder();
    for (int i = this.top; i >= 0; i--) {
        s.Append(items[i]);
        s.Append("; ");
    }
    return s.ToString();
}
```

【例 4.2】调用顺序栈的基本操作，测试 SequencedStack 类。

源程序 SequencedStackTest.cs 自身处于 stackqueuetest 命名空间，它使用 DSA 命名空间中定义的 SequencedStack 类，程序如下：

```
using System;
using DSA;
namespace stackqueuetest {
    class SequencedStackTest {
        public static void Main(string[] args) {
            int i = 0;
            SequencedStack<string> s1 = new
                    SequencedStack<string>(20);
            Console.Write("Push: ");
            while (i < args.Length) {
                s1.Push(args[i]);            //将命令行参数依次入栈
                Console.Write(args[i] + "  ");
                i++;
            }
            s1.Show(true);                   //输出栈中各元素值
            Console.Write("Pop : ");
            string str;
            while (! s1.Empty) {             //全部出栈
                str = s1.Pop();
                Console.Write(str + "  ");
            }
            Console.WriteLine("栈中元素个数={0}", s1.Count);

            int m = 1357;
            SequencedStack<int>s = newSequencedStack<int>(20);
            Console.Write("十进制数：{0} ->八进制:", m);
            while (m ! = 0) {
                s.Push(m % 8);
                m = m /8;
            }
            int j = s.Count;
            while (j > 0) {
                Console.Write(s.Pop());
                 j--;
            }
```

```
            Console.WriteLine();
        }
    }
}
```

在控制台窗口可以用如下命令对源文件 SequencedStackTest.cs 进行编译，注意要引用 stackqueue 类库模块(用命令行参数/r 指示):

csc SequencedStackTest.cs /r: .. \stackqueue \bin \Debug \stack-queue.dll

从命令行输入参数运行 SequencedStackTest 程序:

SequencedStackTest a b c

运行结果如下:

Push:a b cSequencedStack:c b a

Pop:c b a 栈中元素个数 = 0

十进制数:1357 -> 八进制:2515

4.2.2 栈的链式存储结构及操作实现

作为一种特殊的线性结构，栈结构如同线性表结构一样也可以采用链式存储结构来实现，用链式存储结构实现的栈称为链式栈(linked stack)。可以设计全新一个类来实现链式栈，但链式栈可以看成一种特殊的单向链表，因此可以从单向链表类导出链式栈类，这样就可以复用前一章的部分设计成果。链式栈具有一个仅作为标志的头结点，它的链域指向第 1 个数据结点，这个结点就是栈顶数据结点，设置变量 top 指向该结点，入栈和出栈操作都是针对栈顶指针 top 所指向的结点进行的。栈的链式存储结构如图 4.3 所示。

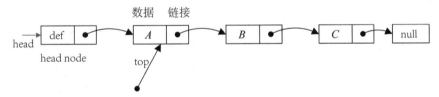

图 4.3 栈的链式存储结构

以下声明的 LinkedStack 类实现栈的链式存储:

//将要用上前一章定义的链表类 SingleLinkedList 和结点类 SingleLinked-Node

```
namespace DSA{
    public class LinkedStack<T> : SingleLinkedList<T> {
        private SingleLinkedNode<T> top;
        .....
    }
}
```

　　在 Visual Studio 开发环境中对当前项目（stackqueue）要加上对 lists 项目（前一章中开发的类库项目）的引用，因为这里的新类 LinkedStack 是作为前一章定义的类 SingleLinkedList 的子类来定义的。

　　成员变量 top 指向栈顶数据元素结点，结点类型为具有单链的结点类 SingleLinked Node，结点数据域的类型为泛型 T（参见第 3 章线性表）。定义了 LinkedStack 类后，就可以用它来定义一个个具体的栈对象。

　　链式栈的操作作为 LinkedStack 类的属性和方法成员予以实现，下面分别描述实现这些操作的算法。

　　1. 栈的初始化

　　用构造方法创建栈对象并对它进行初始化，它首先用基类（SingleLinkedList 类）的构造方法创建一条单向链表，接着将成员变量 top 指向第一个数据结点，设置栈的状态初始为空。

```
public LinkedStack():base(){
    top =base.Head.Next;      //Head 是仅作为标志的头结点,top 指向第一
                                个数据结点

}
```

　　2. 返回栈的元素个数

　　由基类 SingleLinkedList 继承的公共属性 Count 即可完成返回栈的元素个数的功能，导出类 LinkedStack 继承了这个功能，无需再写实现这个功能的代码。

　　3. 判断栈状态是否为空或是否已满

　　用布尔类型的属性 Empty 来实现判断栈是否为空的功能；当变量 top 等于 null 时，栈为空状态，属性 Empty 此时应该返回 true，否则栈为非空状态，Empty 此时应该返回 false。实现代码如下：

```
public override bool Empty{get{return  top==null;} }
```

　　链式栈采用动态分配方式为每个结点分配内存空间，当有一个数据元素需要入栈时，向系统申请一个结点的存储空间，一般可在编程时认为系统所提供的可用空间是足够大的，因此不必判断栈是否已满。如果空间已用完，系统无法分配新的存储单元，则产生运行时异常。

　　比较功能 2 和功能 3，可以体会到面向对象程序设计带来的便利。派生类（如类 LinkedStack）既可以直接继承基类（如类 SingleLinkedList）的属性和方法（子类与父类有相同的行为），也可以重写基类的属性和方法（子类有与父类不同的行为，但行为的命名是相同的）。

　　4. 入栈

　　定义 Push 方法实现入栈操作。该操作将数据元素插入栈中作为新的栈顶元素。

　　为将插入的数据元素值 k 构造一个新结点 q，在 top 指向的栈顶结点之前插入结点 q 作为新的栈顶结点，并使成员变量 top 指向它。入栈的数据元素是 T 类型，在调用该操作时，实参的类型要与栈实例定义时声明的元素类型保持一致。采用动态分配方式为每个新结点分配内存空间，此方法的运算复杂度是 $O(1)$。

```
public void Push(T k) {
    SingleLinkedNode<T> q = new SingleLinkedNode<T>(k);
    q.Next = top;      //q结点作为新的栈顶结点
    top = q;
    base.Head.Next = top;
}
```

5. 出栈

定义 Pop 方法实现出栈操作。该操作取出当前栈顶数据元素，并将下一个数据元素设为新的栈顶元素。

当栈不为空时，取走 top 指向的栈顶结点的值，并删除该结点，使 top 指向新的栈顶结点。出栈的数据元素具有类型 T，在调用该操作时，将与栈实例定义时声明的类型保持一致。此方法的运算复杂度是 $O(1)$。

```
public T Pop() {
    T k =default(T);            //置变量k为T类型的缺省值
    if (! Empty) {              //栈不空
        k = top.Item;           //取得栈顶数据元素值
        top = top.Next;         //删除栈顶结点
        base.Head.Next = top;
        return k;
    }
    else                        //栈空时产生异常
        throw new InvalidOperationException("Stack is Empty: " +
            this.GetType());
}
```

6. 获得栈顶数据元素值

该操作获得栈顶数据元素，但不移除该数据元素，栈顶指针不变。当栈非空时，获得 top 位置处的数据元素，此时该数据元素不出栈，top 变量保持不变。此方法的运算复杂度是 $O(1)$。

```
public T Peek() {
    if (! Empty)
        return top.Item;
    else                                //栈空时产生异常
        throw new InvalidOperationException("Stack is Empty: " +
            this.GetType());
}
```

链式栈的基本操作如图 4.4 所示。

由以上多个操作的算法实现分析可知，顺序栈 SequencedStack 和链式栈 LinkedStack 都实现了"栈"这个抽象数据结构的基本操作。无论是 SequencedStack 类还是 LinkedStack 类，都可以用来建立具体的栈实例，通过栈实例调用入栈或出栈方法进行相应的操作。一般情况下，解决某个问题关注的是栈的抽象功能，而不必关注栈的存储结构及其实现细节。

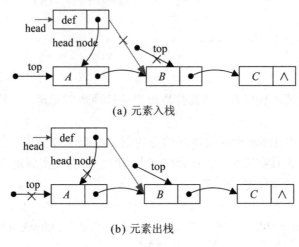

(a) 元素入栈

(b) 元素出栈

图 4.4　链式栈的基本操作

4.2.3　栈的应用举例

栈是一种具有"后进先出"特性的特殊线性结构，适合作为求解具有后进先出特性问题的数学模型，因此栈成为解决相应问题算法设计的有力工具。

1. 基于栈结构的函数嵌套调用

程序中函数的嵌套调用是指在程序运行时，一个函数的执行语句序列中存在对另一个函数的调用，每个函数在执行完后再返回到调用它的函数中继续执行，对于多层嵌套调用来说，函数返回的次序与函数调用的次序正好相反，整个过程具有后进先出的特性，系统通过建立一个栈结构用以协助实现这种函数嵌套调用机制。

例如，执行函数 A 时，函数 A 中的某语句又调用函数 B，系统要做如下一系列的入栈操作：

(1)将调用语句后的下一条语句作为返回地址信息保存在栈中，该过程称为保护现场；

(2)将函数 A 调用函数 B 的实参保存在栈中，该过程称为实参压栈；

(3)控制交给函数 B，在栈中分配函数 B 的局部变量，然后开始执行函数 B 内的其他语句。

函数 B 执行完成时，系统则要做一系列的如下出栈操作才能保证将系统控制返回到调用函数 B 的函数 A 中：

(1)退回栈中为函数 B 的局部变量分配的空间；

(2)退回栈中为函数 B 的参数分配的空间；

(3)取出保存在栈中的返回地址信息，该过程称为恢复现场，程序继续运行函数 A 的其他语句。

函数嵌套调用时系统栈的变化如图 4.5 所示，函数调用的次序与返回的次序正好相反。可见，系统栈结构是实现函数嵌套调用(包括递归调用)的基础。

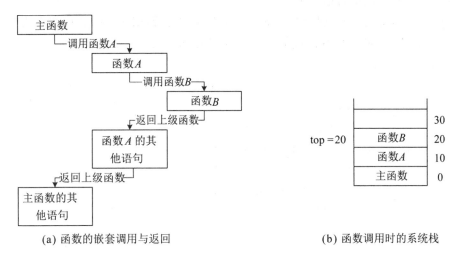

(a) 函数的嵌套调用与返回　　　　　　　　　(b) 函数调用时的系统栈

图 4.5　函数嵌套调用时的系统栈

2. 几个应用栈结构的典型例子

【例 4.3】判断 C#表达式中括号是否匹配。

在高级编程语言的表达式中，括号一般都是要求左右匹配的，对于一个给定的表达式，可使用栈来辅助判断其中括号是否匹配。

假设在 C#语言的表达式中，只能出现圆括号用以改变运算次序，而且圆括号是左右匹配的。本例声明 MatchExpBracket 类，对于一个字符串 expstr，方法 MatchingBracket (expstr)判断字符串 expstr 中的括号是否匹配。例如，当字符串 expstr 保存表达式"((9-1)∗(3+4))"时，MatchingBracket()方法的算法描述如图 4.6 所示。

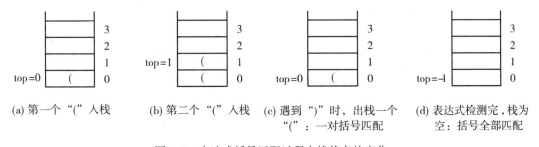

(a) 第一个"("入栈　　(b) 第二个"("入栈　(c) 遇到")"时，出栈一个　(d) 表达式检测完，栈为
　　　　　　　　　　　　　　　　　　　　"(": 一对括号匹配　　　空: 括号全部匹配

图 4.6　表达式括号匹配过程中栈状态的变化

方法 MatchingBracket( )的实现算法描述如下:

(1)设 NextToken 是待检测字符串 expstr 的当前字符，s1 是算法设置的一个栈:

若 NextToken 是左括号，则 NextToken 入栈;

若 NextToken 是右括号，则从 s1 中出栈一个符号。若该符号为左括号，表示括号匹配。若出栈值为空或不为左括号，则表示缺少左括号，期望左括号。

（2）重复上一步。当对表达式串 expstr 检测结束后，若栈为空，则表示括号匹配，否则表示缺少右括号，期望右括号。

程序中使用本章已声明的顺序栈 SequencedStack 类，数据元素的类型在声明栈对象时确定为 char 类型，因此入栈和出栈的数据元素都是 char 类型。程序如下：

```
using System;
using DSA;
namespace stackqueuetest {
  public class MatchExpBracket {
    public static void Main(string[] args){
      string expstr1 = "((9-1)*(3+4)";
      Console.WriteLine(expstr1);
      Console.WriteLine ("Matching Bracket: " + MatchingBracket
                  (expstr1));
    }
    public static string MatchingBracket(string expstr){
    SequencedStack<char> s1 = newSequencedStack<char>(30);
//创建空栈
    char NextToken, OutToken;
    int i=0; bool LlrR=true;
    while(LlrR && i<expstr.Length){
      NextToken = expstr[i];
      i++;
      switch(NextToken){
        case'(':                //遇见左括号时,入栈
          s1.Push(NextToken);
          break;
        case')':                //遇见右括号时,出栈
          if (s1.Empty) {
            LlrR = false;
          }
          else {
            OutToken = s1.Pop();
            if (! OutToken.Equals('('))
              LlrR = false;       //判断出栈的是否为左括号
          }
        break;
```

```
        }
      }
    if(LlrR)
      if(s1.Empty)
        return"OK!";
      else
        return"期望)!";
    else
      return"期望(!";
      }
    }
  }
}
```

程序运行结果如下：

((9-1)*(3+4)

Matching Bracket：期望)!

【例4.4】使用栈计算表达式的值。

程序在运行时，经常要计算算术表达式的值，例如，

$$10 + 20 * (30-40) + 50 \tag{4-1}$$

我们在源程序中所写的表达式一般将运算符写在两个操作数中间，这种形式的表达式称为中缀表达式。表达式中的运算符具有不同的优先级，当前扫描到的运算符不能立即参与运算，这使得运算规律较复杂，求值过程不能从左到右顺序进行。

还可以有其他形式的表达式，例如后缀表达式，它将运算符写在两个操作数之后。例如，式(4-1)可以转化为如下的后缀表达式：

$$10 \quad 20 \quad 30 \quad 40 \quad - \quad * \quad + \quad 50 \quad + \tag{4-2}$$

后缀表达式中的运算符没有优先级，而且后缀表达式不需括号。后缀表达式的求值过程能够严格地从左到右顺序进行，符合运算器的求值规律。从左到右按顺序进行运算，遇到某个运算符时，则对它前面的两个操作数求值，过程如图4.7所示。

为简化问题，本例对整型表达式求值，输入字符串类型的合法的中缀表达式，表达式由双目运算符"+""-""*"和圆括号"("")"组成。表达式求值的算法分为两步进行：首先将中缀表达式转换为后缀表达式，然后再求后缀表达式的值。

1)将中缀表达式转换为后缀表达式

对于字符串形式的合法的中缀表达式，"("的运算优先级最高，"*"次之，"+""-"最低，同级运算符从左到右按顺序运算。

中缀表达式中，当前看到的运算符不能立即参与运算。例如式(4-1)中，第1个出现的运算符是"+"，此时另一个操作数没有出现，而后出现的"*"运算符的优先级较高，应该先运算，所以不能进行"+"运算，必须将"+"运算符保存起来。式(4-1)中"+""*"的出现次序与实际运算次序正好相反，因此将中缀表达式转换为后缀表达式时，运算符的次序可能改变，必须设立一个栈来存放运算符。转化过程的算法描述如下：

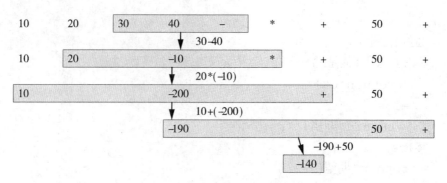

图 4.7　后缀表达式求值过程

从左到右对中缀表达式进行扫描，每次处理一个字符。

若遇到左括号"("，入栈。

若遇到数字，原样输出。

若遇到运算符，如果它的优先级比栈顶数据元素的优先级高，则入栈，否则栈顶数据元素出栈，直到新栈顶数据元素的优先级比它低，然后将它入栈。

若遇到右括号")"，则运算符出栈，直到出栈的数据元素为左括号，表示左右括号相互抵销。

重复以上步骤，直至表达式结束。

若表达式已全部结束，将栈中数据元素全部出栈。

将中缀表达式(4-1)转换为后缀表达式(4-2)时，运算符栈状态的变化情况如图 4.8 所示。

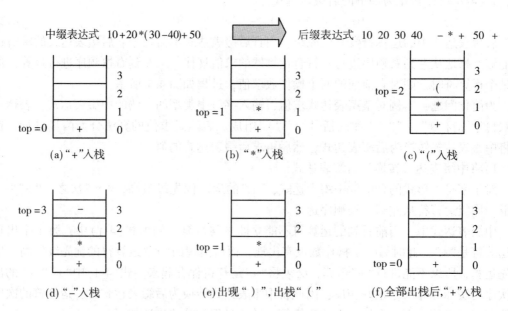

图 4.8　将中缀表达式变为后缀表达式时运算符栈状态的变化情况

2)后缀表达式求值

由于后缀表达式没有括号,且运算符没有优先级,因此求值过程中,当运算符出现时,只要取得前两个操作数就可以立即进行运算。当两个操作数出现时,却不能立即求值,必须先保存等待运算符。所以,后缀表达式的求值过程中也必须设立一个栈,用于存放操作数。

后缀表达式求值算法描述如下:

从左到右对后缀表达式字符串进行扫描,每次处理一个字符。

若遇到数字,入栈。

若遇到运算符,出栈两个值进行运算,运算结果再入栈。

重复以上步骤,直至表达式结束,栈中最后一个数据元素是所求表达式的结果。

在后缀表达式(4-2)的求值过程中,操作数栈状态的变化情况如图4.9所示。

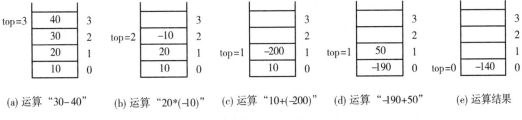

(a) 运算 "30-40"   (b) 运算 "20*(-10)"   (c) 运算 "10+(-200)"   (d) 运算 "-190+50"   (e) 运算结果

图 4.9　后缀表达式求值过程中数据栈状态的变化情况

本例声明 EvalExp 类对算术表达式求值。它的构造方法以字符串 str 构造表达式对象,expstr 和 pstr 分别表示表达式的中缀和后缀形式。

Transform( )方法将 expstr 中的中缀表达式转换为后缀表达式,保存在 pstr 中,转换时设立运算符栈 s1。s1 是 SequencedStack 类型的对象,数据元素类型为 string。

Evaluate( )方法对 pstr 中的后缀表达式求值,设立操作数栈 s2。s2 是类 LinkedStack 的对象,数据元素类型为 int。

程序编码如下:

```
using System;using DSA;
namespace stackqueuetest {
  public class EvalExp {
    string expstr = "";           //中缀表达式
    string pstr = "";             //后缀表达式
    public EvalExp(string str){
      expstr = str;
    }
    public static void Main(string[] args){
      string str = "((1+2)*(4-3)-5+6)*8/2";
      EvalExp exp1 = newEvalExp(str);
```

```
Console.WriteLine("Expression string: " + exp1.expstr);
Console.WriteLine("Transformed string: "+ exp1.Transform());
Console.WriteLine("Value: " + exp1.Evaluate());
}
public string Transform(){
SequencedStack<string> s1 = newSequencedStack<string>(30);
   //创建空栈
char ch; string outstr; int i = 0;
while(i<expstr.Length){
 ch = expstr[i];
 switch(ch){
   case'+':                //遇到+及-时
   case'-':
     while(! s1.Empty && ! (s1.Peek()).Equals("(")){
       outstr = s1.Pop();
       pstr += outstr;
     }
     s1.Push(ch.ToString());
     i++;
     break;
   case'*':               //遇到*及/时
   case'/':
     while( ! s1.Empty && ((s1.Peek()).Equals("*") ||
     (s1.Peek()).Equals("/")) ){
       outstr = s1.Pop();
       pstr += outstr;
     }
     s1.Push(ch.ToString());
     i++;
     break;
   case'(':
     s1.Push(ch.ToString());       //遇到左括号时, 入栈
     i++;
     break;
   case')':
       outstr = s1.Pop();          //遇到右括号时,出栈
         while (! s1.Empty && ( outstr = = null || ! out-
           str.Equals("("))) {
```

```
                pstr += outstr;
                outstr = s1.Pop();
            }
            i++;
            break;
        default:
            while(ch>='0'&& ch<='9'){          //遇到数字时
                pstr += ch;
                i++;
                if(i<expstr.Length)
                    ch=expstr[i];
                else
                    ch = '=';
            }
            pstr += " ";
            break;
        }
    }
    while (! s1.Empty) {
        outstr = s1.Pop();
        pstr = pstr + outstr;
    }
    return pstr;
}
public int Evaluate() {
    LinkedStack<int> s2 = newLinkedStack<int>();       //创建空栈
    char ch;
    int i=0,x,y,z=0;
    while(i<pstr.Length) {
        ch=pstr[i];
        if(ch>='0'&& ch<='9') {
            z=0;
            while(ch! ='') {
                z = z*10+Int32.Parse(ch+"");
                i++;
                ch = pstr[i];
            }
            i++;
```

```
            s2.Push(z);
        } else {
          y = s2.Pop();
          x = s2.Pop();
          switch(ch) {
            case'+': z = x+y; break;
            case'-': z = x-y; break;
            case'*': z = x * y; break;
            case'/': z = x/y; break;
          }
          s2.Push(z);
          i++;
        }
      }
    return  s2.Pop();
    }
  }
}
```

程序运行结果如下：

```
Expression string: ((1+2) * (4-3)-5+6) * 8/2
Transformed string: 1 2 +4 3 -*5 -6 +8 *2 /
Value: 16
```

4.3 队列的概念及类型定义

4.3.1 队列的基本概念

与栈一样，队列(queue)也是一种常用的线性数据结构，它的数据元素之间具有顺序的逻辑关系。与线性表可在任意位置进行插入和删除数据元素的操作不同，队列上插入和删除数据元素的操作分别限定在队列结构的两端进行。新的元素只能在队尾插入，而当前能从队列中删除的元素一定是最先插入队列的数据元素，因此，队列是一种具有"先进先出"(first in first out，FIFO)特性的线性数据结构，就像日常生活中常见的排队等待某种服务一样，先到先服务，后到排队尾。在算法设计中，当求解具有先进先出特性的问题时，需要用到队列这种数据结构。例如在计算机系统中，如果多个进程需要使用某个资源，它们就要排队等待该资源的就绪。

向队列中插入元素的操作称为入队(enqueue)，删除元素的操作称为出队(dequeue)。允许入队的一端为队尾(rear)，允许出队的一端为队头(front)。标识队头和队尾当前位置的变量分别称为队头指针和队尾指针。没有数据元素的队列称为空队列。

队列结构如图 4.10 所示。设有数据元素 a_0，a_1，a_2，$\cdots$，a_{n-1} 依次入队，则出队次序为：$a_0 \rightarrow a_1 \rightarrow \cdots \rightarrow a_{n-1}$。

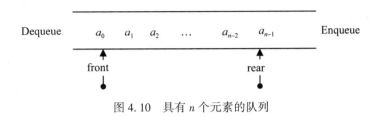

图 4.10 具有 n 个元素的队列

4.3.2 抽象数据类型层面的队列

1. 队列的数据元素

和线性表一样，队列也是由若干数据元素组成的有限数据序列。我们用抽象数据元素 a_i 表示队列的某个数据元素，对于由 $n(n \geqslant 0)$ 个数据元素 a_0，a_1，a_2，$\cdots$，a_{n-1} 组成的队列结构可以记为：

$$\text{Queue} = \{ a_0, a_1, a_2, \cdots, a_{n-1} \}$$

其中，n 表示队列中的数据元素个数，称为队列的长度。若 n 等于 0，则队列中没有元素，称之为空队列。队列的数据元素至少具有一种相同的属性，我们称这些数据元素属于相同的抽象数据类型。

队列作为一种特殊的线性结构，可以如同线性表以及栈一样，采用顺序存储结构和链式存储结构实现。顺序存储结构实现的队列称为顺序队列（sequenced queue），链式存储结构实现的队列称为链式队列（linked queue）。

2. 队列的基本操作

在一个队列数据结构上可以进行下列基本操作：

Initialize：队列的初始化。创建一个队列实例，并进行初始化操作，例如设置队列状态为空。

Count：队列元素计数。返回队列中数据元素的个数。

Empty：判断队列的状态是否为空，即判断队列中是否已加入数据元素。

Full：判断队列的状态是否已满，即判断为队列预分配的空间是否已占满。

Enqueue：入队。该操作将新的数据元素从队尾处加入队列，该元素成为新的队尾元素。在入队之前必须判断队列的状态是否已满，如果队列不满，则接收新数据元素入队；否则产生队列上溢错误（queue overflow exception），或者为队列先分配更大的空间，然后接收新元素入队。

Dequeue：出队。该操作取出队头处的数据元素，下一个数据元素成为新的队头元素。在出队之前，必须判断队列的状态是否为空。队列为空则产生下溢错误（queue underflow exception）。

Peek：探测队首。获得队首数据元素，但不移除该元素，队头指针保持不变。

4.3.3 C#中的队列类

在 C#类库中定义了一个非泛型队列 Queue 类和一个泛型队列 Queue<T>类，队列类刻画了一种数据先进先出的集合，是编程中常用的数据集合类型。

【例 4.5】创建字符串类型的队列对象并向其添加若干值，打印出队列的内容。

```
using System; using System.Collections.Generic;
namespace stackqueuetest {
public class SamplesQueue {
    public static void Main() {
        Queue<string> q = new Queue<string>();
         q.Enqueue( "First"); q.Enqueue( "Second"); q.Enqueue( "
            Third");
        Console.WriteLine( "Queue:" );
        Console.WriteLine( "\tCount:    {0}", q.Count );
        Console.Write( "\tValues: " );
        foreach(string o in  q){
            Console.Write( "{0} \t", o);
        }
        Console.WriteLine();
    }
} // end of class SamplesQueue
} // end of namespace stackqueuetest
```

程序运行结果如下：

```
Queue：
    Count：   3
    Values：First  Second  Third
```

队列的输出序列的顺序与元素入队的顺序一致，这是队列先进先出（FIFO）特性的体现。

4.4 队列的存储结构及实现

队列既可以采用顺序存储结构实现，也可以用链式存储结构实现。用顺序存储结构实现的队列称为顺序队列（sequenced queue），用链式存储结构实现的队列称为链式队列（linked queue）。

4.4.1 队列的顺序存储结构及操作实现

1. 队列的顺序存储结构

顺序队列用一组连续的存储空间存放队列的数据元素，如图 4.11 所示。可以用下面声明的 SequencedQueue 类来实现顺序队列。SequencedQueue 类中的成员变量 items 定义为数组，用以存储加入队列的数据元素；成员变量 front 和 rear 分别作为队头数据元素在数组 items 中的位置下标和下一个将入队的数据元素将占据的存储单元的位置下标，构成队头指针和队尾指针。SequencedQueue 类设计完整后，用该类定义和构造的对象就是一个个具体的队列实例。

```
public class SequencedQueue<T> {
    private T[] items;
    private int front, rear; //front 和 rear 为队列头尾的位置下标
    ……
}
```

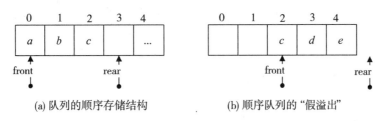

图 4.11　队列的顺序存储结构

front 是处于队头的数据元素的下标，简称队头下标；rear 不是当前队尾元素的下标，而是下一个入队的数据元素将占据的存储单元的位置下标，但我们仍将 rear 简称为队尾下标。元素入队或出队时，需要相应修改 front 或 rear 变量的值：一个元素入队时 rear 加 1，而一个元素出队时 front 加 1。

假设先有 3 个数据元素(a，b，c)已入队，那么 front = 0，rear = 3，如图 4.11(a)所示。接着有两个数据元素 a 和 b 出队，再接着又有两个数据元素(d 和 e)入队，那么 front = 2，rear = 5，如图 4.11(b)所示。设数组 items 的长度 Length 等于 5，此时如果有新的数据元素 f 要入队，则应存放于 rear 指示的地方，注意此时 rear = 5，数组下标越界而引起溢出。但此时并非所有预分配的存储空间被占满，数组的头部已空出一些存储单元，因此这是一种假溢出。

顺序队列中出现的有剩余存储空间但不能进行新的入队操作的溢出现象称为假溢出。可以看出，上面描述的顺序队列在多次入队和出队操作后，虽然可能会仍有剩余的存储空间，但没有实现重复使用剩余存储单元的机制，因而产生假溢出这样的缺陷。解决假溢出问题的办法是将顺序队列设计成逻辑上的"环形"结构，看似一种顺序循环队列。

2. 顺序循环队列的定义及操作实现

所谓顺序循环队列，是通过"取模"操作，将为顺序队列所分配的连续存储空间，变成一个逻辑上首尾相连的"环形"队列。为实现顺序队列循环利用存储空间，进行入队和出队操作时，front 和 rear 不是简单加 1，而应该是加 1 后再作取模运算，即入队时队尾指针按照如下规律变化：

```
rear = (rear + 1) % items.Length;
```
而出队时队头指针按照以下规律变化:
```
front = (front + 1) % items.Length;
```
顺序循环队列中,front 指示当前头数据元素的位置下标,rear 则指示当前队尾数据元素下一位置的下标,items. Length 表示数组 items 的长度,即为队列预分配存储空间的大小。当 rear 和 front 逐步移动达到 items. Length − 1 位置后,再前进一个位置就又回到 0 位置,因此 rear 和 front 通过取模操作将在数组占据的存储空间中循环移动,使得数组的剩余存储单元可以重复使用,因而不会出现假溢出问题。顺序循环队列如图 4.12 所示。

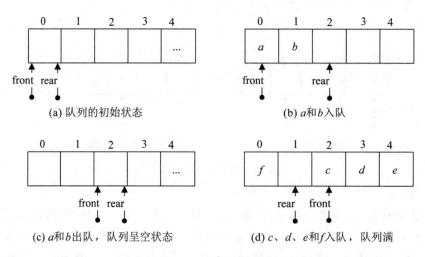

图 4.12　顺序循环队列

顺序循环队列的操作作为 SequencedQueue 类的方法和属性成员予以实现,下面分别描述实现这些操作的算法。

1)队列的初始化

用类的构造方法初始化一个队列对象,在构造方法中首先为 items 数组变量申请指定大小的存储空间,以备用来存放队列的数据元素;接着,设置队列初始状态为空,即置 front = 0,rear = 0。

```
public SequencedQueue(int n) {
    items = new T[n + 1];
    front = rear = 0;
}

public SequencedQueue() : this(16) { }
```

2)返回队列中元素的个数

该操作告知当前队列中已有的数据元素的个数,将这个操作用属性 Count 来实现,编码如下:

```
public int Count {
    get { return (rear - front + items.Length) % items.Length; }
}
```

3) 判断队列的状态是否为空和是否为满

将这两个测试操作分别用相应的属性(Empty/Full)来实现。

判断队列是否为空的操作即判断队列中是否有数据元素。当队列的队头指针与队尾指针相等时，即 front == rear 时，表明队列中没有数据元素，队列为空，Empty 属性应该指示 true。编码如下：

```
public bool Empty { get { return front == rear; } }
```

判断队列是否已满的操作即判断为队列预分配的空间是否已占满。当 front == (rear + 1) % items. Length，或者表示为(front − rear) % items. Length == 1 时，items 数组中虽然仍有一个空位置，但队列已不能新加入元素了，表明队列已满，此时 Full 属性应该指示 true。编码如下：

```
public bool Full {
    get { return front == (rear + 1) % items.Length; }
}
```

4) 入队

定义 Enqueue 方法实现入队操作。该操作将新的数据元素 k 从队尾处加入队列，该元素成为新的队尾元素。先需测试队列是否已满，当队列不满时，将数据元素 *k* 存放在 rear 指示的位置，作为新的队尾数据元素；rear 循环加 1。

如果队列当前预分配的存储空间已装满数据元素，在进行后续的操作前，需要调用本类中定义的私有方法 DoubleCapacity 重新分配存储空间，将原数组中的数据元素逐个拷贝到新数组，并相应调整队首与队尾指针。

Enqueue 方法的形参 k 的类型声明为 T，即此时入队的数据元素声明为 T 类型，在调用入队操作时，实参的类型要与队列实例定义时声明的类型保持一致。例如：定义 q 为 SequencedQueue<string>类型，则以后入队语句 q. Enqueue(k)中的实参 k 必须为 string 类型。

实现编码如下：

```
public void Enqueue( T k ) {
    if (Full) DoubleCapacity();
    items[ rear ] = k;
    rear = (rear + 1) % items.Length;
}
private void DoubleCapacity() {
    int i, j;
    int capacity = 2 * items.Length - 1;
    int count = Count;
    T[] copy =new T[capacity];        //按照新容量构造一个数组
    for (i = 0; i < count; i++) {
```

```
        j = (i + front) % items.Length;
        copy[i] = items[j];
    }
    front = 0;
    rear = count;
    items = copy;                    //items 指向新分配的空间
}
```

如果为队列预分配的空间大小合理，队列处于非满状态，入队操作的时间复杂度为 $O(1)$。如果经常需要重新分配内部数组以容纳新元素，则此操作成为时间复杂度 $O(n)$ 级的操作。

5）出队

定义 Dequeue 方法实现出队操作。该操作取出队头处的数据元素，下一个数据元素成为新的队头元素。需先测试队列是否为空，当队列不为空时，取走 front 位置上的队首数据元素，front 循环加 1，新 front 位置上的数据元素成为新的队首数据元素。Dequeue 方法的返回值声明为类型 T，即此时出队的数据元素具有类型 T，在调用该操作时，将与队列实例定义时声明的类型保持一致。此方法的时间复杂度是 $O(1)$。编码如下：

```
public T Dequeue() {
    T k = default(T);
    if (! Empty) {                   //队列不空
        k = items[front];           //取得队头结点数据元素
        front = (front + 1) % items.Length;
        return k;
    }
    else                            //栈空时产生异常
        throw new InvalidOperationException("Queue is Empty: " +
            this.GetType());
}
```

6）获得队首对象，但不将其移除

该操作获得队首数据元素，但不移除该元素。当队列不为空时，取走 front 位置上的队首数据元素，front 变量保持不变。此方法的运算复杂度是 $O(1)$。编码如下：

```
public T Peek() {
    if (! Empty)
        return items[front];
    else
        throw new InvalidOperationException("Queue is Empty: " +
            this.GetType());
}
```

7）输出队列中所有数据元素的值

当队列非空时，从队首结点开始，直至队尾结点，依次输出结点值。编码如下：

```
public void Show(bool showTypeName = false) {
    if (showTypeName)
        Console.Write("SequencedQueue: ");
    int i = this.front;
    int n = i;
    if (! Empty) {
        if (i < this.rear) {
            n = this.rear - 1;
        }
        else {
            n = this.rear + this.items.Length - 1;
        }
        for (; i <= n; i++) {
            Console.Write(items[i % items.Length] + "   ");
        }
    }
    Console.WriteLine();
}
```

比在控制台上显示信息更为一般的操作，是以字符串的形式返回对队列对象而言有意义的值，可以通过在顺序队列 SequencedQueue 类中重写（override）从 object 类继承的 ToString 方法来实现，具体编码留给读者作为编程练习。

由此可见，相对于原始顺序队列的设计，顺序循环队列 SequencedQueue 类在设计上有以下两个方面的改进：

①入队时只改变下标 rear，出队时只改变下标 front，它们都做"循环"移动，取值范围是 0 到 items.Length − 1，这样可以重复使用队列内部的存储空间，因而避免"假溢出"现象。

②在队列中设立一个空位置。如果不设立一个空位置，则队列空和队列满两种不同状态的条件都是队头指针与队尾指针相等，即 front == rear，那么就无法区分这两种状态。通过保留一个空位置，则队列满的条件变为（front − rear）% items.Length == 1。

【例 4.6】测试顺序循环队列的操作实现。

源程序 SequencedQueueTest.cs 使用声明在 DSA 命名空间中的 SequencedQueue 类，程序如下：

```
using System;
using DSA;
namespace stackqueuetest {
    classSequencedQueueTest {
```

```
publicstaticvoid Main(string[] args) {
    int i = 0, n = 2;
    SequencedQueue<string> q1 = newSequencedQueue<string>(20);
    while (i < args.Length) {
        Console.Write("Enqueue: " + (i + 1) + "\t");
        q1.Enqueue( (i+1).ToString() );      //入队
        q1.Show(true);
        q1.Enqueue(args[i]);                  //将命令行参数入队
        Console.Write("Enqueue: " + args[i] + "\t");
        q1.Show(true);
        i++;
    }
    while (! q1.Empty) {                       //数据依次出队
        Console.Write("Dequeue: ");
        string str = q1.Dequeue();
        Console.Write(str + "  ");
        Console.Write("\t");
        q1.Show(true);
    }
    Console.WriteLine();
    }
  }
}
```

在控制台窗口可以用如下命令进行编译：

csc SequencedQueueTest.cs /r: ..\stackqueue\bin\Debug\
    stackqueue.dll

从命令行输入参数运行 SequencedQueueTest 程序：

SequencedQueueTest Hello World

程序结果如下：

Enqueue: 1   SequencedQueue: 1
Enqueue: Hello   SequencedQueue: 1 Hello
Enqueue: 2   SequencedQueue: 1 Hello 2
Enqueue: World   SequencedQueue: 1 Hello 2 World
Dequeue: 1   SequencedQueue: Hello 2 World
Dequeue: Hello   SequencedQueue: 2 World
Dequeue: 2   SequencedQueue: World
Dequeue: World   SequencedQueue:

4.4.2 队列的链式存储结构及操作实现

采用链式存储结构实现的队列称为链式队列。队列作为一种特殊的线性数据结构，可以用单向链表实现队列的链式存储结构。设置变量 front 和 rear 分别指向队头和队尾数据结点，链式队列如图 4.13 所示。

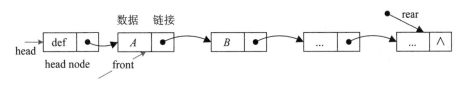

图 4.13 队列的链式存储结构

下面声明 LinkedQueue 类实现链式队列：

```
public class LinkedQueue<T> {
    private SingleLinkedList<T> items;
    private SingleLinkedNode<T> front, rear;
}
```

类中定义的成员变量 items 记录存储队列数据的单向链表，成员变量 front 和 rear 分别指向队头和队尾数据结点，结点类型为前一章中定义的单向链表的结点类 SingleLinkedNode，结点数据域的类型为泛型 T。用 LinkedQueue 类型定义和构造的对象就是一个具体的队列实例。

链式队列的基本操作作为 LinkedQueue 类的方法和属性成员予以实现，下面分别描述实现这些操作的算法。

1. 队列的初始化

用构造方法创建一条准备用以存储队列数据的单向链表，设置队列的初始状态为空。

```
public LinkedQueue() {
    items =new SingleLinkedList<T>();
    front = items.Head.Next;
    rear = items.Head;
}
```

2. 返回队列的元素个数

该操作告知当前队列中已有数据元素的个数，将这个操作用属性 Count 来实现，编码如下：

```
public int Count {
    get { return items.Count; }
}
```

内嵌成员 items(单向链表对象)的数据结点的个数(items.Count)也就是队列的元素个数。

3. 判断队列的状态是否为空或是否已满

判断队列是否为空的操作即判断队列中是否有数据元素，该操作通过定义属性 Empty 来实现。当 front == null 且 rear == items.Head 时，队列为空，属性 Empty 此时应该返回 true。

```
public bool Empty {
    get { return (front == null) && (rear == items.Head); }
}
```

与链式栈一样，链式队列采用动态分配方式为每个结点分配内存空间，当有一个数据元素需要入队时，向系统申请一个结点的存储空间，一般可在编程时认为系统所提供的可用空间是足够大的，所以不需要判断队列是否已满。

4. 入队

定义 Enqueue 方法实现入队操作。该操作将新的数据元素从队尾处加入队列，该元素成为新的队尾元素。在 rear 指向的队尾结点之后插入一个结点存放新数据 k，并更新 rear 指向新的队尾结点。Enqueue 方法的参数 k 的类型声明为 T 类型（形参类型为 T），即此时入队的数据元素类型是 T；而在调用入队操作时，实参的类型要与队列实例定义时声明的类型保持一致。此方法的运算复杂度是 $O(1)$。

```
public void Enqueue(T k) {
    SingleLinkedNode<T> q = new SingleLinkedNode<T>(k);
    rear.Next = q;
    front = items.Head.Next;
    rear = q;
}
```

5. 出队

定义 Dequeue 方法实现出队操作。该操作取出队头处的数据元素，下一个数据元素成为新的队头元素。当队列不为空时，取走 front 指向的队首结点的数据元素，并删除该结点，更新 front 指向新的队首结点。Dequeue 方法的返回值声明为类型 T，在调用出队操作时，返回值的类型将与队列实例定义时声明的类型保持一致。此方法的运算复杂度是 $O(1)$。

```
public T Dequeue() {
    T k = default(T);               //置变量 k 为 T 类型的缺省值
    if (! Empty) {                  //队列不空
        k = front.Item;             //取得队头结点数据元素
        front = front.Next;     //删除队头结点
        items.Head.Next = front;
    if (front == null)
        rear = items.Head;
    return k;
}
```

```
else
    throw new InvalidOperationException(
        "Queue is Empty: " + this.GetType());
}
```

6. 获得队首对象，但不将其移除

当队列不为空时，取走 front 位置上的队首数据元素，front 不变。此方法的运算复杂度是 $O(1)$。

```
public T Peek() {
    if (! Empty)
        return front.Item;
    else
        throw new InvalidOperationException(
            "Queue is Empty: " + this.GetType());
}
```

链式队列的基本操作如图 4.14 所示。

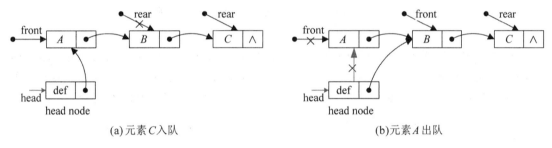

(a)元素 C 入队　　　　　　(b)元素 A 出队

图 4.14　链式队列的基本操作

由以上多个操作的算法实现分析可知，顺序队列 SequencedQueue 和链式队列 LinkedQueue 都实现了"队列"这个抽象数据结构的基本操作。无论是 SequencedQueue 类还是 LinkedQueue 类，都可以用来建立具体的队列实例，通过队列实例调用入队或出队方法进行相应的操作。一般情况下，解决某个问题关注的是队列的抽象功能，而不必关注队列的存储结构及其实现细节。

4.4.3　队列的应用举例

队列是一种具有"先进先出"特性的特殊线性结构，可以作为求解具有"先进先出"特性问题的数学模型，因此，队列结构成为解决相应问题算法设计的有力工具。在计算机系统中，当一些过程需要按一定次序等待特定资源就绪时，系统需设立一个具有"先进先出"特性的队列以解决这些过程的调度问题。在后面的章节中将介绍的非线性结构广度遍历算法，如按层次遍历二叉树、以广度优先算法遍历图等，都具有"先进先出"的特性，这些算法的实现需要使用队列。下面的例题讨论一个应用队列结构的典型例子。

【例 4.7】(解素数环问题)将 1, 2, ⋯, n 共 n 个数排列成环形，使得每相邻两数之和为素数，构成一个素数环。

如图 4.15 所示，解素数环问题的算法思想是：依次试探每个数，用一个线性表存放素数环的数据元素，用一个队列存放等待检查的数据元素，依次从队列取一个数据元素 k 与素数环最后一个数据元素相加，若两数之和是素数，则将 k 加入素数环(线性表)中；否则 k 暂时无法进入素数环，此时须让它再次放入队列等待处理。重复上述操作，直到队列为空。

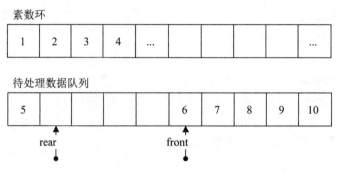

图 4.15 利用线性表和队列数据结构解素数环问题

本例应用顺序表 SequencedList 类和顺序队列 SequencedQueue 类。创建 SequencedList 类的一个线性表实例 ring1，用以存放素数环的数据元素，创建 SequencedQueue 类的一个实例 q1 作为队列，存放待检测的数据元素。静态方法 IsPrime(k) 判断 k 是否为素数。

```
using System; using DSA;
namespace stackqueuetest {
public class PrimeRing {
    public static bool IsPrime(int k){
        int j = 2;
        if(k==2)return true;
        if(k<2 ||k>2 && k%2==0) return false;
        else{
          j=3;
          while(j<k && k%j! =0)
            j = j+2;
          if(j>=k) return true;
          else  return false;
        }
    }
    public static void Main(string[] args){
        int i,j,k,n=10;
```

```
SequencedQueue<int> q1 = new SequencedQueue <int>();
                            //创建一个队列 q1
SequencedList<int> ring1 = new SequencedList<int>(n);
                            //创建一个线性表 ring1 表示素数环
ring1.Add(1);               //将 1 添加到素数环中
for(i=2;i<=n;i++)           //2--n 全部入队
  q1.Enqueue(i);
q1.Show(true);              //输出队列中全部数据元素
i = 0;
while(! q1.Empty){
  k = q1.Dequeue();         //出队
  Console.Write("Dequeue: " + k + " \t");
  j = ring1[i] + k;
  if(IsPrime(j)){           //判断 j 是否为素数
    ring1.Add(k);           //将 k 添加到素数环中
    Console.Write("add into ring \t");
    i++;
  } else{
    q1.Enqueue(k);          //k 再次入队等待处理
    Console.Write("wait again \t");
    }
    q1.Show(true);
  }
  Console.WriteLine();
  ring1.Show(true);
  }                         //end of Main
 }                          //end of class
}                           //end of namespace
```

程序运行结果如下：

```
Queue:2  3  4  5  6  7  8  9  10
Dequeue:2    add into ring    Queue:3  4  5  6  7  8  9  10
Dequeue:3    add into ring    Queue:4  5  6  7  8  9  10
Dequeue:4    add into ring    Queue:5  6  7  8  9  10
Dequeue:5    wait again       Queue:6  7  8  9  10  5
Dequeue:6    wait again       Queue:7  8  9  10  5  6
Dequeue:7    add into ring    Queue:8  9  10  5  6
Dequeue:8    wait again       Queue:9  10  5  6  8
Dequeue:9    wait again       Queue:10  5  6  8  9
```

```
Dequeue:10    add into ring        Queue:5  6  8  9
Dequeue:5     wait again           Queue:6  8  9  5
Dequeue:6     wait again           Queue:8  9  5  6
Dequeue:8     wait again           Queue:9  5  6  8
Dequeue:9     add into ring        Queue:5  6  8
Dequeue:5     wait again           Queue:6  8  5
Dequeue:6     wait again           Queue:8  5  6
Dequeue:8     add into ring        Queue:5  6
Dequeue:5     add into ring        Queue:6
Dequeue:6     add into ring        Queue:
SequencedList:1  2  3  4  7  10  9  8  5  6
```

习题 4

4.1 线性表、栈和队列都是_____结构，可以在线性表的_____位置插入和删除元素；栈是一种特殊的线性结构，允许插入和删除操作的一端称为_____；不允许插入和删除运算的一端称为_____，所以栈又称为____进____出型线性结构；队列是只能在_____插入和_____删除元素的特殊线性结构，所以队列又称为____进____出型结构。

4.2 设栈 S 的初始状态为空，元素 a，b，c，d，e，f 依次入栈 S，出栈的序列为 b，d，c，f，e，a，则栈 S 的容量至少应该是_____。

4.3 说明顺序队列的"假溢出"是怎样产生的，并说明如何用循环队列解决假溢出。循环队列的基本操作，如初始化以及判断队列满、判断队列空、返回队列元素个数、入队、出队等是如何实现的?

4.4 分别在 SequencedStack、SequencedQueue、LinkedStack 和 LinkedQueue 类中编程实现检测数据结构中是否包含某数据的操作：

public bool Contains(T k);

4.5 分别在 SequencedStack、SequencedQueue、LinkedStack 和 LinkedQueue 类中编程实现(重写)基类 Object 中定义的虚方法"ToString()"的操作：

public override string ToString();

4.6 构造顺序队列，其数据复制于另一个队列，构造方法声明为：

public SequencedQueue(SequencedQueue<T> q);

4.7 说明以下算法的功能(栈 Stack 和队列 Queue 都是 .NET Framework 在 System . Collections 命名空间中定义的类)。

```
voidmeth4(Queue q){
    Stacks = new Stack(); object d;
    while(q.Count! =0){
        d = q.Dequeue( ); s.Push(d);
```

```
};
while(s.Count! =0){
    d = s.Pop( ); q.Enqueue(d);
}
}
```

4.8　分别用单向循环链表、双向循环链表结构实现队列，并讨论其差别。

4.9　写出表达式 $a \cdot (b+c)-d$ 的后缀表达式。

4.10　某个车站呈狭长形，宽度只能容下一台车，并且只有一个出入口。已知某时刻该车站状态为空，从这一时刻开始的出入记录为"进，出，进，进，出，进，进，进，出，出，进，出"。假设车辆入站的顺序为 1，2，3，…，7，试写出车辆出站的顺序。

第5章 迭代与递归

复杂问题的求解过程常包含基本操作的多次重复运行，重复基本操作的常用方式有迭代和递归。迭代一般利用循环结构，通过某种递推式，不断更新变量新值，直到得到问题的解为止。计算机程序中往往存在大量的迭代，用以解决复杂的问题。

递归则是算法中存在自调用，将大问题化为相同结构的小问题来求解。递归是一种有效的算法设计方法，是解决许多复杂问题的重要方法。

本章首先介绍循环、迭代和递归的相关概念，然后在对比中分析各自的不同特性，揭示循环、迭代和递归在算法实现中存在的广泛的应用。

本章在 Visual Studio 中用名为 iter_ recu 的应用程序型项目实现相应算法的测试和演示程序。

5.1 高级编程语言中的循环结构

重复执行一段代码的最基本方法是将它放在循环(loop)结构中，循环结构有三个要素：循环变量、循环体和循环终止条件。在满足循环条件时，循环体内的代码被重复运行，一直到终止条件达到，才结束整个循环结构。

以 C#语言为例，它有几个与 C/C++语言相同的循环语句：while、do-while、for，另外还引入了 foreach 语句。功能上它们都能构造等价的循环结构，不过，从编写代码的角度，foreach 语句显得更简单一些，能简洁方便地表达对集合所有元素的遍历操作。能在 foreach 语句中遍历的数据集合称为可枚举的(enumerable)集合，又称作可迭代的(iterable)集合，C#数组、List 对象、String 对象等都是可枚举的对象。

for 语句的定义格式举例如下：

```
for( int i = 0; i<10; i++){
    <语句块>;
}
```

foreach 语句的定义格式举例如下：

```
foreach( string s in args){
    <语句块>;
}
```

while 语句的定义格式举例如下：

```
    int i = 0;
```

```
while(i<10){
    <语句块>;
    i++;
}
```

【例 5.1】单重循环与二重循环。

(1)单重循环。

```
int n = 100, sum = 0;              int n = 100, sum = 0;
for(int i = 0;i<n;i++) sum += a[i]; foreach(int t in a) sum += t;
```

该 for 语句(或 foreach 语句)的循环体内语句将循环执行 n 次,所以该循环结构的时间复杂度为 $O(n)$。foreach 语句利用数组 a 是可迭代的集合对象,在循环构造上免除定义循环计数变量及对循环终止条件的测试,语句简洁而且能防止不经意的错误。

(2)二重循环。

```
int n = 10, psum = 0;
for(int i = 0;i<n;i++)
    for(int j = 0;j<i;j++)
        psum += i * j;
```

外层循环执行 n 次,每执行一次外层循环时,内层循环执行 i 次。二重循环体内指令的执行次数为 $\sum_{i=1}^{n} i = \frac{n(n+1)}{2}$,故整段结构的时间复杂度为 $O(n^2)$。

5.2 迭代

5.2.1 迭代的基本概念

在计算机编程中,迭代(iterate)的原意是一种不断用变量的旧值递推新值的过程。迭代过程一般利用循环结构,让变量从初值出发,通过某种递推式,不断更新变量新值,直到得到问题的解为止。

高层问题的求解过程往往包含一些基本操作的重复运行。被重复执行的代码块往往置于循环结构中,这段代码称为循环体。在循环体代码中,与求解问题相关的变量在每一轮中将根据某种规则而更新,并作为下一轮循环计算的初始值。整个循环结构通过一个迭代的过程来完成数学中的递推公式所表达的功能。迭代过程大量地出现在各种算法中,"迭代"一词也常用来指根据递推公式循环演进逐步接近结果的编程思想,以迭代过程为显著特点的算法,就时常归为迭代算法。计算机的优势是能精确、高速地完成基本指令,并且能不厌其烦地重复执行基本指令,随着硬件性能的不断增长以及算法越来越丰富,计算机能用来解决越来越复杂的问题。

迭代与普通循环的区别是:迭代时,循环体代码中参与运算的变量同时也是保存结果的变量,其当前保存的结果将作为下一次循环计算的初始值,这种变量称为迭代变量。

使用迭代思想完成算法的实现要解决三个方面的问题：

(1)迭代变量的确定：在可以用迭代算法解决的问题中，至少存在一个直接或间接地不断由旧值递推出新值的变量，即迭代变量。

(2)建立迭代公式：迭代公式确定迭代关系，是指如何从变量的前一个值推出其下一个值的公式(或关系)。

(3)对迭代过程进行控制：迭代过程的控制通常分为两种情况：一种是所需的迭代次数是个确定的值，可以预先计算出来，此时可以使用一个固定的循环来控制迭代过程；另一种是所需的迭代次数无法预先确定，此时应进一步分析结束迭代过程的条件，在每一轮迭代末尾根据对结束条件的检测来控制迭代过程的进行。

5.2.2　迭代算法

包含某种循环迭代过程的算法，有时称为迭代算法。数值分析中有大量的迭代算法，例如，用来求方程的根的牛顿迭代法，用来解联立方程组的高斯迭代消元法，用来求函数最小值的最速下降法，等等。在这些算法中，所谓迭代，就是从一个初始估计 $x^{(k)}$ 出发，按照某种规则(又称递推公式)求出后继点 $x^{(k+1)}$，用 $k+1$ 代替 k，重复以上过程，这样便产生点列 $\{x^{(k)}\}$，在一定条件下它收敛于原问题的解。

例如，求函数最小值的梯度下降法应用的迭代公式是

$$x^{(k+1)} = x^{(k)} + a_k d^{(k)}$$

其中，$d^{(k)}$ 是从 $x^{(k)}$ 出发的函数值下降方向，称为搜索方向，沿这样的函数值下降方向迭代，在一定条件下收敛于函数的极小值的点。a_k 是控制迭代速度的参数，称为搜索步长。

【例 5.2】利用迭代方法计算阶乘函数 $f(n)=n!$。

以迭代方式计算阶乘 $n!$ 的方法是：先计算 1 乘以 2，用其部分结果再乘以 3，接着再用所得结果乘以 4，依次重复乘到 n。在算法实现时，定义一个计数器 i 作为基本迭代变量，每轮迭代中计数器自增一次，而递推公式为 $p=p*i$，进行一次乘法，直到计数器的值等于 n，最后返回变量 p 作为阶乘函数的计算结果。代码如下：

```
using System;
namespace iter_recu {
    public class Program{
        static void Main(string[] args) {
            int n = 5;
            Console.WriteLine(n + "! = " + factorial(n));
        }
        //迭代方法
        public static int factorial(int n) {
            int p = 1;
            for (int i = 2; i <= n; i++) {
                p *= i;
```

```
            }
            return p;
        }
    }
}
```

程序运行结果：

```
5! = 120
```

5.3 递归

递归(recursion)是数学定义和计算中的一种思维方式，它用对象自身来定义一个对象。在程序设计中，常用递归方式来实现一些问题的求解。在高级编程语言中，若一个函数直接或间接地调用自己，则称这个函数是递归函数。

在数学及程序设计方法中，递归可以出现在算法描述和数据结构的定义中。存在自调用的算法称为递归算法(recursive algorithm)。在数据结构的描述中，若一个对象用它自己来定义它的一部分，则称这个对象是递归的。

5.3.1 递归算法

递归算法将待求解的问题推到比原问题更简单且解法相同或类似的问题来求解，然后再得到原问题的解。例如，求阶乘函数 $f(n) = n!$，为计算 $f(n)$，将它推到 $f(n-1)$，即

$$f(n) = n \times f(n-1)$$

而计算 $f(n-1)$ 的算法与 $f(n)$ 是一样的。

由此可见，用递归算法求解较为复杂的问题的过程具有下列特点：

①如果原问题能够分解成几个相对简单且解法相同或类似的子问题，只要子问题能够解决，那么原问题就能用相同或类似的方法求解，即递归求解原问题。例如，9! = 9×8!。

②不断分解原问题，直至分解到某个可以直接解决的子问题时，就停止分解。这些可以直接求解的问题称为递归结束条件。例如，由 1! = 1 的定义直接得到 1! 的解。

数学上常用的阶乘函数、幂函数、Fibonacci 数列等，它们的定义和计算都可以是递归的。在这类函数的递归定义中，一方面给出被定义函数在某些自变量处的值，另一方面则给出由已知的被定义函数值逐步计算未知的被定义函数值的规则。

例如，阶乘函数 $f(n) = n!$ 的递归定义式为

$$n! = \begin{cases} 1, & n = 0, \ 1, \\ n \times (n-1)!, & n \geq 2 \end{cases}$$

又如，Fibonacci 数列的首两项为 0 和 1，以后各项的值是其前两项值之和：

$$\{0, \ 1, \ 1, \ 2, \ 3, \ 5, \ 8, \ \cdots\}$$

Fibonacci 数列的递归定义为

$$f(n) = \begin{cases} n, & n = 0,\ 1 \\ f(n-1) + f(n-2), & n \geqslant 2 \end{cases}$$

【例 5.3】阶乘函数 $n!$ 的递归实现。

例如，求 $5!$ 所进行的分解及递归调用的情况如图 5.1 所示。

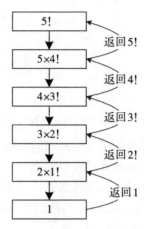

图 5.1　阶乘函数的分解和递归调用与返回

程序如下：

```csharp
using System;
public class Factorial {
    //递归方法
    public static int f(int n){
        if(n==0)
            return 1;
        else {
            Console.WriteLine(n+"! = " + n + " * " + (n-1) + "! ");
            return n * f(n-1);
        }
    }
    public static void Main(string[] args){
        int i=5;
        Console.WriteLine(i + "! = " + f(i) );
    }
}
```

程序运行结果：

5! = 5 * 4!

4! = 4 * 3!

```
3! = 3 * 2!
2! = 2 * 1!
1! = 1 * 0!
5! = 120
```

5.3.2 递归与迭代的比较

比较前面实现阶乘函数的两个程序，我们可以发现递归和迭代各自的不同特性。

递归最大的特点是把一个复杂的算法分解成若干相同的可重复的步骤。所以，使用递归实现一个计算逻辑往往思路清晰、代码简洁，也比较容易理解。但是，递归意味着大量的函数调用。递归函数每一次调用自身的时候，该函数都没有退出，在函数调用过程中，系统将在系统栈中为函数分配临时工作空间，当递归深度越深，系统栈空间的占用就越大，可能造成系统栈的溢出。调用函数也会引起一定的运行时间开销。所以，递归算法一般会有时间效率和空间效率比较低的缺点。

迭代算法思路上可能没有递归算法简洁，但是迭代算法的运行时间正比于循环次数，而且没有调用函数引起的额外时间和内存空间开销，因而算法的时间效率和空间效率都很高。

一般来说，递归都可以用迭代来代替，如果某算法有迭代式和递归式两种实现，则从执行效率出发，选择使用该算法的迭代式实现。

5.3.3 递归数据结构

有些数据结构是可以用递归方式定义的。例如，单向链表结点类可以递归定义为

$$Node = (Data，Next\_Node)$$

再如，链表也可以看成是一种递归的数据结构，链表 $Z = (h，Z_h)$，h 代表头结点，Z_h 代表头结点的链域指向的子链表，如图 5.2 所示。使用递归的方式，定义链表类就只需要设计一种数据结构类型，而一般的方法(如本章前面介绍的方法)，需要同时定义结点和链表两种数据类型(两个类)。

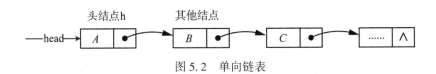

图 5.2 单向链表

我们也可以用递归形式来描述具有层次关系的树(tree)结构：树 T 是由 $n(n \geqslant 0)$ 个结点组成的有限集合，它或者是一棵空树，或者包含一个根结点和零或若干棵互不相交的子树。

【例 5.4】单向链表结点递归定义的实现与测试。

定义递归式链表结点类 RLinkedNode 如下：

```
using System; using DSA;
public class RLinkedNode<T> : SingleLinkedNode<T> {
    //构造值为 ch 的结点
    public RLinkedNode(T ch) : base(ch) { }

    //构造值为 ch,且是 q 的前驱结点
    public RLinkedNode(T ch, SingleLinkedNode<T> q) {
        this.Item = ch;
        this.Next = q;
    }
    //构造 q 的后继结点,且其值为 ch
    public static RLinkedNode<T> AddNode(SingleLinkedNode<T> q,
      T ch) {
        SingleLinkedNode<T> p = q;
        RLinkedNode<T> t = new RLinkedNode<T>(ch);
        if (q! = null) {
            while(p.Next! =null) p = p.Next;
            p.Next = t;
            return (RLinkedNode<T>) q;
        }
        else return t;
    }
}
```

测试程序如下:
```
using System;
using DSA;
namespace stackqueuetest {
    public class RLinkedNodeTest {
        public static void Main(string[] args) {
            Console.Write("Input: ");
            string str = Console.ReadLine();
            int i, count = str.Length;
            Console.Write("Show: ");
            for (i = 0; i < count; i++)              //输出 str 元素值
                Console.Write("  " + str[i]);
            Console.WriteLine();
            Console.WriteLine("count = " + count);   //str 实际长度
            RLinkedNode<char> node = null;
```

```
        for (i = 0; i < count; i++) {              //创建链表
            node =new RLinkedNode<char>(str[i], node);
            node.Show();                      //输出链表
        }
        Console.WriteLine();  node = null;
        for (i = 0; i < count; i++) {          //重新创建链表
            node =RLinkedNode<char>.AddNode(node, str[i]);
            node.Show();                      //输出链表
        }
    }
}
}
```

程序运行时，从键盘输入"CSharp"，结果如下：

```
Input：CSharp
Show： C  S  h  a  r  p
count = 6
C.
S -> C.
h -> S -> C.
a -> h -> S -> C.
r -> a -> h -> S -> C.
p -> r -> a -> h -> S -> C.

C.
C -> S.
C -> S -> h.
C -> S -> h -> a.
C -> S -> h -> a -> r.
C -> S -> h -> a -> r -> p.
```

习题 5

5.1　编程定义一个含 Main 方法的类，在其中利用 List<T>类定义和初始化一个 int 类型的线性表，分别用 for 语句和 foreach 语句实现对线性表的求和。

5.2　实现用递归方式计算 Fibonacci 数列的算法。

5.3　实现用迭代方式计算 Fibonacci 数列的算法。

5.4　分别用递归方式和迭代方式实现求两个整数 i 和 j 的最大公约数 $gcd(i, j)$ 的算法。提示：一种常用求最大公约数的算法是欧几里得算法，也称为辗转相除法。

第6章 串

　　字符串是数据处理中常见的一种数据类型，特别是在非数值信息处理中，字符串具有广泛的应用。字符串是由多个字符组成的有限序列，可以视为由若干个仅包含一个字符的结点组成的特殊线性表。字符串可以用顺序存储结构和链式存储结构实现。

　　本章首先介绍字符及其编码、字符串的基本概念与属性，然后详细讨论以顺序存储结构实现的字符串和以链式存储结构实现的字符串的类型定义与操作实现，分析和比较字符串不同实现的优缺点。

　　本章在 Visual Studio 中用名为 strings 的类库型项目实现有关数据结构的程序编码，用名为 stringstest 的应用程序型项目实现字符串类型数据结构的测试和演示程序。

6.1　串的概念及类型定义

　　字符串一般简称为串(string)，它是由多个字符组成的有限序列。字符串是非数值信息处理的基本对象，具有广泛的应用。计算机中央处理器的指令系统一般都包含支持基本的数值操作的指令，而对字符串数据的操作一般需用相应算法来实现，有的高级程序设计语言提供了某种字符串类型及一定的字符串处理功能。

　　字符串是由有限字符组成的序列，可以视为是由若干个仅包含一个字符的数据结点组成的特殊线性表，字符串可以用顺序存储结构和链式存储结构实现。

6.1.1　串的定义及其抽象数据类型

　　串是由 $n(n \geqslant 0)$ 个字符 a_0，a_1，a_2，$\cdots$，a_{n-1} 组成的有限序列，记作：

$$\text{String} = \{ a_0, a_1, a_2, \cdots, a_{n-1} \}$$

　　其中，n 表示串的字符个数，称为串的长度。若 $n=0$，则称为空串，空串不包含任何字符。

　　串中所能包含的字符依赖于所使用的字符集及其字符编码，为了能处理包括中文在内的字符，C#采用 16 位 Unicode 编码，而非 8 位的 ASCII 编码。C#中用一对单引号将字符括起来，而用一对双引号括起字符串。例如，

```
s1 = "C#"                    //串长度为 2
s2 = "data structure in C#"  //串长度为 20
s3 = ""                      //空串,长度为 0
s4 = "  "                    //两个空格的串,长度为 2
```

在上面的例子中，s1，s2，s3 和 s4 分别是四个字符串变量的名字，简称串名。

字符串类型的数据作为一种特殊的线性结构，可以如同一般线性表一样采用顺序存储结构和链式存储结构来实现，在不同类型的应用中，要根据具体的情况，使用合适的存储结构处理字符串数据。

1. 字符及字符串的编码与比较

每个字符根据所使用的字符集及编码方案会有一个特定的编码，最常用的字符集编码是 8 位的 ASCII 码。为了能处理包括常用汉字在内的字符，C#采用 16 位的 Unicode 编码。不同的字符在字符集编码中是按顺序排列编码的，字符可以按其编码次序规定它的大小，因此两个字符可以进行比较，例如：

```
'A'<'a'              //比较结果为 true
'9'>'A'              //比较结果为 false
```

对于两个字符串的比较，则按串中字符的次序，依次比较对应位置字符的大小，从而决定两个串的大小，例如：

```
"data"<"date"   //比较结果为 true
```

在 C#语言中，char 类型和 string 类型，都如同 int 和 float 等类型一样，是可比较的（comparable）类型。

2. 子串及子串在主串中的序号

由串的所有字符组成的序列即为串本身，又称为主串，而由串中若干个连续的字符组成的子序列则称为主串的一个子串（substring）。一般作如下规定：空串是任何串的子串；主串 s 也是自身的子串。除主串外，串的其他子串都称为真子串。例如，串 s1"C#"是串 s2"data structure in C#"的真子串。

串 s 中的某个字符 c 的位置可用其在串中的位置序号整数表示，称为字符 c 在串 s 中的序号（index）。串的第一个字符的位置序号为 0。一种特殊情况是，如果串 s 中不包含字符 c，则称 c 在 s 中的序号为-1。

子串的序号是该子串的第一个字符在主串中的序号。例如，s1 在 s2 中的序号为 19。一种特殊情况是，如果串 sub 不是串 mainstr 的子串，则称 sub 在 mainstr 中的序号为-1。

3. 串的基本操作

串的基本操作有以下几种：

Initialize：初始化。预分配一定的存储空间，建立一个空串。

Length：求长度。返回串的长度，即串包含的字符的个数。

Empty/Full：判断串状态是否为空或已满。

Get/Set：获得或设置串中指定位置的字符值。

Concat：连接两个串。

Substring：求满足特定条件的子串。

IndexOf：查找字符或子串。

还可以为串定义许多其他操作，如插入、删除和替换等，这样的操作都可看作是建立在基本操作之上的复合操作，可以通过组合调用前面的基本操作来实现。

6.1.2　C#中的串类

为了支持字符串数据类型的处理，C#基础类库中定义了两个串类：类 String 和类 StringBuilder。String 类定义在 System 命名空间中，用于一般的文本表示，它提供了字符串的定义和操作。C#预定义的关键字 string 类型是 System. String 类的简化的别名，使用 string 与使用 System. String 是相同的。

一个 String 对象一旦创建，就不能再修改其内容，所以称 String 对象是恒定的。C#类库在 System. Text 命名空间中还定义了一个字符串类 StringBuilder，此类表示值为可变字符序列的对象，即 StringBuilder 类型的对象在创建后可以通过追加、移除、替换或插入字符而对它的内容进行修改。

String 类具有如下成员(属性和方法)实现串的各种操作：

公共构造函数：

```
String( char[ ] );               //初始化 String 类的新实例
String( char[] cs, int startIndex, int length);
String( char c, int count );
```

公共属性：

```
int Length {get;}              //获取串中的字符个数
char this[int index] {get;}   //获取串中位于指定位置的字符
```

公共方法：

```
static int Compare ( string strA, string strB) ; //比较两个指定的
                                              String 对象
int CompareTo(string strB) ; //将此实例与指定的 String 对象进行比较
static string Concat(object a) ; //创建指定对象的 String 表示形式
int IndexOf(charc) ;//返回指定字符在串中的第一个匹配项的索引
int IndexOf(stringstr) ; //返回指定串在此实例中的第一个匹配项的索引
string Insert ( int startIndex, string s) ; // 在指定位置插入指定的
                                              String 实例
string Remove(int startIndex, int count) ;  //从指定位置开始删除指定
                                              数目的字符
string Replace(string oldstr, string newstr) ;//将指定子串的所有匹配
                                              项替换为指定子串
string Substring(int startIndex, int length) ;//返回从指定位置开始且具
                                              有指定长度的子字符串
```

String 类还有一些其他的公共方法实现串的各种操作，请参见 C#相关手册中关于 String 的说明。StringBuilder 类所具有的属性和方法与 String 类相似，其使用也请参见 C#

相关手册。本章设计的字符串类具有类似于 StringBuilder 类的特性。

【例 6.1】字符及字符串的比较。

```
using System;
namespace stringstest {
    class StringCompare {
        static void Main(string[] args) {
            char c1 = 'A', c2 = 'a';
            Console.WriteLine(" 'A' < 'a': {0}", c1<c2);
            c1 = '9'; c2 = 'A';
            Console.WriteLine(" '9' > 'A': {0}", c1 > c2);
            string s1 = "data";  string s2 = "date";
            Console.WriteLine ( "  \" data \"  <  \" date \": {0}",
                s1.CompareTo(s2)<0? true:false);
        }
    }
}
```

程序运行结果如下：

```
'A' < 'a': True
'9' > 'A': False
"data" < "date": True
```

【例 6.2】从身份证号码中提取出生年月日信息。

```
using System;
namespace stringstest {
    class SubstringTest {
        static void Main(string[] args){
            string id = "420100199012311234";
            int y = int.Parse(id.Substring(6, 4));
            int m = int.Parse(id.Substring(10, 2));
            int d = int.Parse(id.Substring(12, 2));
            Console.WriteLine("出生于:{0} 年 {1} 月 {2} 日",y,m,d);
            DateTime dt = new DateTime(y, m, d);
            TimeSpan ts = DateTime.Now - dt;
            Console.WriteLine("至今已生活 {0} 天",ts.Days);
        }
    }
}
```

程序运行结果如下：

出生于:1990 年 12 月 31 日

至今已生活 9969 天

6.2　串的顺序存储结构及其实现

6.2.1　串的顺序存储结构的定义

字符串的顺序存储结构是指用一个占据连续存储空间的数组来存储字符串的内容,串中的字符依次存储在数组的相邻单元中。用顺序存储结构实现的字符串称作顺序串,顺序串结构如图 6.1 所示。

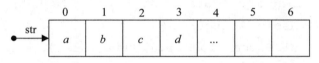

图 6.1　串的顺序存储结构

在图 6.1 中,串 str ="abcd",它的长度为 4,但这个串预分配的存储空间有 7 个单元。所以在顺序串的实现中,需要一个计数器变量记载实际存入数组中的字符个数,即串的实际长度。

串的顺序存储结构与第 2 章介绍的顺序表相似,只是数据元素的类型不同而已,因此其优缺点亦与顺序表相似。优点是数据结点存储密度高,缺点是必须为数组预分配一定容量的存储空间。如果预分配的容量不够,则在操作过程中需重新分配更大空间的数组;反之,如果预分配的容量过大,则可能造成内存资源的浪费。

我们用如下的 SequencedString 类来实现串的顺序存储结构,该类型声明如下:

```
public class SequencedString : IComparable {
    private char[] items;        //用字符数组存储串
    private int count = 0;       //记载串的长度
    ……
}
```

类中的成员变量有 items 和 count。成员变量 items 为一字符数组,将用以存储串的内容。成员变量 count 记录串的长度。"class SequencedString : IComparable"在形式上是说 SequencedString 类将实现 IComparable 接口,目的是将我们定义的串类设计为一种可比较的类型,这只需在类的设计中,完成方法 CompareTo 的具体定义。用 SequencedString 类定义的对象就是一个字符串的实例,通过对串实例调用类中定义的公有属性和方法来进行相应的串操作。

6.2.2　串的基本操作的实现

串的基本操作将作为 SequencedString 类的属性和方法予以实现,下面分别描述实现这些操作的算法。

1. 串的初始化

使用构造方法创建并初始化一个串对象：它为 items 数组申请指定大小的存储空间，将用来存放字符串的数据；设置串的初始长度为零。多种形式的构造方法编码如下：

```
//构造 n 个存储单元的空串
public SequencedString( int n ) {
    items = new char[n];
    count = 0;
}
//构造 16 个存储单元的空串
public SequencedString (): this(16) { }
//构造包含一个指定字符的串
public SequencedString ( char c ): this(16) {
    items[0] = c;
    count++;
}
//以一个字符数组构造串
public SequencedString ( char[] c ): this(c.Length * 2) {
    Array.Copy( c, items, c.Length );     //复制数组
    count = c.Length;
}
```

2. 获取串的长度

该操作告知串实例中所包含的字符的个数。将该操作以类的属性成员 Length 来实现，相对于将它定义为成员方法的形式显得更简洁。编码如下：

```
public int Length { get { return count; } }
```

3. 判断串状态是否为空或已满

这两个操作分别告知为串实例预分配的空间是否为空或已被占满。通过分别定义 bool 类型的属性 Empty 和 Full 来相应地实现这两个测试操作。

当 count 等于 0 时，表明串为空状态，Empty 属性应指示 true 值，编码如下：

```
public bool Empty {
    get { return count == 0; }
}
```

当 count 等于 items.Length 时，表明串为满状态，Full 属性应指示 true 值，编码如下：

```
public bool Full {
    get { return count == items.Length; }
}
```

4. 获得或设置串的第 i 个字符值

将这两个操作通过定义一个读写型索引器成员予以实现，它提供以类似于访问数组的

方式访问串实例的机制。就像 C#的数组下标从 0 开始一样，我们用从 0 开始的索引参数 i 来指示串中字符的位置。

```
public char this[int i]{
    get{
        if(i>=0 && i<count)
            return items[i];
        else
            throw new IndexOutOfRangeException(
                "Index Out Of Range Exception in " + this.GetType() );
    }
    set{
        if(i>=0 && i<count)
            items[i] = value;
        else
            throw new IndexOutOfRangeException(
                "Index Out Of Range Exception in " + this.GetType() );
    }
}
```

5. 连接一个串与一个字符

方法 Concat(char c)将指定的字符 c 加入串对象的尾部。当串内部的数组 items 预分配的空间还未满时，将数组单元 items[count]的内容设置为字符 c，计数器 count 自加 1。如果串当前分配的存储空间已装满，在进行后续的操作前，需要调用本类中设计的一个私有方法 DoubleCapacity 重新分配更大的存储空间，并将原数组中的字符数据逐个拷贝到新数组。相应的编码如下：

```
public void Concat(char c) {
    if (Full)                               //串满扩容
        DoubleCapacity();
    this.items[count] = c;
    count++;
}
private void Double Capacity() {
    int len = Length;
    int capacity = 2 * items.Length;
    char[] copy = new char[capacity];
    for (int i = 0; i < len; i++)
        copy[i] = items[i];
    items = copy;
}
```

6. 连接两个串

方法 Concat(StringObject)连接两个串实例的内容，依次将参数指定的串的每个字符连接到当前串对象。也可通过对运算符"+"关于类 SequencedString 重载，连接两个串 str1 和 str2。这样两个串的连接操作可以表示为：

str1. Concat(str2);

或者表示为：

str3 = str1+ str2;

相应的实现编码如下：

```
public void Concat(SequencedString s2) {
    if (s2 ! = null) {
        for (int i = 0; i < s2.Length; i++)
            this.Concat(s2[i]);
    }
}
public static SequencedString operator +(SequencedString s1, Se-
    quencedString s2) {
    SequencedString newstr = new SequencedString (s1.Length +
        s2.Length + 8);
    newstr.Concat(s1);
    newstr.Concat(s2);
    return newstr;
}
```

7. 获取串的子串

Substring 方法返回当前串实例中从序号 i 开始的长度为 n 的子串。当前串对象的长度为 this. Length，i 与 n 应满足 $0 \leqslant i < i+n \leqslant$ this. Length，否则返回空串。

```
public SequencedString Substring(int i, int n) {
    int j = 0;
    if (i >= 0 && n > 0 && (i + n <= this.Length)) {
        SequencedString sub = new SequencedString(n * 2);
        while (j < n) {
            sub.items[j] =this.items[i + j];
            j++;
        }
        sub.count = j;
        return sub;
    }
    else {
```

```
        return null;
    }
}
```

8. 查找子串

IndexOf 方法在当前串实例中查找与参数 sub 指定的串有相同内容的子串，若查找成功，返回子串的序号，即子串在主串中首次出现时第一个字符的序号；如果当前串不包含子串 sub，则返回 -1。

子串的查找算法描述如图 6.2 所示。

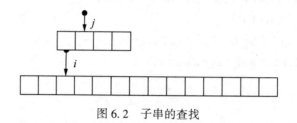

图 6.2　子串的查找

相应的编码如下：

```
public int IndexOf(SequencedString sub) {
    int i = 0, j; bool found = false;
    if (sub.Length == 0) return 0;
    while (i <= count - sub.Length) {
        j = 0;
        while (j < sub.Length && this.items[i + j] == sub[j]) j++;
        if (j == sub.Length) { found = true; break; }
        else i++;
    }
    if (found)
        return i;
    else
        return -1;
}
```

9. 输出串

Show 方法将字符串对象的内容显示在控制台，ToCharArray 方法将串对象的内容转化为一个字符数组，而重写（override）的 ToString 方法将这里定义的字符串类型转换为 C#内在的 string 类型。这两个辅助方法对于一个完整的类型定义是非常有用的。相应的编码如下：

```
public void Show() {
    for (int i = 0; i < count; i++) {
```

```
        Console.Write(items[i]);
    }
    Console.WriteLine();
}
public char[] ToCharArray() {
    char[] temp = new char[count];
    for (int i = 0; i < count; i++)
        temp[i] = items[i];
    return temp;
}
public override string ToString() {
    string s = new string(ToCharArray());
    return s;
}
```

10. 串的比较

将串类定义为可比较的类型，只需将串类定义为实现 IComparable 接口，这只需在 SequencedString 类的设计中，在方法 CompareTo 中具体定义串的比较。相应的编码如下：

```
public int CompareTo(object other) {
    if (this.Equals(other))
        return 0;
    SequencedString o = other as SequencedString;
    if (o == null)
        throw new ArgumentException("Not SequencedString");
    int c1 = this.Length;
    int c2 = o.Length;
    int result = 0;
    int c = c1 <= c2 ? c1 : c2;
    for (int i = 0; i < c && result == 0; i++) {
        result = items[i].CompareTo(o[i]);
    }
    if (result == 0) {
        if (c1 < c2)
            result = -1;
        else if (c1 > c2)
            result = 1;
    }
    return result;
}
```

6.2.3 串的其他操作的实现

对字符串的处理，除了需要前面实现的几种基本操作外，经常还需要插入、删除、替换、逆转等其他操作，这些操作都建立在基本操作之上，因此可以通过组合调用前面的基本操作来实现。

1. 串的插入

在字符串的指定位置插入另一个串，方法签名如下：

```
public SequencedString Insert(int i, SequencedString s2);
```

它将参数 s2 代表的串插入当前串实例的位置 i 处，i 应满足条件 $0 \leqslant i \leqslant this.Length$。该方法的实现算法描述如下：

（1）用 Substring 操作将当前串分成两个子串，前 i 个字符组成子串 sub1，后 Length$-i$ 个字符组成子串 sub2。

（2）再用 Concat 操作将 sub1、s2 和 sub2 依次连接起来构成一个新串 newstr。

串的插入操作过程描述如图 6.3 所示。

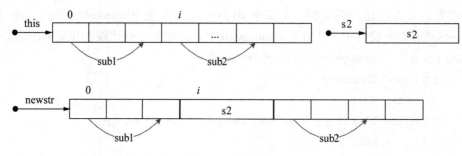

图 6.3 串的插入

串的插入算法的完整实现代码如下：

```
public SequencedString Insert(int i, SequencedString s2) {
    SequencedString sub1, sub2;
    sub1 = this.Substring(0, i);
    sub2 = this.Substring(i, this.Length - i);
    SequencedString newstr = new SequencedString(items.Length +
        s2.Length + 8);
    newstr.Concat(sub1);
    newstr.Concat(s2);
    newstr.Concat(sub2);
    return newstr;
}
```

在字符串的指定位置插入一个字符，方法签名如下：

```
public SequencedString Insert(int i, char c);
```

它将参数 c 代表的字符插入当前串实例的位置 i 处，i 应满足条件 $0 \leqslant i \leqslant$ this. Length。该方法的实现算法描述如下：

```
//将 c 插入主串第 i 位置处
public SequencedString Insert(int i, char c){
    SequencedString sub1, sub2;
    sub1 =this.Substring(0, i);
    sub2 =this.Substring(i, this.Length - i);
    SequencedString newstr = new SequencedString(items.Length + 8);
    newstr.Concat(sub1);
    newstr.Concat(c);
    newstr.Concat(sub2);
    return newstr;
}
```

2. 串的删除

删除串中指定位置开始的一段子串，方法签名如下：

```
public SequencedString Remove(int i, int n);
```

它删除当前串实例中从位置 i 开始的长度为 n 的子串，i 和 n 应满足条件 $0 \leqslant i \leqslant i+n \leqslant$ this. Length。该方法的实现算法描述如下：

（1）用 Substring 操作将当前串分成三个子串 sub1、sub2 和 sub3，前 i 个字符组成 sub1，从第 i 个字符开始的长度为 n 的子串 sub2，后 this. Length $- i - n$ 个字符组成 sub3。

（2）用 Concat 操作将 sub1 和 sub3 依次连接起来构成一个新串 newstr。

串的删除操作过程描述如图 6.4 所示。

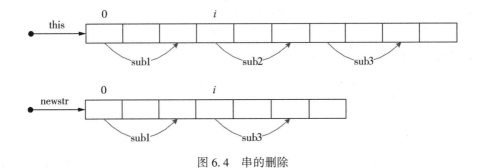

图 6.4　串的删除

串的删除算法的完整实现代码如下：

```
public SequencedString Remove(int i, int n){
    SequencedString sub1, sub2, sub3;
    sub1 =this.Substring(0, i);
    sub2 =this.Substring(i, n);
    sub3 =this.Substring(i + n, this.Length - i - n);
```

131

```
      SequencedString newstr = new SequencedString(items.Length);
      newstr.Concat(sub1);
      newstr.Concat(sub3);
      return newstr;
  }
```

3. 串的替换

将串中指定的子串(它在主串中的首次出现)替换成新的子串，方法签名如下：

```
public SequencedString Replace(SequencedString oldsub,
   SequencedString newsub);
```

它将当前串实例中 oldsub 子串的首次出现替换成 newsub 子串。该方法的实现算法描述如下：

(1) 用 IndexOf 操作找到 oldsub 子串在当前串实例中的位序 i。

(2) 用 Substring 操作将当前串实例分成三个子串 sub1、sub2 和 sub3，前 i 个字符组成子串 sub1，中间的子串 sub2 与参数 oldsub 串相同，它之后的子串组成 sub3。

(3) 用 Concat 操作将 sub1，newsub 和 sub3 依次连接起来构成一个新串 newstr。

串的替换操作过程描述如图 6.5 所示。

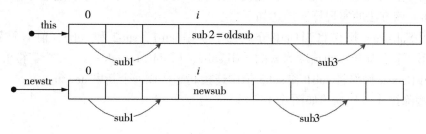

图 6.5　串的替换

串的替换算法的完整实现代码如下：

```
public SequencedString Replace(SequencedString oldsub, Sequenced
   String newsub) {
   int i, n;
   SequencedString sub1, sub3;
   SequencedString newstr = new SequencedString(items.Length +
      newsub.Length);
   i = this.IndexOf(oldsub);
   if (i != -1) {
      sub1 = this.Substring(0, i);
      n = oldsub.Length;
      sub3 = this.Substring(i + n, this.Length - i - n);
      newstr.Concat(sub1);
```

```
        newstr.Concat(newsub);
        newstr.Concat(sub3);
    }
    return newstr;
}
```

4. 串的逆转

将串中字符序列逆转，方法签名如下：

```
  public SequencedString Reverse();
```

逆转算法描述如下：

（1）初始化 newstr 为空串。

（2）初始设 i 为原串最后一个字符的位置

（3）进入循环，循环次数为串的长度。

取得串中的第 i 个字符 c。

用 Concat 操作将字符 c 连接到串 newstr 之后，i 自减 1。

串的逆转操作过程描述如图 6.6 所示。

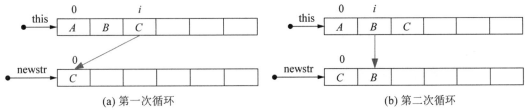

图 6.6　串的替换

串的逆转算法的完整实现代码如下：

```
  public SequencedString Reverse() {
      int i;
      SequencedString newstr = new SequencedString(items.Length);
      for (i = this.Length - 1; i >= 0; i--) {
          newstr.Concat(this.items[i]);
      }
      return newstr;
  }
```

6.3　串的链式存储结构及其实现

串的链式存储结构是指用链表的方式来存储串的内容。链式串的一种简单的实现方式是，链表的每个结点容纳一个字符，并指向后一个字符结点。在建立链式串时，按实际需

133

要分配存储，即在运行过程中动态地分配结点，每个结点的值是一个字符，串的链式存储结构如图 6.7 所示。

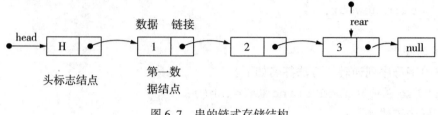

图 6.7 串的链式存储结构

图 6.7 中，串 s = "123"，其内容用单向链表存储，串长度为 3，相应的链表有 1 个头结点和 3 个数据结点，每个数据结点容纳一个字符。

6.3.1 串的链式存储结构的定义

实现串的链式存储结构，需要定义一个结点类，它与一般单向链表的结点类相似，只是数据元素的类型已确定为字符型。链式串的结点类 StringNode 声明如下：

```
public class StringNode {
    private char item;
    private StringNode next;
    public char Item {
        get { return item; }
        set { item = value; }
    }
    public StringNode Next {
        get { return next; }
        set { next = value; }
    }
    public StringNode(char c) {
        item = c;
        next = null;
    }
}
```

我们定义如下的 LinkedString 类来实现串的链式存储结构，该类声明如下：

```
public class LinkedString{
    private StringNode head, rear;        //单向链表的头结点、尾结点引用
    private int count = 0;                //记载串的实际长度
}
```

LinkedString 类用单向链表的方式实现串的链式存储结构，成员变量有 head、rear 和

count。count 表示串实例的长度，rear 指向单向链表的最后一个结点，head 指向单向链表的仅作为标志的头结点。头结点的数据域可以不存储任何信息，而该结点的链域存储对第一个数据结点的引用。若字符串为空，则头结点的链域为 null。

6.3.2 串的链式存储结构基本操作的实现

串的基本操作作为 LinkedString 类的属性和方法予以实现，下面分别描述实现这些操作的算法。

1. 串的初始化

用缺省的构造方法创建并初始化一个串对象，它创建一个仅包含头结点的空串。重载的带参数的构造方法可以构造含一个字符的串或以一个字符数组构造串。多种形式的构造方法编码如下：

```
public LinkedString(){
    head = new StringNode('>');
    rear = head;
    count = 0;
}
//构造一个字符的串
public LinkedString (char c): this(){
    StringNode q = new StringNode(c);
    this.rear.Next = q;
    this.rear = q;
    this.count = 1;
}
//以一个字符数组构造串
public LinkedString(char[] c): this(){
    StringNode p,q;
    p = this.rear;
    for(int i=0; i<c.Length; i++){
        q = new StringNode(c[i]);
        p.Next = q;
        p = q;
    }
    rear = p;
    count = c.Length;
}
```

2. 获取串的长度

该操作告知串包含的字符的个数。将该操作以类的属性成员 Length 来实现，相对于将它定义为成员方法显得更简洁。编码如下：

```
public int Length{
    get{ return count; }
}
```

3. 判断串状态是否为空

将这个测试操作定义为属性 Empty。当 count 等于 0 时，串为空状态，属性 Empty 返回值 true。相应的编码如下：

```
public bool Empty{
    get{ return count = = 0;}
}
```

LinkedString 类采用动态分配方式为每个结点分配内存空间，程序中可以认为系统所提供的可用空间足够的大，因此不必判断基于链表的串是否已满。如果系统空间已用完，无法分配新的存储单元，则产生运行时异常。

4. 获得或设置串的第 i 个字符值

将这两个操作通过定义一个读写型索引器成员予以实现，它提供对串对象进行类似于数组的访问。就像 C#的数组下标从 0 开始一样，我们用从 0 开始的索引参数 i 来指示串中字符的位置。

```
public char this[int i]{
    get{
        if(i>=0 && i<count){
            StringNode q = head.Next;
            int j = 0;
            while( j<i ){
                j++;
                q = q.Next;
            }
            return q.Item;
        }
        else
            throw new IndexOutOfRangeException(
                "Index Out Of Range Exception in " + this.GetType() );
    }
    set{
        if(i>=0 && i<count){
            StringNode q = head.Next;
            int j = 0;
            while(j<i){
                j++;
                q = q.Next;
```

```
            }
            q.Item = value;
        }
        else
            throw new IndexOutOfRangeException(
                "Index Out Of Range Exception in " + this.GetType() );
    }
}
```

5. 连接一个串与一个字符

方法 Concat(c)将指定的字符加入当前串对象的尾部。首先构造一个包含字符 c 的结点，加入串表尾，再更新表尾 rear 指向新结点，count 加 1。相应的编码如下：

```
public void Concat(char c){
    StringNode q = new StringNode(c);
    rear.Next = q;
    rear = q;
    count++;
}
```

6. 连接两个串

方法 Concat(s2)连接两个串对象，依次将参数 s2 指定的串实例的每个字符连接到本串实例上。也可通过对运算符"+"重载，连接两个串 s1 和 s2。这样两个串的连接可以表示为 s1. Concat(s2)，或者表示为：

LinkedString s3 = s1+ s2；

相应的编码如下：

```
public void Concat(LinkedString s2){
    if(s2! =null){
        StringNode q = s2.head.Next;
            while(q! =null) {
            this.Concat(q.Item);
            q = q.Next;
            }
        }
}
//重载运算符"+",连接两个串 s1 和 s2
public static LinkedString operator +(LinkedString s1, Linked
    String s2){
    LinkedString newstr = new LinkedString();
    newstr.Concat(s1); newstr.Concat(s2);
    return newstr;
```

137

}

7. 获取串的子串

Substring 方法返回串中从序号 i 开始的长度为 n 的子串。本串的长度为 this. Length，i 与 n 应满足 $0 \leqslant i < i+n \leqslant$ this. Length，否则返回空串。

```
public LinkedString Substring(int i,int n) {
    int j;
    StringNode q;
    if( i>=0 && n>0 && (i+n<=this.Length) ) {
        LinkedString sub = new LinkedString();
        j = 0;
        q = GetNode(i);
        while(j<n) {
            sub.Concat(q.Item);
            j++;
            q = q.Next;
        }
        return sub;
    }else
        return null;
}
```

GetNode 方法获得串的第 i 个结点。编码如下：

```
    public StringNode GetNode(int i){
    if(i>=0 && i<count){
        StringNode q = head.Next;
        int j = 0;
        while( j<i ){
            j++;
            q = q.Next;
        }
        return q;
    }
    else
        throw new IndexOutOfRangeException(
        "Index Out Of Range Exception in " + this.GetType() );
}
```

8. 查找子串

IndexOf(sub)方法在串中查找与串 sub 内容相同的子串，若查找成功，返回子串的序号，即子串在主串中首次出现时第一个字符的序号；若查找不成功，则返回 -1。子串的

查找算法描述参见图 6.2 所示, 相应的编码如下:

```
public int IndexOf(LinkedString sub){
    int i=0,j;
    bool found = false;
    StringNode q;
    if(sub.Length==0)
        return 0;
    while(i<=count-sub.Length){
        j = 0;
        q = GetNode(i);
        while(j<sub.Length && q.Item==sub[j]){
            j++;
            q = q.Next;
        }
        if(j==sub.Length){
            found = true;
            break;
        }
        else
            i++;
    }
    if(found)
        return i;
    else
        return -1;
}
```

9. 输出串

Show 方法将字符串对象的内容显示在控制台, 编码如下:

```
public void Show(){
    StringNode q = head.Next;
    while(q! =null){
        Console.Write(q.Item);
        q = q.Next;
    }
    Console.WriteLine();
}
```

ToCharArray 方法将字符串对象的内容转化为一个字符数组, 而重写(override) 的 ToString 方法将这里定义的字符串类型转换为 C#内在的 string 类型。这两个辅助方法对于一个完整的串类型是非常有用的，读者可以参考前面的 SequencedString 类来完成这两个方法的编码。

　　对串的插入、删除、替换、逆转等其他操作，都可以调用前面的操作予以实现，读者可以参考 SequencedString 类实现这些操作的方法，在 LinkedString 类中实现相应的操作，也可以尝试将 LinkedString 类设计为可比较的类型。

【例 6.3】LinkedString 串类的应用。

```
using System;
using DSA;
namespace stringstest {
    public class LinkedStringTest {
        public static void Main(string[] args){
            char[] a = {'H','e','l','l','o'};
            LinkedString s1 = new LinkedString(a);
            s1.Show();
            s1.Reverse().Show();
            char[] b = {'W','o','r','l','d'};
            LinkedString s2 = new LinkedString (b);
            LinkedString s0 = new LinkedString ();
            s0.Concat(s1);
            s0.Concat(' ');
            s0.Concat(s2);
            s0.Show();
            (s1 + s2).Show();
            Console.WriteLine("{0} at {1}, {2} at {3} of {4}",
                s1, s0.IndexOf(s1),s2,s0.IndexOf(s2),s0);
            LinkedString s3 = s0.Substring(s0.IndexOf(s2),
                s2.Length);
            s3.Show();
            char[] c = {'C','h','i','n','a'};
            LinkedString s4 = new String2(c);
            LinkedString s5 = s0.Replace(s2,s4);
            s5.Show();
            LinkedString s6 = s0.Remove(s1.Length+1,s4.Length);
            s5.Show();
        }
    }
}
```

程序运行结果如下:

```
Hello
olleH
Hello World
HelloWorld
Hello at 0, World at 6 of Hello World
World
Hello China
Hello
```

习题 6

6.1　写出 LinkedString 类中的构造方法以一个字符数组构造串:

public LinkedString(char[ ] c);

6.2　写出 LinkedString 类中实现查找字符操作的方法:

public int IndexOf(char c);

6.3　写出 LinkedString 类中实现插入操作的方法:

public LinkedString Insert(int i, LinkedString s2);

6.4　写出 LinkedString 类中实现删除操作的方法:

public LinkedString Remove(int i, int n);

6.5　写出 LinkedString 类中实现替换操作的方法:

public LinkedString Replace(LinkedString oldsub, LinkedString newsub);

6.6　写出 LinkedString 类中实现替换操作的方法:

public LinkedString Replace(char oldc, char newc);

6.7　编程实现寻找两个字符串中的最长公共子串的操作。

6.8　分别在 SequencedString 和 LinkedString 类中编程实现(重写)基类 Object 中定义的虚方法"ToString( )"的操作:

public override string ToString( );

6.9　设 string s = "datastructure", 则用表达式_____可以返回串中字符的个数, 其结果等于_____, 用 IndexOf 定位字符"t"的下标的表达式是_____, 其结果等于_____。表达式 s. Substring(4, 9)的值为_____。s 的非空子串的数目是_____。

第7章 数组与广义表

数组是一种基本而重要的数据集合类型，一个数组对象是由一组具有相同类型的数据元素组成的集合，数据元素按次序存储于一个地址连续的内存空间中。数组是其他数据结构实现顺序存储的基础，一维数组可以看作是一个顺序存储结构的线性表，二维数组则可视为数组的数组。一般采用二维数组存储矩阵，但这种方法存储特殊矩阵和稀疏矩阵的效率较低，需采用一些特殊方法进行压缩存储。

线性表结构可以具有弹性，既可以是简单的数组，也可以扩展为复杂的数据结构——广义表。

本章介绍数组、稀疏矩阵和广义表的基本概念，并详细讨论一维数组和二维数组的特性以及稀疏矩阵和广义表的存储结构。

本章在 Visual Studio 中用名为 matrix 的类库型项目实现有关数据结构的类型定义，用名为 matrixtest 的应用程序型项目实现相应类型数据结构的测试和演示程序。

7.1 数组

数组(array)是一种重要的基础性数据集合类型，是其他数据结构实现顺序存储的基础。一个数组对象是由一组相同类型的数据元素组成的集合，其元素的类型可以是简单的基本类型，也可以是复杂的用户自定义类型。各数组元素按次序存储于一个地址连续的内存空间中。某个数组元素在数组中的位置可以通过该元素的序号确定，这个序号称为数组元素的下标(index)，简称数组下标。为了物理上访问某数组元素，可以通过它的下标，再加上数组的起始地址，就可找到存放该元素的存储地址。逻辑上，数组可以看成二元组<下标，值>的集合，以后我们还会看到二元组<键，值>的集合(该类集合称为哈希表)。

数组下标的个数称为数组的维数，有一个下标的数组是一维数组，有两个下标的数组就是二维数组，依此类推。

7.1.1 一维数组

一维数组是由 $n(n>0)$ 个相同类型的数据元素 a_0，a_1，$\cdots$，a_{n-1} 构成的有限序列，其中 n 称为数组的长度。数组记作：

$$\text{Array} = \{ a_0, a_1, a_2, \cdots, a_{n-1} \}$$

数据元素依次占用一块地址连续的内存空间，每两个相邻数据元素之间都有直接前驱和直接后继的关系。当系统为一个数组分配内存空间时，会根据数组元素的类型、数组元素的个数确定下来数组所需空间的大小及其首地址。任意一个元素在序列中的位置可由其数组下标标识，通过数组名加下标的形式，可以访问数组中任一指定的数组元素。假设数组的首地址为 $\mathrm{Addr}(a_0)$，每个数据元素占用 c 个存储单元，则第 i 个数据元素的地址为：

$$\mathrm{Addr}(a_i) = \mathrm{Addr}(a_0) + i \times c$$

根据数组元素的下标就可计算出该元素的存储地址，因而可存取数组元素的值，并且该操作的复杂度是 $O(1)$，具有这种特性的存储结构称为随机存储结构。可见，数组是一种随机存储结构。

高级程序语言中存在两种为数组分配内存空间的方式：

(1)编译时分配数组空间：源程序中声明数组时给出数组元素类型和元素个数，编译程序为数组分配好存储空间。当程序开始运行时，数组即获得系统分配的一块地址连续的内存空间。

(2)运行时分配数组空间：源程序声明数组时，仅需说明数组元素类型，不指定数组长度。当程序运行中需要使用数组时，向系统申请指定长度数组所需的存储单元空间。当不再需要这个数组时，需要向系统归还所占用的内存空间。

在 C 语言中，以上两种方式都存在。例如，在 C 语言某个函数中，通过声明语句 int a[10]定义局部数组变量 a，并为数组 a 分配 10 个单元的内存空间。第二种方式的例子是，在某个函数中通过声明语句 int * a 将变量 a 定义为局部整型指针，再通过语句 a = (int *)malloc(10 * sizeof(int)) 向系统申请 10 个单元的内存空间。

在 C#语言中，数组都是在运行时分配所需空间。例如，通过语句 int[] a = new int[10]声明变量 a 为整型数组变量，并在程序运行时向系统申请 10 个单元的内存空间。

7.1.2 二维数组

1. 二维数组的概念

如果将数组及其元素的概念加以推广，就可得到所谓的多维数组。多维数组被视为数组的数组，其中的数组元素本身就是一个数组。例如，二维数组可以看作是元素为一维数组的数组，而三维数组可以看成是由二维数组组成的数组。n 维数组需要 n 个下标来确定具体元素的位置。

二维数组常用来表示一个矩阵：

$$A_{m \times n} = \begin{bmatrix} a_{0,0} & a_{0,1} & \cdots & a_{0,n-1} \\ a_{1,0} & a_{1,1} & \cdots & a_{1,n-1} \\ \vdots & \vdots & & \vdots \\ a_{m-1,0} & a_{m-1,1} & \cdots & a_{m-1,n-1} \end{bmatrix}$$

$A_{m \times n}$ 表示由 $m \times n$ 个元素 $a_{i,j}$ 组成的矩阵，可以看成是由 m 行一维数组组成的(行)数组，或是 n 列一维数组组成的(列)数组。

矩阵 $A_{m \times n}$ 也可以视为一种特殊的双重线性表，矩阵中的每个元素 $a_{i,j}$ 同时属于两个线性表：第 i 行的线性表和第 j 列的线性表。一般情况下，元素 $a_{i,j}$ 有 1 个行前驱 $a_{i-1,j}$ 和 1 个

列前驱 $a_{i,j-1}$ 以及 1 个行后继 $a_{i+1,j}$ 和 1 个列后继 $a_{i,j+1}$。矩阵的首元素 $a_{0,0}$ 没有前驱；矩阵的最后一个元素 $a_{m-1,n-1}$ 没有后继。矩阵边界上的元素 $a_{0,j}(j=0,1,\cdots,n-1)$ 只有列后继，没有列前驱；$a_{i,0}(i=0,1,\cdots,m-1)$ 只有行后继，没有行前驱；$a_{m-1,j}(j=0,1,\cdots,n-1)$ 只有列前驱，没有列后继；$a_{i,n-1}(i=0,1,\cdots,m-1)$ 只有行前驱，没有行后继。

2. 二维数组的顺序存储结构

可以有两种方式实现二维数组的顺序存储：一种是按行优先次序存储，或称行主序（row major order）存储；另一种是按列优先次序存储，或称列主序（column major order）存储。

假设每个数据元素占用 c 个存储单元，$\text{Addr}(a_{i,j})$ 为元素 $a_{i,j}$ 的存储地址，$\text{Addr}(a_{0,0})$ 为首元素 $a_{0,0}$ 的地址，也就是数组的起始地址。如果按行优先存储二维数组 $A_{m\times n}$，则元素 $a_{i,j}$ 的地址计算函数为：

$$\text{Addr}(a_{i,j}) = \text{Addr}(a_{0,0}) + (i\times n + j)\times c$$

如果按列优先存储数组，则元素 $a_{i,j}$ 的地址计算函数为：

$$\text{Addr}(a_{i,j}) = \text{Addr}(a_{0,0}) + (j\times m + i)\times c$$

在 Pascal、C、C++、C#和 Java 语言中，二维数组都是行优先存储；而在 FORTRAN 和 Matlab 语言中，二维数组都是列优先存储。

不管是以上哪种方式，存储地址与数组下标之间仍然存在着简单的线性关系，可见，二维数组的顺序存储结构也具有随机存储特性，对数组元素进行随机存取的时间复杂度为 $O(1)$。

3. 二维数组的遍历

遍历一种数据结构，就是按照某种次序访问该数据结构中的所有元素，并且每个数据元素恰好访问一次，这样将得到一个由所有数据元素组成的线性序列。

一维数组只有一种基本遍历次序，而二维数组则有两种基本遍历次序：行优先遍历和列优先遍历。

(1) 行优先次序遍历：对二维数组依行序逐行访问每个数据元素，得到的线性序列是将二维数组元素依次按行的一个排列，第 $i+1$ 行紧跟在第 i 行后面。对于二维数组 $A_{m\times n}$，行优先遍历可以得到如下线性序列：

$a_{0,0}, a_{0,1}, \cdots, a_{0,n-1}, a_{1,0}, a_{1,1}, \cdots, a_{1,n-1}, \cdots, a_{m-1,0}, a_{m-1,1}, \cdots, a_{m-1,n-1}$

(2) 列优先次序遍历：对二维数组依列序逐列访问每个数据元素，得到的线性序列是将二维数组元素依次按列的一个排列，第 $j+1$ 列紧跟在第 j 列后面。对于二维数组 $A_{m\times n}$，列优先遍历可以得到如下线性序列：

$a_{0,0}, a_{1,0}, \cdots, a_{m-1,0}, a_{0,1}, a_{1,1}, \cdots, a_{m-1,1}, \cdots, a_{0,n-1}, a_{1,n-1}, \cdots, a_{m-1,n-1}$

C#中的多维数组通过说明多个下标的形式来定义，例如：

```
int[,] items = new int[5,4];
```

C#中的二维数组按行优先顺序存储数组的元素。

7.1.3 在 C#中自定义矩阵类

在一些程序设计语言，如 C、C++和 C#中，都是用一维或二维数组来表示和处理矩阵，这种方法不够自然，有时显得烦琐。设计通用和专用的矩阵类对于矩阵数据的处理会带来升华。

【例 7.1】自定义矩阵类及矩阵的相加操作。

本例声明 Matrix 类来表示矩阵对象，类中成员 items 是一个元素类型为整型 int 的一维数组，成员变量 rows 记录矩阵的行数，成员变量 cols 记录矩阵的列数。设计了多个构造方法，以方便构造和初始化矩阵对象。Add( )方法实现与另一个矩阵的相加操作，类中对"+"运算符进行了重载，提供一种完成两个矩阵的相加操作的简洁形式。Transpose( )方法实现矩阵的转置操作。

程序如下：

```
public class Matrix{
    private int[] items;
    private int rows, cols;
    public Matrix(int nRows,int nCols) {
        rows = nRows; cols = nCols;
        items = newint[rows * cols];
    }
    public Matrix(int nSize): this(nSize, nSize) {}
    public Matrix(): this(1){}
    public Matrix(int nRows,int nCols,int[] mat) {
        rows = nRows; cols = nCols;
        items = new int[rows * cols];
        Array.Copy(mat, items, mat.Length);
    }
    public Matrix(Matrix omat) {
        rows = omat.Rows; cols = omat.Columns;
        int size = rows * cols;
        items = newint[size];
        Array.Copy(omat.items, this.items, size);
    }
    public int Rows {
        get{return rows;}
    }
    public int Columns {
        get{return cols;}
    }
    //获得或设置第 i 行第 j 列的元素
    public int this[int i, int j]{
        get{return items[i * cols+j];}
```

145

```
        set{ items[i*cols+j] = value;}
    }
    //两个矩阵相加
    public void Add(Matrix b){
      for(int i=0;i<Rows;i++)
       for(int j=0;j<Columns;j++)
         items[i*cols+j] +=  b[i,j];
    }
    //"+"运算符重载
    public static Matrix operator +(Matrix a, Matrix b){
      Matrix c = new Matrix(a.Rows,a.Columns);
      for(int i=0;i<a.Rows;i++)
        for(int j=0;j<a.Columns;j++)
          c[i,j] = a[i,j] + b[i,j];
      return c;
    }
    public void Transpose() {
        Matrix trans = new Matrix(Columns,Rows);
        int t = 0;
        for (int i = 0; i < Rows; i++) {
            for (int j = i+1; j < Columns; j++) {
                t = this[i, j];
                this[i, j] = this[j, i];
                this[j, i] = t;
            }
        }
    }
    //遍历,输出各元素值
    public void Show() {
        int i, j;
        for (i = 0; i < Rows; i++) {
            for (j = 0; j < Columns; j++)
                Console.Write(" " + items[i * Columns + j]);
            Console.WriteLine();
        }
        Console.WriteLine();
    }
}
```

　　Matrix 类定义在 Matrix. cs 源文件中，同样也声明为 DSA 命名空间中的类(与其他章节一致)；源程序 MatrixTest. cs(定义在 matrixtest 项目中，因而缺省处在 matrixtest 命名空间中)，引用在 DSA 命名空间中定义的 Matrix 类定义两个矩阵 a 和 b，并进行加法运算以及转置操作。程序如下：

```
using System; using DSA;
namespace matrixtest {
  class MatrixTest {
    public static void Main(string[] args) {
      int[ ]  m1 = {1,2,3,4,5,6,7,8,9};
      Matrix a = new Matrix(3, 3, m1);a.Show();
      int[ ]  m2 = {1,0,0,0,1,0,0,0,1};
      Matrix b = new Matrix(3, 3, m2);b.Show();
      a.Add(b);a.Show();
      Matrix c = a + b;c.Show();
      c.Transpose();
      Matrix d = newMatrix(c);
      d.Show();
    }
  }
}
```

程序运行结果如下：
```
1 2 3
4 5 6
7 8 9

1 0 0
0 1 0
0 0 1

2 2 3
4 6 6
7 8 10

3 2 3
4 7 6
7 8 11

3 4 7
```

```
2 7 8
3 6 11
```

7.2　稀疏矩阵

在科学与工程计算中经常出现一些阶数很高的矩阵，在这类矩阵中常常存在许多零元素或值相同的元素，如果对这类矩阵按常规方法存储，就会占用很大的存储空间并有较多的信息冗余。在这类应用中，应该采用特殊方式进行压缩存储以节省存储空间。

设矩阵 $A_{m \times n}$ 中有 t 个非零元素，则矩阵中非零元素所占比例为 $\delta = t/(m \times n)$，当 $\delta \leqslant 0.1$ 时，称这类矩阵为稀疏矩阵（sparse matrix）。

在存储稀疏矩阵时，如果仍然用顺序存储的方法将每个元素都存储起来，就会占用许多存储空间去存储重复的零值，这无疑会造成存储空间的浪费。为了节省存储空间，可以采用只存储其中的非零元素的压缩存储方式。这种压缩存储方式，可以压缩掉重复的零元素的存储空间，但可能也会失去数组的随机存取特性。

当矩阵中有很多零元素且非零元素具有某种分布规律时，可以只对非零元素进行顺序存储，此时仍可以对元素进行随机存取。例如，下三角矩阵

$$A_{m \times n} = \begin{bmatrix} a_{0,0} & 0 & \cdots & 0 \\ a_{1,0} & a_{1,1} & \cdots & 0 \\ \vdots & \vdots & & \vdots \\ a_{m-1,0} & a_{m-1,1} & \cdots & a_{m-1,n-1} \end{bmatrix}$$

当 $i<j$ 时，上三角元素 $a_{i,j}=0$。如果按行优先次序遍历矩阵中的下三角元素，便可得到如下的线性序列：

$$a_{0,0}, a_{1,0}, a_{1,1}, \cdots, a_{m-1,1}, a_{m-1,1}, \cdots, a_{m-1,n-1}$$

如果按行优先次序只将矩阵中的下三角元素顺序存储，第 0 行到第 $i-1(i \geqslant 1)$ 行元素的个数为：

$$\sum_{k=0}^{i-1} (k+1) = \frac{i(i+1)}{2}$$

因此，元素 $a_{i,j}(i \geqslant j)$ 的地址可用下式计算：

$$\mathrm{Addr}(a_{i,j}) = \mathrm{Addr}(a_{0,0}) + \left[\frac{i(i+1)}{2} + j \right] \times c, \qquad 0 \leqslant j \leqslant i \leqslant n-1$$

当矩阵中大多数元素值为零且非零元素的分布没有规律时，可以用顺序存储结构或链式存储结构存储表示非零元素的三元组。

7.2.1　稀疏矩阵的三元组

稀疏矩阵的一个非零元素可以由一个三元组<行下标，列下标，矩阵元素值>来表示，一个稀疏矩阵则可以用它的三元组集合表示。例如，稀疏矩阵

$$A = \begin{bmatrix} 1 & 0 & 0 & 0 \\ 0 & 0 & 0 & 0 \\ 2 & 0 & 0 & 3 \\ 0 & 4 & 0 & 5 \end{bmatrix}$$

可以用三元组序列表示为：

{{0, 0, 1}, {2, 0, 2}, {2, 3, 3}, {3, 1, 4}, {3, 3, 5}}

如果只存储稀疏矩阵的三元组集合，也就是只存储矩阵中的非零元素，就可以达到压缩存储稀疏矩阵的目的。稀疏矩阵的三元组集合可以用顺序存储结构和链式存储结构两种方法实现。

7.2.2 稀疏矩阵三元组集合的顺序存储结构

稀疏矩阵三元组集合的顺序存储结构是将表示稀疏矩阵非零元素的三元组，按照行优先（或列优先）的原则，依次存储在一个占据连续存储空间的数组中，该数组元素的类型为稀疏矩阵三元组，每个稀疏矩阵非零元素三元组对应于该数组中的一个元素。例如，对于稀疏矩阵 A 三元组序列{{0, 0, 1}, {2, 0, 2}, {2, 3, 3}, {3, 1, 4}, {3, 3, 5}}，其顺序存储结构如表7.1所示。

表7.1 　　　　　　　　　　　　　稀疏矩阵三元组的顺序存储结构

三元组数组下标	行下标	列下标	数据元素值
0	0	0	1
1	2	0	2
2	2	3	3
3	3	1	4
4	3	3	5

1. 稀疏矩阵的顺序存储结构三元组类

为描述顺序存储结构的稀疏矩阵中表示非零元素的三元组，定义如下 TripleEntry 类：

```
namespace DSA{
    public class TripleEntry {
    private int row;              //行下标
    private int column;           //列下标
    private int data;             //值
    public TripleEntry(int i, int j, int k) {
        row = i;
        column = j;
        data = k;
    }
```

```
public TripleEntry() : this(0, 0, 1) { }
public int Row {get { return row; }set { row = value; }}
public int Column {get { return column; }set { column = value; }}
public int Data {get { return data; }set { data = value; }}
//输出一个元素的三元组值
public void Show() {
Console.WriteLine("r: " + row + "\tc: " + column + "\tv: " + data);
}
}
}
```

用 TripleEntry 类型定义的实例表示稀疏矩阵的一个三元组，用来记录稀疏矩阵中的一个非零元素的行列位置及其值。

2. 基于三元组顺序存储结构的稀疏矩阵类

下面声明的 SSparseMatrix 类表示基于三元组顺序存储结构的稀疏矩阵对象。

```
using System;  using System.Collections.Generic;
namespace DSA{
    public class SSparseMatrix{
        private int rows, cols;
        protected List<TripleEntry> items;              //三元组线性表
        public int Rows { get { return rows; } set { rows = value; } }
        public int Columns { get { return cols; } set { cols = value; } }
        public SSparseMatrix(int[,] mat){
            Console.WriteLine("稀疏矩阵(二维数组):");
            rows = mat.GetLength(0);cols = mat.GetLength(1);
            items = new List<TripleEntry>();
            for (int i = 0; i < rows; i++) {
                for (int j = 0; j < cols; j++) {
                Console.Write("   " + mat[i,j]);
                  if(mat[i,j]! =0) {
                    items.Add( new TripleEntry(i,j,mat[i,j]) );
                  }
                }
                Console.WriteLine();
            }
        }
        //输出一个稀疏矩阵中所有元素的三元组值
        publicvoid Show(){
            Console.WriteLine( "{0}×{1} 稀疏矩阵三元组的顺序表示:",
```

```
                      rows,cols);
        Console.WriteLine("\t 行下标 \t 列下标 \t 值");
        for(int i=0; i<items.Count; i++){
            Console.Write("items["+i+"] = ");
            items[i].Show();
        }
    }
}
```

在 SSparseMatrix 类中，成员 items 是一个用线性表表示的动态数组，元素类型为三元组 TripleEntry 类。稀疏矩阵 SSparseMatrix 类的构造方法将一个常规稀疏矩阵(二维数组)转换成三元组的顺序存储结构表示法。

三元组 TripleEntry 类和稀疏矩阵 SSparseMatrix 类中都定义了成员 Show ( )方法。TripleEntry 类中的 Show ( )方法输出一个矩阵元素的三元组值，SSparseMatrix 类中的 Show ( )方法输出一个稀疏矩阵中所有的三元组，其中每个非零元素均调用 TripleEntry 类的 Show ( )方法输出一个三元组值。

【例 7.2】测试基于三元组顺序存储结构的稀疏矩阵类。

下面的程序利用声明在 DSA 命名空间中的类 SSparseMatrix 实现稀疏矩阵三元组的顺序存储结构，SSparseMatrixTest. cs 源程序定义在 matrixtest 项目中，因而缺省处在 matrixtest 命名空间中。程序如下：

```
using System; using DSA;
namespace matrixtest {
    public class SSparseMatrixTest {
        public static void Main(string[] args) {
            //稀疏矩阵
            int[,] mat = {{1,0,0,0}, { 0,0,0,0},
                {2,0,7,0},{0,0,8,9}};
            SSparseMatrix ssm = new SSparseMatrix(mat);
            ssm.Show();
        }
    }
}
```

程序运行结果如下：
稀疏矩阵(二维数组)：

```
  1  0  0  0
  0  0  0  0
  2  0  0  3
  0  4  0  5
```

4×4 稀疏矩阵三元组的顺序表示:

	行下标	列下标	值
items[0] =	r:0	c:0	v:1
items[1] =	r:2	c:0	v:2
items[2] =	r:2	c:3	v:3
items[3] =	r:3	c:1	v:4
items[4] =	r:3	c:3	v:5

在上面的三元组顺序存储结构稀疏矩阵的实现中,我们用一个动态数组(线性表)保存稀疏矩阵的非零元素三元组序列,它适合于非零元素的数目发生变化的情况。可以看到,顺序存储结构的稀疏矩阵结构简单,但插入、删除操作不方便。若矩阵元素的值发生变化,一个值为零的元素变为非零元素,就要向线性表中插入一个三元组;若非零元素变成零元素,就要从线性表中删除一个三元组。为了保持线性表元素间的相对次序,进行插入和删除操作时,就必须移动其他元素。这方面的不足可以通过采用后一节将介绍的三元组链式存储结构加以克服。

7.2.3 稀疏矩阵三元组集合的链式存储结构

稀疏矩阵的三元组集合可以用几种方式的链式存储结构来表示,例如,基于行的单链的表示、基于列的单链的表示和十字链表示等方法。下面介绍基于行的单链的方法来存储稀疏矩阵的三元组集合。

将稀疏矩阵每一行上的非零元素作为结点链接成一个单向链表,而用一个数组记录这些链表,从上到下,数组的元素依次指向各行所对应的链表的第一个数据结点。对于前述稀疏矩阵 **A**,其基于行的单链表示如图 7.1 所示。

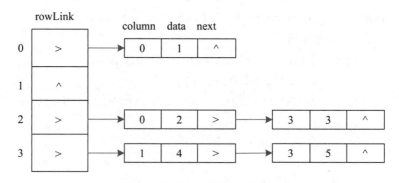

图 7.1 稀疏矩阵的行的单链表示

为了以行的单链表示法描述稀疏矩阵,可以声明如下的两个类:三元组结点类 LinkedTriple 和链式存储结构稀疏矩阵类 LSparseMatrix。

```
namespace DSA{
    public class LinkedTriple {
```

```
private int column;      //列下标
private int data;        //值
private LinkedTriple next;
public int Column {get { return column; }
                      set { column = value; } }
public int Data { get { return data; } set { data = value; } }
public LinkedTriple Next { get { return next; } set { next =
    value; }}
public LinkedTriple(int i, int k) {
    column = i;
    data =k;
    next =null;
}
public LinkedTriple(): this(0, 1) { }
//输出当前元素的三元组值,并传导输出当前行的下一个三元组
public void Show() {
    LinkedTriple p = this;
    while (p ! = null) {
        Console.Write(" " + p.Column + " " + p.Data + " -> ");
        p = p.Next;
    }
    Console.WriteLine(".");
}
    }
}
}
```

三元组结点类 LinkedTriple 定义链表结点的类型，它由 3 个成员组成：column(列下标)、data(值)和 next(用来引用后继结点)。一个 LinkedTriple 类型的对象表示链表中的一个结点，对应于稀疏矩阵中的一个非零元素。LinkedTriple 类中的 Show() 方法输出当前结点及当前结点后链接的其他结点的值。

下面定义的 LSparseMatrix 类实现稀疏矩阵的行单链表示，它的成员 rowLink 是一个数组，其元素类型为 LinkedTriple，rowLink 数组的元素依次存放每条链表第 1 个结点的引用。

LSparseMatrix 稀疏矩阵类的一个构造方法将一个用二维数组表示的常规矩阵转换成行的单链表示，Show() 方法依次输出稀疏矩阵各行链表中的全部结点，即非零元素的位置和值。

```
namespace DSA{
  public class LSparseMatrix {
    LinkedTriple[ ] rowLink;
```

```
    private int rows, cols;
    public int Rows { get { return rows; } set { rows = value; } }
    public int Columns { get { return cols; } set { cols = value; } }
    public LSparseMatrix(int[,] mat) {
        rows = mat.GetLength(0);
        cols = mat.GetLength(1);
        rowLink = newLinkedTriple[rows];
        int i,j;
        LinkedTriple p = null, q;
        for (i = 0; i < rows; i++) {
          p = rowLink[i];
          for (j = 0; j < cols; j++) {
              if( mat[i,j]! =0 ){
                q = newLinkedTriple(j, mat[i,j]);
                if ( p==null )
                  rowLink[i] = q; //rowLink 数组存放链表第 1 个结点的引用
                else
                  p.Next = q;
                p = q;
                }
            }
        }
    }
    public void Show(){
      int i;
      Console.WriteLine( "{0}×{1}稀疏矩阵行的单链表示:",rows,cols);
      for (i = 0; i < rows; i++) {
        Console.Write( "Row Triples["+i+"] = ");
        if(rowLink[i]! =null)
          rowLink[i].Show();
        else
          Console.WriteLine( ".");
        }
    }
}          //end of class
}          //end of namespace
```

【例 7.3】基于行单链的稀疏矩阵实现。

下面的程序调用 LSparseMatrix 类实现稀疏矩阵行的单链表示。

```
using System; using DSA;
namespace matrixtest {
    public class LSparseMatrixTest {
        public static void Main(string[] args) {
            int[,] mat = {{1,0,0,0}, {0,0,0,0}, {2,0,0,3}, {0,4,0,5}};
            LSparseMatrix lsm = new LSparseMatrix(mat);
            lsm.Show();
        }
    }
}
```

程序运行结果如下：

4×4 稀疏矩阵行的单链表示：

```
Row Triples[0] =  0 1 -> .
Row Triples[1] = .
Row Triples[2] =  0 2 ->  3 3 -> .
Row Triples[3] =  1 4 ->  3 5 -> .
```

在基于行单链的稀疏矩阵的实现中，存取一个元素的时间复杂度为 $O(n)$，其中 n 为矩阵的列数。按行的单链表示的稀疏矩阵，每个结点可以很容易地找到行方向上的后继结点，但不能直接找到列方向上的后继结点。将行的单链表示和列的单链表示结合起来存储稀疏矩阵的十字链表示方法，可以带来更大的灵活性。

7.3 广义表

7.3.1 广义表的概念及定义

线性表结构可以是简单的数组，也可以扩展为复杂的数据结构——广义表（general list）。广义表是 $n(n \geqslant 0)$ 个数据元素 a_0, a_1, …, a_{n-1} 组成的有限序列，记为：

$$\text{GeneralList} = \{a_0, a_1, \cdots, a_{n-1}\}$$

与第 3 章介绍的普通线性表不同，这里的广义表在结构复杂性上可以进行扩展。元素 a_i 可以是称为原子的、不可再分的单元素，也可以是还可再分的线性表或广义表，这些可再分的元素称作子表。广义表所包含的数据元素的个数 n 称为广义表的长度，当 $n = 0$ 时的广义表为空表。

广义表的元素或为原子或为子表，为了便于区分，在下面的描述中用小写字母表示原子，用大写字母表示表和子表。例如：

L1 = ( )：L1 为空表，长度为 0。

L2 = (L1) = (( ))：广义表 L2 包含一个子表元素 L1，L2 的长度为 1。

L = (1, 2)：常规线性表 L 包含两个（原子）元素，表的长度为 2。

T = (3, L) = (3, (1, 2))：广义表 T 包含（原子）元素 3 和子表元素 L，T 的长度为 2。

G=(4, L, T)=(4, (1, 2), (3, (1, 2)))：广义表 G 包含元素 4、子表 L 和 T，G 的长度为 3。

Z=(e, Z)=(e, (e, (e, (…))))：广义表 Z 包含元素 e 和子表 Z，Z 是一个递归表，最外层表的长度为 2。

在上面的例子中，L1、L2、L 和 Z 等分别是各广义表变量的名字，简称表名。在表示广义表时，可以将表名写在对应的括号前，这样既标明了每个表的名字，又说明了它的组成，于是在上面的示例中的各表又可以表示成：

L1( )，L2 (L1( ))，L(1, 2)，T(3, L (1, 2))，G(4, L(1, 2), T(3, L(1, 2)))，Z(e, Z (e, Z(e, Z(…))))

由上面的定义可见，广义表可以表示多层次的结构，它是用递归的方式进行定义的。广义表层次的深度即是广义表的深度。在前面的例子中，各个广义表的深度等于表中所含括号的层数。例如，表 L 的深度为 1，表 T 的深度为 2，表 G 的深度为 3。容易看出，空表的深度为 1，原子的深度为 0。

如果广义表的某个子表元素是其自身，如前面例子中的广义表 Z，则称该广义表为递归表。递归表的长度是有限值，深度却可能是无穷值。

7.3.2 广义表的特性和操作

1. 广义表的特性

(1)广义表可作为其他广义表的子表元素。例如在前面的例子中，广义表 L 分别是广义表 T 和 G 不同层次上的元素，我们称表 T 和 G 共享子表 L，共享可通过引用实现。在算法中，通过子表的引用，可以避免在母表中重复列出子表的值，这样就利用了广义表的共享特性，达到减少存储结构中的数据冗余和节约存储空间的目的。

(2)广义表是一种多层次的结构。广义表中的元素可以是广义子表，因此广义表可以表示线性表、树和图等多种基本的数据结构。树结构和图结构都是某种多层次的结构，有关它们的基本概念将在以后的章节中介绍，这里仅指出，当广义表的数据元素中包含子表时，该广义表就是一种多层次的结构。

如果限制广义表中成分的共享和递归，所得到的结构就是树结构，树中的叶结点对应广义表中的原子，非叶结点对应子表。例如 T(3, L (1, 2))表示一种树形的层次结构。

(3)广义表是一种广义的线性结构。广义表同一层次的数据元素之间有着固定的相对次序，是线性关系，如同普通线性表。线性表是广义表的特例，而广义表则是线性表的扩展，当广义表的数据元素全部是原子时，该广义表就是线性表。例如，广义表 L(1, 2)其实已简化为一个线性表。

(4)广义表可以递归。广义表中如果有共享或递归成分的子表，就会演变为图结构。

通常将与树结构对应的广义表称为纯表，将允许数据元素共享的广义表称为再入表，将允许递归的广义表成为递归表，它们之间的关系满足：

递归表⊃再入表⊃纯表⊃线性表

2. 广义表的操作

广义表具有弹性，用广义表的形式可以表示线性表、树和图等多种基本的数据结构，因此广义表的操作既包括与线性表、树和图等数据结构类似的基本操作，也包括一些特殊操作，主要有：

Initialize：初始化，建立一个广义表。

IsAtom：判别某数据元素是否为原子。

IsList：判别某数据元素是否为子表。

Insert：插入，在广义表中插入一个数据元素(原子或子表)。

Remove：删除，从广义表中删除一个数据元素(原子或子表)。

Equals：判别两个广义表是否相等。

Copy：复制，复制一个广义表。

7.3.3 广义表的图形表示

用广义表的形式可以表达线性表、树和图等基本的数据结构，这些数据结构可以分别与相应的有向图建立对应关系。在这种对应中，主表对应于树的根结点或图的起始结点，广义表中的各数据元素依次对应于与根结点相邻接的各结点，如果某个数据元素是原子，则对应的结点称为原子结点；如果某元素是子表，则可继续上述对应过程来处理，直到所有层次。广义表和有向图之间的这种对应关系构成了广义表的图形表示。

用广义表的形式表达线性表、树和图等基本的数据结构如图 7.2 所示。

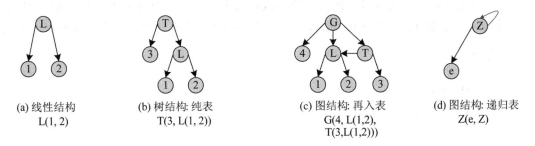

(a) 线性结构　　　　(b) 树结构: 纯表　　　(c) 图结构: 再入表　　(d) 图结构: 递归表
L(1, 2)　　　　　T(3, L(1, 2))　　　G(4, L(1,2),　　　　Z(e, Z)
　　　　　　　　　　　　　　　　　　T(3,L(1,2)))

图 7.2　广义表表示的多种结构对应的图形表示

在图 7.2 中可见，线性表、树和图结构具有以下特性：

(1)广义表 L(1, 2)的数据元素全部是原子，元素对应的结点都是原子结点，该广义表为具有线性特性的线性表。

(2)广义表 T(3, L)的数据元素中有原子，也有子表，但表中不存在共享和递归成分，该广义表为具有树结构特性的纯表。原子元素用叶结点表示，子表用分枝结点表示。

(3)广义表 G(4, L, T)的数据元素中有子表，并且表中有共享成分，该广义表为具有图结构特性的再入表。

(4)广义表 Z(e, Z)的数据元素中有子表且有递归成分，该广义表为具有图结构特性的递归表。

7.3.4　广义表的存储结构

具有线性特性的普通线性表有顺序存储结构和链式存储结构两种实现方式，具有层次结构的广义表则通常采用链式存储结构。本章简要说明广义表链式存储结构的一般方法，有关树结构和图结构的存储表示的专门问题将在相关章节中讨论。

1. 基于单链表示的广义表

广义表可以用单向链表结构存储。单向广义链表的每个结点由如下 3 个域组成：

```
public class GSLinkedNode{
    public bool isAtom;
    public object data;
    public GSLinkedNode next;
    其他成员
}
```

域 isAtom 是一个标志域，表示数据元素(结点)是否为原子，当 isAtom 等于 true 时，表明当前结点为原子，data 存放当前原子结点的数据值；当 isAtom 等于 false 时，表明当前结点为子表，data 存放子表中第一个数据元素所对应结点的引用。next 成员存放与当前数据元素处于同层的下一个数据元素所对应结点的引用，当本数据元素是所在层的最后一个数据元素时，next 为 null。用单链方式表示的再入表和递归表如图 7.3 所示。

当广义表中有共享成分时，被共享的结点只需出现一次，但可能被重复引用。例如，表 G 中有子表 L 和 T，而 T 中也有子表 L，所以在图中子表 L 的结点被引用了两次，表 G 是再入表。

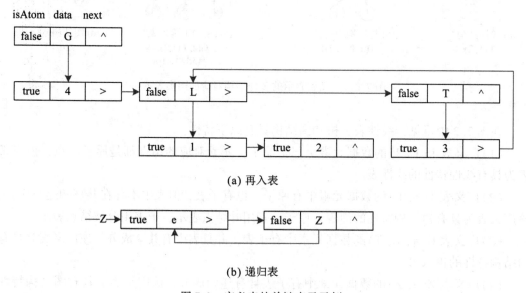

(a) 再入表

(b) 递归表

图 7.3　广义表的单链表示示例

2. 基于双链表示的广义表

广义表也可以用双向链表结构存储。双向广义链表的每个结点由如下 3 个域组成：

```
public class GDLinkedNode<T>{
    public T data;
    public GDLinkedNode<T> child;
    public GDLinkedNode<T> next;
    其他成员
}
```

域 data 存放数据元素信息，域 child 是子表中第一个数据元素所对应结点的引用，next 则引用与本数据元素处于同层的下一个数据元素所对应的结点。当本数据元素是所在层的最后一个数据元素时，next 为 null。如果域 child 为 null，则表明本结点是原子结点。用双链方式表示的再入表和递归表如图 7.4 所示。

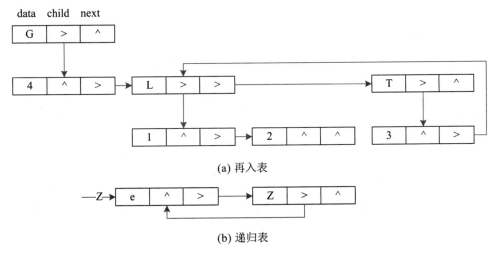

(a) 再入表

(b) 递归表

图 7.4　广义表的双链表示示例

习题 7

7.1　在二维矩阵 Matrix 类中增加下列功能：

(1)求一个矩阵的转置矩阵，方法声明为：

public void Transpose( );

(2)两个矩阵相减，方法声明为：

public void Substract(Matrix b);

(3)两个矩阵相乘，方法声明为：

public void Multiply(Matrix b);

7.2　在表示稀疏矩阵的三元组顺序存储结构 SSparseMatrix 类中，增加以下功能：

（1）稀疏矩阵的转置矩阵。

（2）两个稀疏矩阵相加。

（3）两个稀疏矩阵相乘。

7.3　在表示稀疏矩阵的三元组行单链 LSparseMatrix 类中，增加以下功能：

（1）稀疏矩阵的转置矩阵。

（2）两个稀疏矩阵相加。

（3）两个稀疏矩阵相乘。

7.4　定义用双链表示的广义表的结点类与广义表类。

第 8 章 树与二叉树

树结构是数据元素之间具有层次关系的非线性数据结构，这种层次关系类似于自然界中的树，树的树根、枝杈和叶子分别对应于层次结构的起源、分支和分支终点。树结构可以分为无序树和有序树两种类型，有序树中最常用的是二叉树，其每个结点最多只有两个可分左右的子树。

本章介绍具有层次关系的树和二叉树数据结构，重点讨论二叉树的性质、存储结构和遍历算法，并介绍线索二叉树的定义和相关操作的实现算法。

本章在 Visual Studio 中用名为 trees 的类库型项目实现有关数据结构的类型定义，用名为 treetest 的应用程序型项目实现对这些数据结构的测试和演示程序。

8.1 树的定义与基本术语

现实世界中的很多对象之间具有层次关系，如家族成员、企业的管理部门、计算机的文件系统等。这种层次关系类似于自然界中的树，树的树根、枝杈和叶子分别对应于层次结构的起源、分支和分支终点。Windows、Linux 等主流操作系统的文件系统就是一个树型结构的数据结构，根目录是文件(目录)树的根结点，子目录(文件夹)是树中的分支结点，文件是树的叶子结点。这些客观对象的表现形式可能多种多样，但在其对象成员的关系上，都可以用树结构来抽象描述，一个用树结构描述的家谱如图 8.1 所示。在树结构中，除根结点没有前驱元素外，每个数据元素都只有一个前驱元素，但可以有零个或若干个后继元素。

8.1.1 树的定义和表示

树(tree)可以用递归形式来定义：树 T 是由 $n(n \geqslant 0)$ 个结点组成的有限集合，它或者是棵空树，或者包含一个根结点和零或若干棵互不相交的子树。

结点个数为零，即 $n=0$ 时，称为空树；结点数 $n>0$ 时，树 T 由一个根结点和零或若干棵互不相交的子树构成。

一棵非空树 T 具有以下特点：

(1)树 T 有一个特殊的结点，它没有前驱结点，这个结点称为树的根结点(root)。

(2)当树的结点数 $n>1$ 时，根结点之外的其他结点可分为 $m(m \geqslant 1)$ 个互不相交的集合 T_1，T_2，…，T_m，其中每个集合 $T_i(1 \leqslant i \leqslant m)$ 具有与树 T 相同的树结构，称为子树(subtree)。每棵子树的根结点有且仅有一个直接前驱结点，但可以有零或多个直接后继

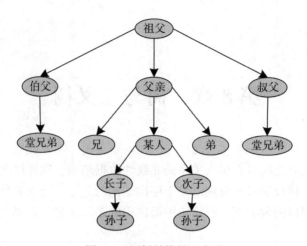

图 8.1 用树结构描述家谱

结点。

图 8.2 显示了两种树的典型结构。在图 8.2(a)中，结点数 $n=1$，树中只有一个结点 A，它就是树的根结点。在图 8.2(b)中，结点数 $n=10$，A 为树的根结点，其他结点则分别在 A 的子树 T_1、T_2 和 T_3 中，其中 $T_1=\{B,C,D\}$，$T_2=\{E,F,G,F\}$，$T_3=\{I,J\}$，子树的根分别为 B、E 和 I，可见树中每个结点都是该树中某一棵子树的根。

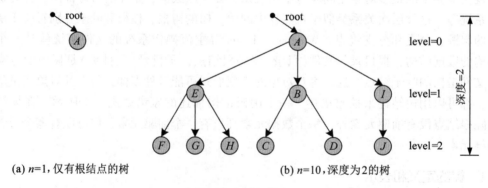

(a) $n=1$，仅有根结点的树   (b) $n=10$，深度为2的树

图 8.2 树与结点

树可以分为无序树(unorderd tree)与有序树(orderd tree)。在无序树中，结点的子树 T_1，T_2，…，T_m 之间没有次序关系。如果树中结点的子树 T_1，T_2，…，T_m 从左至右是有次序的，则称该树为有序树。通常所说的树结构指的是无序树。

若干棵互不相交的树的集合称为森林(forest)。给森林加上一个根结点就变成一棵树。将树的根结点删除就变成由子树组成的森林。

树结构可以用如图 8.2 所示的树图形表示，这种图示法比较直观，但有时显得不方便。也可以用广义表的形式表示树结构。例如，图 8.2(b) 所示树的广义表表示形式为：

$A(B(C，D)，E(F，G，H)，I(J))$。

表示树结构的广义表没有共享和递归成分，是一种纯表。广义表中的原子对应于树的叶结点，树的非叶结点则用子表结构表示。

8.1.2　树的基本术语

家谱可以用树结构来描述，而与树结构有关的一些基本术语也常用家族成员之间的关系来定义与说明。

1. 结点(node)

结点表示树集合中的一个数据元素，例如，图8.2(a)表示一棵仅有1个结点的树，图8.2(b)表示一棵具有10个结点的树。树的结点一般由对应元素自身的数据和指向其子结点的指针构成。

2. 子结点(child node)与父结点(parent node)

若某结点 N 有子树，则子树的根结点称为结点 N 的子结点，又称孩子或子女结点。与子结点对应，结点 N 称为其子结点的父结点，又称父母或双亲结点。在一棵树中，根结点没有父结点，其他结点都有且只有一个父结点，但可以有零个或若干个子结点。例如在图8.2(b)中，结点 B、E、I 是结点 A 的子树的根，所以结点 A 的子结点包括结点 B、E、I，结点 A 是这些结点的父结点。结点 A 作为整个树的根结点，它没有父结点。

3. 兄弟结点(sibling node)

同一个父结点的子结点之间是兄弟关系，它们互称为兄弟结点。例如在图8.2(b)中，结点 B、E、I 是兄弟，结点 C 和 D 也是兄弟，但结点 F 和 C 不是兄弟结点。

4. 祖先结点(ancestor node)与后代结点(descendant node)

树中结点 N 的所有子结点，以及子结点的子结点构成结点 N 的后代结点；而从根结点到结点 N 所经过的所有结点，称作结点 N 的祖先结点。例如，在图8.2(b)中结点 B 和 A 是 C 的祖先结点，结点 H 和 J 等则是 A 的后代结点。

5. 结点的度和树的度(degree)

结点的度定义为结点所拥有子树的棵数，而树的度是指树中各结点度的最大值。例如在图8.2(b)中，结点 A 的度是3，结点 B 的度是2，结点 C 和 D 的度都是0，整个树的度为3。

6. 叶子结点(leaf node)与分支结点(branched node)

度为0的结点称为叶子结点，又称为终端结点。除叶子结点以外的其他结点称为分支结点，又称为非叶子结点或非终端结点。例如在图8.2(b)中，结点 C 和 D 是叶子结点，B、E 和 I 是非叶子结点。

7. 边(edge)

如果结点 M 是结点 N 的父结点，用一条线将这两个结点连接起来就构成树的一条分支，它称为连接这两个结点的边，该边可以用一个有序对 $<M，N>$ 表示。例如在图8.2(b)中，$<A，B>$ 和 $<B，C>$ 都是树的边。

8. 路径(path)与路径长度(path length)

如果(N_1，N_2，$\cdots$，N_k)是由树中的结点组成的一个序列，且<N_i，N_{i+1}>($1 \leq i \leq k-1$)都是树的边，则该序列称为从 N_1 到 N_k 的一条路径。路径上边的数目称为该路径的长度。例如在图 8.2(b)中，从 A 到 C 的路径是(A，B，C)，该路径的长度为 2。

9. 结点的层次(level)和树的深度(depth)

如果根结点的层次定义为 0，它的子结点的层次则为 1，即某结点的层次等于它的父结点的层次加 1，兄弟结点的层次相同。某结点的层次与从根结点到该结点的路径长度有关，树中结点的最大层次数称为树的深度(depth)或高度(height)。例如在图 8.2 (b) 中，A 的层次为 0，B 的层次为 1，C 的层次为 2。C、F 虽不是兄弟结点，但它们的层次相同，称为同一层上的结点；该树的深度为 2。

8.1.3　树的基本操作

树结构的基本操作有以下几种：

Initialize：初始化。建立一棵树实例并初始化它的结点集合和边的集合。

AddNode /AddNodes：在树中设置、添加一个或若干个结点。

Get/Set：访问。获取或设置树中的指定结点。

Count：求树的结点个数。

AddEdge：在树中设置、添加边，即结点之间的关联。

Remove：删除。从树中删除一个数据结点及相关联的边。

Contains/IndexOf：查找。在树中查找满足某种条件的结点(数据元素)。

Traversal：遍历。按某种次序访问树中的所有结点，并且每个结点恰好访问一次。

Copy：复制。复制一棵树。

8.2　二叉树的定义与实现

树结构可以分为无序树和有序树两种类型，有序树中最常用的是二叉树(binary tree)，二叉树易于在计算机中表示和实现。

8.2.1　二叉树的定义

二叉树可以用递归形式来定义：二叉树 BT 是由 $n(n \geq 0)$ 个结点组成的有限集合，它或者是一棵空二叉树，或者是包含一个根结点和两棵互不相交的子二叉树，子二叉树从左至右是有次序的，分别称为左子树和右子树。结点数为零，即 $n=0$ 时，称为空二叉树；结点数 $n>0$ 时，二叉树非空，由根结点及其两棵子二叉树构成。

从定义中可以看出，二叉树是一种特殊的树结构，树结构中定义的有关术语，如度、层次等，大多适用于二叉树。二叉树的结点最多只有两棵子树，所以二叉树的度最大为 2。但是，即使二叉树的度为 2，它与度为 2 的树在结构上也是不等价的，它们的区别在于：二叉树是一种有序树，因为二叉树中每个结点的两棵子树有左、右之分，即使只有一个非空子树，也要区分是左子树还是右子树，而普通的树结构指的是无序树。例如图 8.3

中的两棵树，如果看成是一般的树结构，则图8.3(a)(b)表示同一棵树；如果看成是二叉树结构，则图8.3(a)(b)表示两棵不同的二叉树。

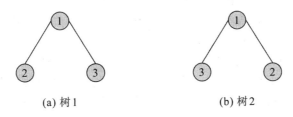

(a) 树1   (b) 树2

图8.3   不同的二叉树与相同的度为2的树

由上述定义可知，二叉树有如下五种基本形态，如图8.4所示：

(1)表示空二叉树。

(2)表示只有一个结点(根结点)的二叉树。

(3)表示由根结点以及非空的左子树和空的右子树组成的二叉树。

(4)表示由根结点以及空的左子树和非空的右子树组成的二叉树。

(5)表示由根结点以及非空的左子树和非空的右子树组成的二叉树。

其中，图8.4(c)(d)是两种不同形态的二叉树。

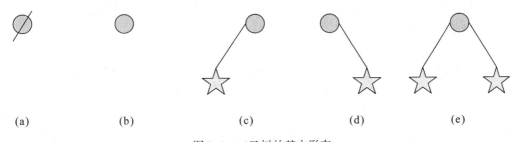

(a)   (b)   (c)   (d)   (e)

图8.4   二叉树的基本形态

【例8.1】画出有3个结点的树与二叉树的基本形态。

3个结点的树只有如图8.5(a)所示的两种基本形态；3个结点的二叉树则可以有如图8.5(b)所示的5种基本形态。

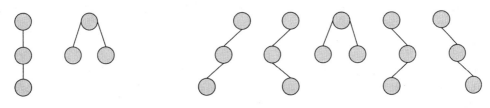

(a) 3个结点的树的两种基本形态   (b) 3个结点的二叉树的5种基本形态

图8.5   三个结点的树与二叉树的基本形态

8.2.2　二叉树的性质

性质一：二叉树第 i 层的结点数目最多为 $2^i(i \geqslant 0)$。

这里，根结点的层次定义为 0，某结点的层次等于它的父结点的层次加 1。用归纳法容易证明这条性质。

当 $i = 0$ 时，根结点是 0 层上的唯一结点，故该层结点数为 $2^i = 2^0 = 1$，命题成立。

假设命题对前 $i-1(i \geqslant 1)$ 层成立，即第 $i-1$ 层上的最大结点数为 2^{i-1}。

归纳推理：根据假设，第 $i-1$ 层上的最大结点数为 2^{i-1}；由于二叉树中每个结点的度最大为 2，故第 i 层上的最大结点数为 $2 \times 2^{i-1} = 2^i$。命题成立。

性质二：在深度为 k 的二叉树中，最多有 $2^{k+1}-1$ 个结点 $(k \geqslant 0)$。

由性质一可知，在深度为 k 的二叉树中，最大结点数为 $\sum_{i=0}^{k} 2^i = 2^{k+1} - 1$。

每一层的结点数目都达到最大值的二叉树称为满二叉树（full binary tree）。从定义可知，一棵深度为 $k(k \geqslant 0)$ 的满二叉树具有 $2^{k+1}-1$ 个结点。

性质三：二叉树中，若叶子结点数为 n_0，2 度结点的数目为 n_2，则有 $n_0 = n_2 + 1$。

设二叉树的总结点数为 n，度为 1 的结点数为 n_1，则有

$$n = n_0 + n_1 + n_2$$

根结点不是任何结点的子结点，其他结点则会是某个结点的子结点，度为 1 的结点有 1 个子结点，度为 2 的结点有两个子结点，叶子结点没有子结点，所以从二叉树的子结点数目的角度看，有以下关系：

$$n - 1 = 0 \times n_0 + 1 \times n_1 + 2 \times n_2$$

综合上述两式，可得 $n_0 = n_2 + 1$，即二叉树中叶子结点数比度为 2 的结点数多 1。

性质四：如果一棵完全二叉树有 n 个结点，则其深度 $k = \lfloor \log_2 n \rfloor$。

如前所述，深度为 k 的满二叉树具有 $2^{k+1}-1(k \geqslant 0)$ 个结点，我们可以对满二叉树的结点进行连续编号，并约定编号从根结点开始，自上而下，每层自左至右。一棵结点有编号的满二叉树如图 8.6(a) 所示。

一棵具有 n 个结点、深度为 k 的二叉树，如果它的每个结点按自上而下、自左至右的顺序编号，并且与深度为 k 的满二叉树中编号为 $0 \sim n-1$ 的结点一一对应，则称这棵二叉树为完全二叉树（complete binary tree），如图 8.6(b) 所示。

由定义可知，完全二叉树与满二叉树有相似的结构，两者之间具有下列关系：

(1) 满二叉树一定是完全二叉树，而完全二叉树不一定是满二叉树，它是具有满二叉树结构而不一定满的二叉树。完全二叉树只有最下面一层可以不满，其上各层都可看成满二叉树。

(2) 完全二叉树最下面一层的结点都集中在该层最左边的若干位置上，图 8.6(c) 就不是一棵完全二叉树。

(3) 完全二叉树至多只有最下面两层结点的度可以小于 2。

性质五：若将一棵具有 n 个结点的完全二叉树的所有结点按自上而下、自左至右的顺序编号，结点编号 i 的取值范围为 $(0 \leqslant i \leqslant n-1)$，则结点编号存在下列规律：

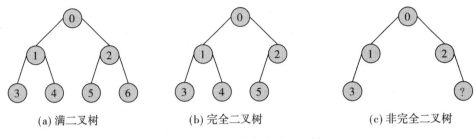

(a) 满二叉树　　　　(b) 完全二叉树　　　　(c) 非完全二叉树

图 8.6　满二叉树与完全二叉树

（1）若 $i = 0$，则结点 i 为根结点，无父结点；若 $i \neq 0$，则结点 i 的父结点是编号为 $j = \left\lceil \dfrac{i-1}{2} \right\rceil$ 的结点。

（2）若 $2i + 1 \leq n - 1$，则结点 i 的左子结点是编号为 $2i + 1$ 的结点；若 $2i + 1 > n - 1$，则结点 i 无左子结点。

（3）若 $2i + 2 \leq n - 1$，则结点 i 的右子结点是编号为 $2i + 2$ 的结点；若 $2i + 2 > n - 1$，则结点 i 无右子结点。

8.2.3　二叉树的存储结构

在计算机中表示二叉树数据结构，可以用顺序存储结构和链式存储结构两种方式。二叉树结构具有层次关系，用链式存储结构来实现会更加灵活方便，所以一般情况下，采用链式存储结构来实现二叉树数据结构，而顺序存储结构则适用于完全二叉树。

1. 二叉树的顺序存储结构

完全二叉树可以用顺序存储结构实现，即将完全二叉树的所有结点按顺序存放在一个数组中。将完全二叉树的结点进行顺序编号，并将编号为 i 的结点存放在数组中下标为 i 的单元中。根据二叉树的性质五，对于结点 i，如果有父结点、子结点，可以直接计算得到其父结点、左子结点和右子结点的位置。在图 8.7 中，一个完全二叉树的所有结点按顺序存放在一个数组中。

2. 二叉树的链式存储结构

为了以链式存储结构实现二叉树，在逻辑上，二叉树的结点应有以下 3 个域：

（1）据域 data，表示结点的数据元素自身的内容；

（2）左链域 left，指向该结点的左子结点；

（3）右链域 right，指向该结点的右子结点。

二叉树的表示则需记录其根结点 root，若二叉树为空，则 root 置为 null。二叉树中某结点的左子结点也代表该结点的左子二叉树，同理，该结点的右子结点也代表它的右子二叉树。若结点的左子树为空，则其 left 链置为空值，即 left = null；若结点的右子树为空，则其 right 链置为空值，即 right = null。图 8.8 显示了一棵二叉树的链式存储结构。

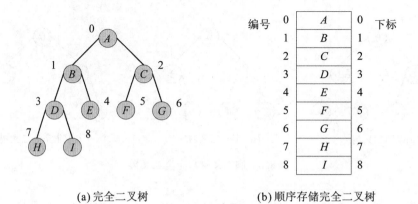

(a) 完全二叉树 (b) 顺序存储完全二叉树

图 8.7 顺序存储结构的完全二叉树

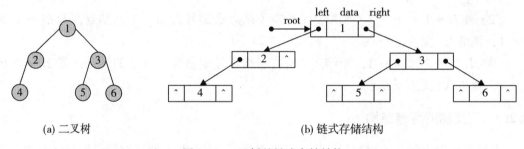

(a) 二叉树 (b) 链式存储结构

图 8.8 二叉树的链式存储结构

8.2.4 二叉树类的定义

1. 二叉树的结点类

为实现二叉树的链式存储结构，将二叉树的结点声明为 BinaryTreeNode<T>泛型类，其中有 3 个成员变量：数据域 data 表示结点的数据元素内容，链域 left 和 right 则分别指向左子结点和右子结点。3 个成员变量都定义为私有的，不能被其他类直接访问，通过在类定义中添加相应的公有属性 Data，Left 和 Right 让外界访问这些域成员。类的构造方法在创建一个结点时将它的数据域 data 初始化为缺省值或指定的值，而将链域 left 和 right 置为 null。

```
public class BinaryTreeNode<T> {
    private T data;                        //数据元素
    private BinaryTreeNode<T> left, right;  //指向左、右子结点的链
    public BinaryTreeNode(){
        left = right = null;     //data 则被设为 T 类型的缺省值
    }
    //构造有值结点
    public BinaryTreeNode(T d) {
```

```
            data = d;
            left = right = null;
        }
        public T Data {
            get { return data; }
            set { data = value; }
        }
        public BinaryTreeNode<T> Left {
            get { return left; }
            set { left = value; }
        }
        public BinaryTreeNode<T> Right {
            get { return right; }
            set { right = value;}
        }
    }
```

2. 二叉树类

链式存储结构的二叉树用下面定义的 BinaryTree 类表示，它的成员变量 root 指向二叉树的根结点。

```
public class BinaryTree<T> {
    protected BinaryTreeNode<T> root;          //指向二叉树的根结点
    public BinaryTreeNode<T> Root {
        get { return root; }
        set { root = value; }
    }
    public BinaryTree() {                       //构造空二叉树
        root = null;
    }
}
```

上面设计的 BinaryTree 类和 BinaryTreeNode 类都声明在命名空间 DSA 中，与其他章节在编程约定上保持一致。二叉树结点类和二叉树类都设计为泛型类，利用类型参数将结点类型的指定推迟到声明并实例化该类对象的时候。

8.3 二叉树的遍历

8.3.1 二叉树遍历的过程

二叉树的遍历(traversal)操作就是按照一定规则和次序访问二叉树中的所有结点，并且每个结点仅被访问一次。通过这样一次完整的遍历操作,就按照指定的规则对二叉树中的所有结点形成一种线性次序的序列。所谓访问一个结点,可以是对该结点的数据元素进行探测、修改等操作。

二叉树的遍历过程,可以按层次的高低次序进行,即从根结点开始,逐层深入,同层从左至右依次访问结点。

二叉树是由根结点、左子树和右子树三个部分组成的,依次遍历这三个部分,便是遍历整个二叉树。若规定对子树的访问按"先左后右"的次序进行,则遍历二叉树有 3 种次序:

先根次序:访问根结点,遍历左子树,遍历右子树。

中根次序:遍历左子树,访问根结点,遍历右子树。

后根次序:遍历左子树,遍历右子树,访问根结点。

图 8.9 所示为对二叉树进行 3 种不同次序遍历所产生的序列。以先根次序遍历二叉树为例,遍历过程如下:

若二叉树为空,则该操作为空操作,直接返回;否则从根结点开始,

(1)访问当前结点。

(2)若当前结点的左子树不空,则沿着 left 链进入该结点的左子树进行遍历操作。

(3)若当前结点的右子树不空,则沿着 right 链进入该结点的右子树进行遍历操作。

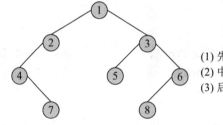

(1)先根次序遍历序列:1 2 4 7 3 5 6 8
(2)中根次序遍历序列:4 7 2 1 5 3 8 6
(3)后根次序遍历序列:7 4 2 5 8 6 3 1

图 8.9 二叉树的遍历

依据二叉树的遍历规则,可以知道,根结点处在先根次序遍历序列的第一个位置,因为它是最先被访问的;而在后根次序遍历序列中,根结点是最后被访问的结点,所以根结点处在后根序列的最后一个位置;在中根次序遍历序列中,其左子树上的结点都排在根结点的前面,其右子树上的结点都排在根结点的后面。所以,先根次序或后根次序遍历序列能反映双亲与孩子结点的层次关系,中根次序遍历序列能反映兄弟结点间的左右次序。

8.3.2 二叉树遍历的递归算法

1. 按先根次序遍历二叉树的递归算法

按先根次序遍历一棵二叉树的递归算法如下:

若二叉树为空,则该操作为空操作,直接返回;否则从根结点开始:

(1)访问当前结点;

(2)按先根次序遍历当前结点的左子树;

(3)按先根次序遍历当前结点的右子树。

在二叉树结点类 BinaryTreeNode 中，增加按先根次序遍历以某结点为根的二叉树的递归方法，编码如下所示。该类中定义的 ShowPreOrder 方法在控制台显示按先根次序遍历二叉树得到的结点序列的值，而 TraversalPreOrder 方法更一般化，它将各结点的值按先根次序存放在一个线性表中，其参数 sql 可以是数组或线性表 List 类型。

```
//输出本结点为根结点的二叉树,先根次序
public void ShowPreOrder() {
    Console.Write(this.Data + " ");
    BinaryTreeNode<T> q = this.Left;
    if (q ! = null)
        q.ShowPreOrder();
    q = this.Right;
    if (q ! = null)
        q.ShowPreOrder();
}
//先根次序遍历以本结点为根结点的二叉树,将各结点的值存放在表 sql 中
public void TraversalPreOrder(IList<T> sql) {
    sql.Add(this.Data);
    BinaryTreeNode<T> q = this.Left;
    if (q ! = null)
        q.TraversalPreOrder(sql);
    q = this.Right;
    if (q ! = null)
        q.TraversalPreOrder(sql);
}
```

2. 按中根次序遍历二叉树的递归算法

按中根次序遍历一棵二叉树的递归算法如下：

若二叉树为空，则遍历操作为空操作，直接返回；否则从根结点开始：

(1)按中根次序遍历当前结点的左子树；

(2)访问当前结点；

(3)按中根次序遍历当前结点的右子树。

在二叉树结点类 BinaryTreeNode 中，增加按中根次序遍历以某结点为根的二叉树的递归方法，编码如下。该类的 ShowInOrder 方法在控制台显示按中根次序遍历二叉树得到的结点序列的值，而 TraversalInOrder 方法更一般化，它将各结点的值按指定的次序存放在一个数组或线性表中。

```
public void ShowInOrder() {
    BinaryTreeNode<T> q = this.Left;
    if (q ! = null)
```

```
        q.ShowInOrder();
        Console.Write(this.Data + " ");
        q = this.Right;
        if(q ! = null)
            q.ShowInOrder();
    }
    public void TraversalInOrder(IList<T> sql){
        BinaryTreeNode<T> q = this.Left;
        if(q ! = null)
            q.TraversalInOrder(sql);
        sql.Add(this.Data);
        q = this.Right;
        if(q ! = null)
            q.TraversalInOrder(sql);
    }
```

3. 按后根次序遍历二叉树的递归算法

按后根次序遍历一棵二叉树的递归算法如下:

若二叉树为空,则遍历操作为空操作,直接返回;否则从根结点开始:

(1)按后根次序遍历当前结点的左子树;

(2)按后根次序遍历当前结点的右子树;

(3)访问当前结点。

在二叉树结点类 BinaryTreeNode 中,增加按后根次序遍历以某结点为根的二叉树的递归方法,编码如下。该类的 ShowPostOrder 方法在控制台显示按后根次序遍历二叉树得到的结点序列的值,而 TraversalPostOrder 方法更一般化,它将各结点的值按指定的次序存放在一个数组或线性表中。

```
public void ShowPostOrder(){
    BinaryTreeNode<T> q = this.Left;
    if(q ! = null)
        q.ShowPostOrder();
    q = this.Right;
    if(q ! = null)
        q.ShowPostOrder();
    Console.Write(this.Data + " ");
}
public void TraversalPostOrder(IList<T> sql){
    BinaryTreeNode<T> q = this.Left;
    if(q ! = null)
        q.TraversalPostOrder(sql);
```

```
        q = this.Right;
        if (q ! = null)
            q.TraversalPostOrder(sql);
        sql.Add(this.Data);
    }
```

4. 从根结点遍历整个二叉树

在二叉树类 BinaryTree 的定义中，增加如下 6 个方法，每一对 Show/Traversal 方法，分别调用二叉树结点类 BinaryTreeNode 中实现的按相应次序遍历二叉树的递归方法，遍历从根结点开始的整个二叉树。

```
//按先根次序遍历二叉树
public void ShowPreOrder() {
    Console.Write("先根次序： ");
    if (root ! = null)
        root.ShowPreOrder();
    Console.WriteLine();
}
public List<T> TraversalPreOrder() {
    List<T> sql = new List<T>();
    if (root ! = null)
        root.TraversalPreOrder(sql);
    return sql;
}
//按中根次序遍历二叉树
public void ShowInOrder() {
    Console.Write("中根次序： ");
    if (root ! = null)
        root.ShowInOrder();
    Console.WriteLine();
}
public List<T> TraversalInOrder() {
    List<T> sql = new List<T>();
    if (root ! = null)
        root.TraversalInOrder(sql);
    return sql;
}
//按后根次序遍历二叉树
public void ShowPostOrder() {
    Console.Write("后根次序： ");
```

```
    if (root ! = null)
        root.ShowPostOrder();
    Console.WriteLine();
}
public List<T> TraversalPostOrder() {
    List<T> sql = new List<T>();
    if (root ! = null)
        root.TraversalPostOrder(sql);
    return sql;
}
```

【例 8.2】按先根、中根和后根次序遍历二叉树。

程序 BinaryTreeTest.cs 利用前面定义的 BinaryTree 类，先建立如图 8.9 所示的二叉树，然后按先根、中根和后根次序遍历二叉树。程序还演示了 BinaryTree 类的泛型能力，即在二叉树实例化时决定结点数据的类型。

```
using DSA;
class BinaryTreeTest {
    static void Main(string[] args) {
        BinaryTree<int> btree = new BinaryTree<int>();
        BinaryTreeNode<int>[] nodes = new BinaryTreeNode<int>[9];
        for (int i = 1; i <= 8; i++)
            nodes[i] =new BinaryTreeNode<int>(i);
        btree.Root = nodes[1];
        nodes[1].Left = nodes[2]; nodes[1].Right = nodes[3];
        nodes[2].Left = nodes[4];
        nodes[3].Left = nodes[5]; nodes[3].Right = nodes[6];
        nodes[4].Right = nodes[7];
        nodes[6].Left = nodes[8];
        btree.ShowPreOrder(); btree.ShowInOrder();
        btree. ShowPostOrder();      //显示不同的遍历序列
        BinaryTree<string> btree2 = new BinaryTree<string>();
        btree2.Root =new BinaryTreeNode<string>("大学");
        btree2.Root.Left =new BinaryTreeNode<string>("学院1");
        btree2.Root.Right =new BinaryTreeNode<string>("学院2");
        btree2.Root.Left.Left =new BinaryTreeNode<string>("C#课程");
        btree2.Root.Right.Left =
            new BinaryTreeNode<string>("教师1");
        btree2.Root.Right.Right =
            new BinaryTreeNode<string>("OS 课程");
```

```
btree2.Root.Left.Left.Right =new
    BinaryTreeNode<string>("学生1");
btree2.Root.Right.Right.Left =new
    BinaryTreeNode<string>("教师2");
btree2.ShowPreOrder(); btree2.ShowInOrder();
btree2.ShowPostOrder();      //显示不同的遍历序列
    }
}
```

程序运行结果如下：

先根次序：1 2 4 7 3 5 6 8

中根次序：4 7 2 1 5 3 8 6

后根次序：7 4 2 5 8 6 3 1

先根次序：大学 学院1 C#课程 学生1 学院2 教师1 OS课程 教师2

中根次序：C#课程 学生1 学院1 大学 教师1 学院2 教师2 OS课程

后根次序：学生1 C#课程 学院1 教师1 教师2 OS课程 学院2 大学

上面以递归方式实现了二叉树的遍历操作，递归方式的思路直接清晰，但是算法的空间复杂度和时间复杂度则比非递归方式增加了许多。

8.3.3 二叉树遍历的非递归算法

二叉树的遍历操作也可以用非递归算法实现，下面以中根次序遍历过程为例，讨论二叉树遍历操作的非递归实现算法。以中根次序遍历二叉树的规则是：遍历左子树，访问根结点，遍历右子树。按照该规则，在每个结点处，先选择遍历左子树，当左子树遍历完成后，必须返回到该结点，对其进行访问，然后开始遍历右子树。但是二叉树中的任何结点均只包含指向子结点的链，而没有指向包括其父结点在内的其他结点的链。在中根次序遍历过程的非递归实现算法中，通过设定一个栈来暂存经过的路径。

二叉树按中根次序遍历过程的非递归算法具体步骤描述如下：设置一个栈 s。设结点变量 p，初始指向二叉树的根结点。如果 p 不空或栈 s 不空时，循环执行以下操作，直到扫描完二叉树且栈为空。

(1)如果 p 不为空，表示扫描到一个结点，将 p 结点入栈(Push)，进入其左子树。

(2)如果 p 为空并且栈 s 不空，表示已走过一条路径，此时必须返回一步以寻找另一条路径。而要返回的结点就是栈中记录的最后一个结点，它已保存在栈顶，所以设置 p 指向从 s 出栈的结点，即置 p=s.Pop()，访问 p 结点，再进入 p 的右子树。

中序遍历非递归算法程序代码如下(定义在二叉树 BinaryTree 类中)：

```
//非递归中根次序遍历二叉树
public void ShowInOrderNR() {
    Stack<BinaryTreeNode<T>> s = new
        Stack<BinaryTreeNode<T>>(100);
```

```
        BinaryTreeNode<T> p = root;
        Console.Write("非递归中根次序: ");
        while (p ! = null ||s.Count ! = 0) {      //p 非空或栈非空时
            if (p ! = null) {
                s.Push(p);                        //p 结点入栈
                p = p.Left;                       //进入左子树
            }
            else {                                //p 为空且栈非空时
                p = s.Pop();                      //p 指向出栈的结点
                Console.Write(p.Data + " ");      //访问结点
                p = p.Right;                      //进入右子树
            }
        }
        Console.WriteLine();
}
```

在上面的代码中，设计一个栈类型对象 *s*，栈的元素类型是二叉树结点类 BinaryTreeNode<T>(泛型类)，使用泛型类型可以最大限度地重用代码、保护类型的安全以及提高性能。

对于如图 8.9 所示的二叉树，用非递归方式按中根次序遍历时栈中内容的变化如图 8.10 所示。

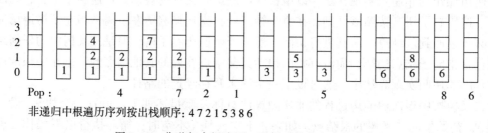

图 8.10　非递归中根遍历二叉树时栈中内容的变化

在例 8.2 中增加对实现中根次序遍历非递归算法的方法的调用，即增加下列语句：
```
btree.ShowInOrderNR();
```
得到的结果与中根次序遍历的递归算法的结果是一样的。一般而言，非递归算法的时间和空间效率都要比相应的递归式算法高。

8.3.4　按层次遍历二叉树

二叉树也可以按结点的层次高低次序进行遍历，即从根结点开始，逐层深入，而在同一层次则从左至右依次访问各结点。如图 8.9 所示的二叉树，按层次遍历规则，则首先访问根结点 1，再访问根结点的子结点 2 和结点 3，然后应该访问结点 2 的子结点 4，再访问结点 3 的子结点 5，依此类推。因此，这棵二叉树的层次遍历序列为 1，2，3，4，5，6，7，8。

在二叉树的链式存储结构中，每个结点中保存有指向其子结点的两条链，但没有指向其他结点的链，包括同层其他结点和下一层其他结点。所以在图 8.9 中，从根结点 1 可以到达结点 2 和结点 3，而从结点 3 却无法到达下一层的结点 4，从结点 4 也无法到达同层的结点 5。要完成这些结点间的跳转，必须设立辅助的数据结构，用来指示下一个要访问的结点。如果结点 2 在结点 3 之前访问，则结点 2 的子结点均在结点 3 的子结点之前访问。因此，辅助结构应该选择具有"先进先出"特点的队列。

按层次遍历二叉树的算法具体过程描述如下：设置一个队列变量 q；设结点变量 p，初始指向二叉树的根结点。当 p 不为空时，循环顺序执行以下操作，直至 p == null 为真，循环停止：

（1）访问 p 结点；

（2）如果 p 的 left 链不空，则将 p 结点的左子结点加入队列 q（入队操作 q. Enqueue（p. Left））；

（3）如果 p 的 right 链不空，则将 p 结点的右子结点加入队列 q（入队操作 q. Enqueue（p. Right））；

（4）如果队列为非空，则设置 p 指向从队列 q 出队的结点（即 p=q. Dequeue（）），否则置 p 为 null。

按层次遍历二叉树算法的程序代码如下：

```
//按层次遍历二叉树
public void ShowByLevel() {
    Queue<BinaryTreeNode<T>> q = new Queue<BinaryTreeNode<T>>
      (100);       //设立一个空队列
    BinaryTreeNode<T> p = root; Console.Write("层次遍历: ");
    while(p != null) {
        Console.Write(p.Data + " ");
        if(p.Left != null)  q.Enqueue(p.Left);   //p 的左子结点入队
        if(p.Right != null)q.Enqueue(p.Right);   //p 的右子结点入队
        if(q.Count != 0)
            p = q.Dequeue();       //当队列不空,p 指向出队的结点
        else
            p =null;               //当队列为空,p 置为 null
    }
    Console.WriteLine();
}
```

在该代码中，设计了一个队列 q，队列元素是泛型二叉树结点类 BinaryTreeNode<T>。对于如图 8.9 所示的二叉树，当按层次遍历二叉树时，队列状态的变化如图 8.11 所示。

在例 8.2 中增加对实现层次遍历二叉树算法的方法的调用，即增加下列语句：

Dequeue	2	3					
2		3					
		3	4				
3			4				
			4	5	6		
4				5	6		
				5	6	7	
5					6	7	
6						7	
						7	8
7							8
8							

按层次遍历序列 = 根 + 出队序列，即 12345678

图 8.11　按层次遍历二叉树时队列内容的变化

btree. ShowByLevel( )；

运行结果如下：

按层次遍历：1 2 3 4 5 6 7 8

8.4　构建二叉树

给定一定的条件，可以唯一地建立一个二叉树实例。例如，对于完全二叉树，如果各结点的元素值按顺序存储在一个数组中，则可以利用二叉树的性质五，唯一地建立链式存储结构来表示这颗二叉树。

一般情况下，由于二叉树是数据元素之间具有层次关系的非线性结构，而且二叉树中每个结点的两个子树有左右之分，这样就要求，必须满足以下两个条件，才能明确地建立一棵二叉树：

（1）结点与其父结点及子结点间的层次关系是明确的；

（2）兄弟结点间的左右顺序关系是明确的。

二叉树可以用广义表形式来表示，但广义表形式有时不能唯一地表示一棵二叉树，原因在于它无法明确左右子树。可以定义一种特殊形式的广义表表示式来唯一地描述二叉树，例如在二叉树的广义表表示式中既标明非空子树，也清楚地标明空子树，按照这样一种特殊的广义表表示式，可以唯一地建立一棵二叉树。

对于给定的一棵二叉树，遍历产生的先根、中根、后根序列是唯一的；反之，已知二叉树的一种遍历序列，并不能唯一确定一棵二叉树。因为遍历序列仅是二叉树结构在某种条件下映射成的线性序列。先根次序或后根次序反映双亲与孩子结点的层次关系，中根次序反映兄弟结点间的左右次序。所以，已知先根和中根两种遍历序列，或中根和后根两种遍历序列才能够唯一确定一棵二叉树，而已知先根和后根两种遍历序列仍无法唯一确定一棵二叉树。

8.4.1 建立链式存储结构的完全二叉树

对于一棵其结点已经顺序存储在一个数组中的完全二叉树，如图 8.7 所示，由二叉树的性质五可知，第 0 个结点为根结点，第 i 个结点的左子结点或为第 $2i+1$ 个结点，或为空结点，它的右子结点或为第 $2i+2$ 个结点，或为空结点。

在二叉树类 BinaryTree<T>的定义中，增加静态方法 ByOneList，它的参数 t 是一个线性表或数组，用以表示顺序存储的完全二叉树结点值的序列。程序如下：

```
public static BinaryTree<T> ByOneList( IList<T> t) {
    int n = t.Count;
    BinaryTree<T> bt = new BinaryTree<T>();
    if (n = = 0) {
        bt.Root =null;
        return bt;
    }
    int i, j;
    BinaryTreeNode<T>[] q = new BinaryTreeNode<T>[n];
    T v;
    for (i = 0; i < n; i++) {
        v = t[i];          //取编号为 i 的结点值
        q[i] =new BinaryTreeNode<T>(v);
    }
    for (i = 0; i < n; i++) {
        j = 2 * i + 1;
        if (j < n)
            q[i].Left = q[j];
        else
            q[i].Left =null;
        j++;
        if (j < n)
            q[i].Right = q[j];
        else
            q[i].Right =null;
    }
    bt.Root = q[0];
    return bt;
}
```

【例8.3】根据给定数组建立链式存储结构的完全二叉树。

程序 ByOneListTest. cs 建立链式存储结构的完全二叉树。

```
using DSA;
static void Main(string[] args) {
    int[] it = { 0,1,2,3,4,5,6,7};
    BinaryTree<int> btree = BinaryTree<int>.ByOneList(it);
    btree.ShowPreOrder(); btree.ShowInOrder();
    btree.ShowPostOrder(); btree.ShowByLevel();
    char[] ct = { 'A', 'B', 'C', 'D', 'E', 'F', 'G', 'H' };
    BinaryTree<char> btree2 = BinaryTree<char>.ByOneList(ct);
    btree2.ShowPreOrder(); btree2.ShowInOrder();
}
```

程序建立如图8.7所示的完全二叉树,它的运行结果如下:

先根次序: 0 1 3 7 4 2 5 6

中根次序: 7 3 1 4 0 5 2 6

先根次序: A B D H E C F G

中根次序: H D B E A F C G

8.4.2 根据广义表表示式建立二叉树

第7章介绍过以广义表形式可以表示树结构,但广义表形式有时不能唯一地表示一棵二叉树,原因在于它无法明确左右子树。例如,广义表 A(B)没有表达出结点 B 是结点 A 的左子结点还是右子结点,因而 A(B)表达式可以对应两棵二叉树。为了唯一地表示一棵二叉树,必须重新定义广义表的形式。

在广义表表示式中,除数据元素外还需要定义以下4个边界符号:

(1)空子树符 NullSubtree,如可用"^"表示,以标明非叶子结点的空子树。

(2)左界符(起始界符)LeftDelimit,如常用"("表示,以标明下一层次的左(起始)边界;

(3)右界符(结束界符)RightDelimit,如常用")"表示,以标明下一层次的右(结束)边界。

(4)中界符 MiddleDelimit,如常用","表示,以标明某一层次的左右子树的分界。

这样,如图8.9所示的二叉树用广义表形式就可以表示为:1(2(4(^, 7), ^), 3(5, 6(8, ^)));反之,给定一棵二叉树的广义表表示式,则能够唯一确定一棵二叉树。

根据给定的广义表表示式建立二叉树的算法描述如下:

依次读取二叉树的广义表表示序列中的每个符号元素,检查其内容,如果:

(1)遇到有效数据值,则建立一个二叉树结点对象;扫描到下一元素,如果:

①它为 LeftDelimit,则这个 LeftDelimit 和下一个 RightDelimit 之间是该结点的左子树与右子树,递归调用建树算法,分别建立左、右子树,返回结点对象;

②没有遇到 LeftDelimit,则表示该结点是叶子结点。

（2）遇到 NullSubtree，则表示空子树，返回 null 值。

在二叉树类 BinaryTree<T>的定义中，增加静态方法 ByOneList，它的第一个参数表示顺序存储的广义表表示式，第二个参数定义广义表表示式所用的分界符。程序如下：

```
public static BinaryTree < T > ByOneList ( IList < T > sList, List-
    FlagsStruc<T> ListFlags) {
    BinaryTree<T>.ListFlags = ListFlags;
    BinaryTree<T>.idx = 0;                          //初始化递归变量
    BinaryTree<T> bt = new BinaryTree<T>();
    if (sList.Count > 0)
        bt.Root = RootByOneList(sList);
    else
        bt.Root =null;
    return bt;
}

private static BinaryTreeNode<T> RootByOneList(IList<T> sList) {
    BinaryTreeNode<T> p = null;
    T nodeData = sList[idx];
    if (isData(nodeData)) {
        p =new BinaryTreeNode<T>(nodeData);     //有效数据,建立结点
        idx++;
        nodeData = sList[idx];
        if (nodeData.Equals(ListFlags.LeftDelimit)) {
            idx++;          //左边界,如"(",跳过
            p.Left = RootByOneList(sList);       //建立左子树,递归
            idx++;          //跳过中界符,如","
            p.Right = RootByOneList(sList);      //建立右子树,递归
            idx++;          //跳过右边界,如")"
        }
    }
    if (nodeData.Equals(ListFlags.NullSubtree)) idx++;    //空子树
        符,跳过,返回 null
    return p;
}
private static bool isData(T nodeValue) {
    if (nodeValue.Equals(ListFlags.NullSubtree)) return false;
    if (nodeValue.Equals(ListFlags.LeftDelimit)) return false;
    if (nodeValue.Equals(ListFlags.RightDelimit)) return false;
```

```
        if (nodeValue.Equals(ListFlags.MiddleDelimit)) return false;
        else return true;
    }
```

在二叉树类 BinaryTree<T>中，增加静态私有成员变量 idx 的定义，表示递归处理广义表表达式的当前位置；增加私有成员变量 ListFlags，记录广义表所用的分界符：

```
private static ListFlagsStruc<T> ListFlags;
private static int idx = 0;
```

ListFlags 定义为结构类型 ListFlagsStruc<T>：

```
public struct ListFlagsStruc<T> {
    public T NullSubtree;
    public T LeftDelimit;
    public T RightDelimit;
    public T MiddleDelimit;
}
```

【例 8.4】根据给定的广义表表示式来建立一棵二叉树。

下面的程序通过提供一个广义表表示式来建立一棵二叉树。

```
static void Main(string[] args) {
    string s = "1(2(4(^,7),^),3(5,6(8,^)))";
    Console.WriteLine("Generalized List: " + s);
    ListFlagsStruc<char> ListFlags;
    ListFlags.NullSubtree ='^'; ListFlags.LeftDelimit = '(';
    ListFlags.RightDelimit =')'; ListFlags.MiddleDelimit = ',';
    BinaryTree<char> btree = BinaryTree<char>.ByOneList(s.ToChar
        Array(0, s.Length), ListFlags);
    btree.ShowPreOrder(); btree.ShowInOrder();
}
```

程序建立如图 8.9 所示的二叉树，它的运行结果如下：

```
Generalized List: 1(2(4(^,7),^),3(5,6(8)))
```

先根次序：1 2 4 7 3 5 6 8

中根次序：4 7 2 1 5 3 8 6

8.4.3　根据先根和中根次序遍历序列建立二叉树

已知二叉树的一种遍历序列，并不能唯一地确定一棵二叉树。如果已知二叉树的先根和中根两种遍历序列，或中根和后根两种遍历序列，则可唯一地确定一棵二叉树。

设二叉树的先根及中根次序遍历序列分别存储在线性表或数组 preList 和 inList 中，建立二叉树的算法描述如下：

(1)确定根元素。由先根次序遍历序列知，二叉树的根结点的值为 rootData = preList[0]。然后按值查找它在中根次序遍历序列 inList 中的位置 k：

k = inList. IndexOf(rootData) ;

(2)确定根的左子树的相关序列。由中根次序知, 根结点 inList[k]之前的结点在根的左子树上, 根结点 inList[k]之后的结点在根的右子树上。因此, 根的左子树由 k 个结点组成, 它的特征是:

先根序列——preList [1] , …, preList [k]。

中根序列——inList [0] , …, inList [k−1]。

(3)根据左子树的先根序列和中根序列建立左子树, 这是一种递归方式。

(4)确定根的右子树的相关序列。根的右子树由 n−k−1 个结点组成, 它的特征是:

先根序列——preList[k+1] , …, preList[n−1]。

中根序列——inList[k+1] , …, inList[n−1]。

其中, n = preList. Count, 即已知数据序列的长度。

(5)根据右子树的先根序列和中根序列建立右子树, 这也是一种递归方式。

图 8.12 所示为一个根据给定的先根和中根次序遍历序列来建立相应的二叉树的过程, 假设先根次序遍历序列为 preList = {1, 2, 4, 7, 3, 5, 6, 8}, 中根次序遍历序列为 inlist = {4, 7, 2, 1, 5, 3, 8, 6}。

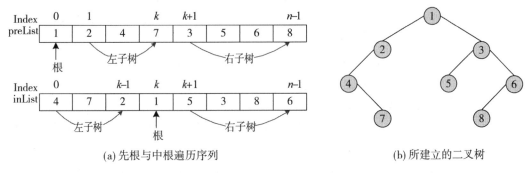

(a) 先根与中根遍历序列　　　　　　　　　(b) 所建立的二叉树

图 8.12　按先根和中根次序遍历序列建立二叉树的过程

同理可证明: 按中根与后根次序遍历序列可唯一确定一棵二叉树。

在二叉树类 BinaryTree<T>的定义中, 增加静态方法 ByTwoList, 它的第一个参数表示先根次序遍历序列, 第二个参数表示中根次序遍历序列, 据此两序列建立二叉树, 算法实现代码如下:

```
public static BinaryTree<T> ByTwoList( IList<T> preList, IList<T>
    inList) {
    BinaryTree<T> bt = new BinaryTree<T>();
    bt.Root = RootByTwoList(preList, inList);
    return bt;
}
private static BinaryTreeNode<T> RootByTwoList( IList<T> preList,
    IList<T> inList) {
```

```
BinaryTreeNode<T> p = null;
T rootData;
int i, k, n;
IList<T> presub = new List<T>();            //当前子树先根序列
IList<T> insub = new List<T>();             //当前子树中根序列
n = preList.Count;
if (n > 0) {
    rootData = preList[0];              //当前根结点
    p =new BinaryTreeNode<T>(rootData);
    k = inList.IndexOf(rootData); //当前根在中根序列的位置
    Console.WriteLine("\t current root=" +rootData + "\t k=" + k);
    for (i = 0; i < k; i++)            //准备当前根结点的左子树先根序列
        presub.Add(preList[1 + i]);
    for (i = 0; i < k; i++)            //准备当前根结点的左子树中根序列
        insub.Add(inList[i]);
    p.Left = RootByTwoList(presub, insub);    //建立当前根结点的
                                               左子树,递归
    presub.Clear();
    for (i = 0; i < n - k - 1; i++)     //准备当前根结点的右子树先根序列
        presub.Add(preList[k + 1 + i]);
    insub.Clear();
    for (i = 0; i < n - k - 1; i++)     //准备当前根结点的右子树中根序列
        insub.Add(inList[k + 1 + i]);
    p.Right = RootByTwoList(presub, insub);   //建立当前根结点的
                                               右子树,递归
}
return p;
}
```

【例 8.5】按先根和中根次序遍历序列建立二叉树。

程序 ByTwoListTest.cs 调用 BinaryTree 类，以先根和中根次序遍历序列建立一棵二叉树。

```
using System; using DSA;
namespace treetest {
    class ByTwoListTest {
        static void Main(string[] args) {
            int[] prelist = { 1, 2, 4, 7, 3, 5, 6, 8};
            int[] inlist = {4, 7, 2, 1, 5, 3, 8, 6};
```

```
BinaryTree<int> btree = BinaryTree<int>.ByTwoList
    (prelist, inlist);
btree.ShowPreOrder(); btree.ShowInOrder();
    }
  }
}
```

程序建立如图 8.12(b)所示的二叉树，它的运行结果如下：

```
current root = 1        k = 3
current root = 2        k = 2
current root = 4        k = 0
current root = 7        k = 0
current root = 3        k = 1
current root = 5        k = 0
current root = 6        k = 1
current root = 8        k = 0
```

先根次序：1 2 4 7 3 5 6 8
中根次序：4 7 2 1 5 3 8 6

8.5 线索二叉树

从上节的讨论可知：二叉树的遍历将得到一个二叉树结点集合按一定规则排列的线性序列，在这个遍历序列中，除第一个和最后一个结点外，每个结点有且只有一个前驱结点和一个后继结点。在上节定义的二叉树的链式存储结构中，每个结点很容易到达其左、右子结点，而不能直接到达该结点在任意一个遍历序列中的前驱或后继结点，这种信息只能在遍历的动态过程中才能得到。下面介绍的线索树结构，在不增加很多存储空间的条件下，能够存储遍历过程中得到的信息，并在后续的使用中解决直接访问前驱结点和后继结点的问题。

8.5.1 线索与线索二叉树

在二叉树中，每个结点有两个链；具有 n 个结点的二叉树总共有 $2n$ 个链。若某结点的左(右)子树为空，则左(右)链就为 null 值。在二叉树的所有 $2n$ 个链中，只需要 $n-1$ 个链来指明各结点间的关系，其余 $n+1$ 个链均为空值。在某种遍历过程中，可以利用这些空链来指明结点在该种遍历次序下的前驱和后继结点，这些指向前驱或后继结点的链称为线索。对二叉树进行遍历并加上线索的过程称为二叉树的线索化，线索化了的二叉树就构成线索二叉树。相应地，按先(中、后)根次序进行线索化的二叉树称为先(中、后)序线索二叉树。

线索二叉树中，原先非空的链保持不变，仍然指向该结点的左、右子结点，它记录的是结点间的层次关系。原先空的左链用来指向遍历中该结点的前驱结点，原先空的右链指

185

向后继结点，它记录的是结点间在遍历时的顺序关系。为了区别每条链是否为一个线索，可以在二叉树的结点结构中设置两个状态字段 lefttag 和 righttag，用以标记相应链的状态。

因此，线索二叉树的结点结构由 5 个域构成：data，left，right，lefttag 和 righttag。其中，lefttag 和 righttag 的作用如下：

$$lefttag = \begin{cases} true,\ left\ 为线索，指向前驱结点 \\ false,\ left\ 为普通链，指向左子结点 \end{cases}$$

$$righttag = \begin{cases} true,\ right\ 为线索，指向后继结点 \\ false,\ right\ 为普通链，指向右子结点 \end{cases}$$

图 8.13 所示为中序线索二叉树的示意图，图中虚线表示线索。结点 7 的前驱是 4，后继是 2。4 的 left 链为空，它的 lefttag 为 true，表明它的 left 链为线索，但它没有前驱；6 的 right 链为空，它的 righttag 为 true，表明它的 right 链为线索，但它没有后继。可见，在线索二叉树中可以利用线索直接找到结点的前驱或后继结点。

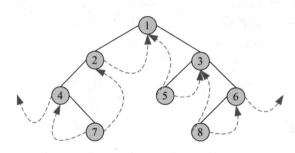

图 8.13　中序线索二叉树

8.5.2　线索二叉树类的实现

1. 定义线索二叉树结点类

下面声明的 ThreadBinaryTreeNode<T>类表示线索二叉树结点结构，其中有 5 个成员变量：data 用于表示数据元素，left 和 right 分别是指向左、右子结点的链，lefttag 和 righttag 为线索标记。5 个成员变量都是私有的，不能被其他类直接访问。我们通过添加相应的公有属性 Data、Left、Right、LeftTag 和 RightTag 访问这些域成员。线索二叉树结点类也是自引用的泛型类，结点的值类型在对象实例化时决定。

```
public class ThreadBinaryTreeNode<T> {
    private T data;                              //数据元素
    private ThreadBinaryTreeNode<T> left, right;  //指向左、右子结点
                                                  的链
    private bool lefttag;                        //左线索标志
    private bool righttag;                       //右线索标志
    public ThreadBinaryTreeNode() {
        left = right = null;
```

```
        lefttag = righttag = false;
    }
    //构造有值结点
    public ThreadBinaryTreeNode( T d) {
        data = d;
        left = right = null;
        lefttag = righttag = false;
    }
}
```

2. 定义线索二叉树类

下面声明的 ThreadBinaryTree 类表示线索二叉树, 其中成员变量 root 指向二叉树的根结点。

```
public class ThreadBinaryTree<T> {
    private ThreadBinaryTreeNode<T> front = null;
    protected ThreadBinaryTreeNode<T> root;   //指向二叉树的根结点
    public ThreadBinaryTreeNode<T> Root {
        get { return root; }
        set { root = value; }
    }
    public ThreadBinaryTree() {                       //构造空二叉树
        root =null;
    }
    .....
}
```

8.5.3　二叉树的中序线索化

二叉树的中序线索化可以用递归方法实现, 其算法描述如下:

设 p 指向一棵二叉树的某个结点, front 指向 p 的前驱结点, 它的初值为 null。当 p 非空时, 执行以下操作:

(1)中序线索化 p 结点的左子树。

(2)如果 p 的左子树为空, 设置 p 的 lefttag 标记为 true, 它的 left 链为指向前驱结点 front 的线索。

(3)如果 p 的右子树为空, 设置 p 的 righttag 标记为 true。

(4)如果前驱结点 front 非空并且它的右链为线索, 设置 front 的 right 链为指向 p 的线索。

(5)移动 front, 使 front 指向 p。

(6)中序线索化 p 结点的右子树。

如果一开始让 p 指向二叉树的根结点 root，则上述过程线索化整个二叉树。

在线索二叉树 ThreadBinaryTree 类中，增加以下方法对二叉树进行中序线索化。

```
//中序线索化以 p 结点为根的子树
private void SetThreadInOrder(ThreadBinaryTreeNode<T> p) {
    if (p ! = null) {
        SetThreadInOrder(p.Left);    //中序线索化 p 的左子树
        if (p.Left == null) {            //p 的左子树为空时,设置 p.left 为
                                         //              指向 front 的线索
            p.LeftTag = true;
            p.Left = front;
        }
        if (p.Right == null)         //p 的右子树为空时
            p.RightTag = true;       //设置 p.RightTag 为线索的标志
        if (front ! = null && front.RightTag)
            front.Right = p;            //设置 front.right 为指向 p 的线索
        front = p;
        SetThreadInOrder(p.Right);       //中序线索化 p 的右子树
    }
}
//中序线索化二叉树
public void SetThreadInOrder() {
    front = null;
    SetThreadInOrder(root);
}
```

8.5.4　线索二叉树的遍历

对线索二叉树进行遍历，无需用上节介绍的遍历方法遍历整个二叉树，而是利用线索查找到某结点在遍历序列中的前驱或后继结点来遍历二叉树。下面以中序线索二叉树为例，讨论它的中根次序遍历和先根次序遍历算法。我们将看到，在中序线索二叉树中，可以方便地查找中根、先根和后根次序下的后继结点，因此能够以先根、中根和后根次序遍历中序线索二叉树。

1. 中序线索二叉树中查找中根次序的后继结点

根据中根次序遍历二叉树的规则，在中序线索二叉树中查找中根次序的后继结点的过程描述如下：

(1)设 p 指向当前结点，执行以下操作：

如果 p 结点的右子树为线索，则 p 的 right 链为其后继结点，设置 p 为该结点。

否则说明 p 的右子树为非空，则 p 的后继结点是 p 的右子树上第一个中序访问的结点，即 p 的右孩子的最左边的子孙结点，设置 p 为该结点。

(2)返回 p，作为当前结点在中根次序下的后继结点。

在线索二叉树结点类 ThreadBinaryTreeNode 中，增加 NextNodeInOrder 方法，以查找某结点在中根次序下的后继结点。

```
public ThreadBinaryTreeNode<T> NextNodeInOrder() {
    ThreadBinaryTreeNode<T> p = this;
    if (p.RightTag)               //右子树为空时
        p = p.Right;              //right 指向后继结点
    else {                        //右子树非空时
        p = p.Right;              //进入右子树
        while (! p.LeftTag)       //找到最左边的子孙结点
            p = p.Left;
    }
    return p;
}
```

2. 中序线索二叉树的中根次序遍历

中根次序遍历中序线索二叉树可以用非递归方法实现，其算法描述如下：

(1)寻找第一个访问结点。它是根的左子树上最左边的子孙结点，用 p 指向该结点。

(2)访问 p 结点。

(3)找到 p 的后继结点，用 p 指向该结点，跳转到上一步，直至 p 为 null，说明已访问了序列的最后一个结点。

上述步骤遍历整棵二叉树。在线索二叉树 ThreadBinaryTree 类中，增加 ShowUsingThreadInOrder 方法，它首先找到遍历序列的第一个结点，然后调用结点类中的 NextNodeInOrder 方法依次找到后继结点，在中序线索二叉树中完成中根次序遍历。

```
public void ShowUsingThreadInOrder() {
    ThreadBinaryTreeNode<T> p = root;
    if (p ! = null) {
        Console.Write("中根次序: ");
        while (! p.LeftTag)
        p = p.Left;                      //找到根的最左边子孙结点
        do {
            Console.Write(p.Data + " ");
            p = p.NextNodeInOrder();     //返回 p 的后继结点
        } while (p ! = null);
```

189

```
        Console.WriteLine();
    }
}
```

【例 8.6】中序线索二叉树的线索化与中序遍历。

程序 ThreadBinaryTreeTest. cs 调用 ThreadBinaryTree 类，演示中序线索二叉树的线索化方法与中序遍历方法的调用。

```
class ThreadBinaryTreeTest {
    public static void Main(string[] args) {
        ThreadBinaryTree<int> tbt = new ThreadBinaryTree<int>();
                                            //建立空二叉树
        ThreadBinaryTreeNode<int>[] nodes = new ThreadBinaryTree-
            Node<int>[9];
        for (int i = 1; i <= 8; i++)        //建立二叉树的结点
            nodes[i] = new ThreadBinaryTreeNode<int>(i);
        tbt.Root = nodes[1];                //设置二叉树的结点结构
        nodes[1].Left = nodes[2]; nodes[1].Right = nodes[3];
        nodes[2].Left = nodes[4];
        nodes[3].Left = nodes[5]; nodes[3].Right = nodes[6];
        nodes[4].Right = nodes[7];nodes[6].Left = nodes[8];
        tbt.SetThreadInOrder();             //中序线索化二叉树
        tbt.ShowUsingThreadInOrder();  //中根次序遍历中序线索二叉树
        tbt.ShowUsingThreadPreOrder(); //先根次序遍历中序线索二叉树
    }
}
```

程序建立如图 8.13 所示的二叉树，它的运行结果如下：

中根次序： 4 7 2 1 5 3 8 6

先根次序： 1 2 4 7 3 5 6 8

3. 中序线索二叉树中查找先根次序的后继结点

根据先根次序遍历二叉树的规则，在中序线索二叉树中查找先根次序的后继结点的过程描述如下：

(1)设 p 指向当前结点，执行以下操作：

如果 p 结点的左子树为非空，则 p 的左孩子为其后继结点，设置 p 为该结点。

否则说明 p 的左子树为空，如果 p 的右子树为非空，则 p 的右孩子即为其后继结点，设置 p 为该结点。

如果 p 结点的左、右子树均为空，说明它是叶子结点，则 p 的后继结点为它的中序线索祖先的右孩子, 沿着右线索可以找到它, 设置 p 为该结点。

(2) 返回 p, 作为当前结点在先根次序下的后继结点。

在线索二叉树结点类 ThreadBinaryTreeNode 中, 增加 NextNodePreOrder 方法, 实现上述算法。

```
public ThreadBinaryTreeNode<T> NextNodePreOrder() {
    ThreadBinaryTreeNode<T> p = this;
    if (! p.LeftTag)     //左子树非空时,左孩子就是 p 的后继结点
        p = p.Left;
    else {
        if (! p.RightTag)//左子树为空而右子树非空时,右孩子是 p 的后继结点
            p = p.Right;
        else {
            while (p.RightTag && p.Right! = null)
                //叶子结点,后继是其中序线索祖先的右孩子
                p = p.Right;
            p = p.Right;
        }
    }
    return p;
}
```

4. 中序线索二叉树的先根次序遍历

先根次序遍历中序线索二叉树可以用非递归方法实现, 其算法描述如下:

(1) 寻找第一个访问结点。它是根结点, 用 p 指向该结点。

(2) 访问 p 结点。

(3) 找到 p 的后继结点, 用 p 指向该结点, 跳转到上一步, 直至 p 为 null, 说明已访问了序列的最后一个结点。

上述步骤遍历整棵二叉树。在线索二叉树 ThreadBinaryTree 类中, 增加 ShowUsingThreadPreOrder 方法, 它将根结点作为遍历序列的第一个结点, 然后调用结点类中的 NextNodePreOrder 方法依次找到后继结点, 在中序线索二叉树中完成先根次序遍历。

```
public void ShowUsingThreadPreOrder() {
    ThreadBinaryTreeNode<T> p = root;
    if (p ! = null) {
        Console.Write("先根次序: ");
        do {
            Console.Write(p.Data + " ");
            p = p.NextNodePreOrder();
```

```
        } while (p ! = null);
        Console.WriteLine();
    }
}
```

8.6　用二叉树表示树与森林

二叉树是一种特殊的树，它的实现相对容易，而一般的树和森林实现起来就相对困难一些，但树和森林可以转换为二叉树进行处理。

树中的结点可能有多个子结点，所以一般的树需要用多重链表结构来实现。对于具有 n 个结点的度为 k 的树，如果每个结点用 k 个链指向孩子结点，则一棵树总的链数为 $n \times k$，其中只有 $n-1$ 个非空的链指向除根以外的 $n-1$ 个结点，其余的链都是空链。在树的这种多重链表存储结构中，空链数与总链数之比为：

$$\frac{空链数}{总链数} = \frac{nk - (n-1)}{n \times k} \approx 1 - \frac{1}{k}$$

例如，当 $k=20$ 时，空链比为 95%。由此可见，这样的多重链表存储结构的存储密度在有的情况下是很低的，常造成大量存储空间的浪费。

通常，可以用一种所谓的"孩子—兄弟"存储结构将一棵树转换成一棵二叉树。用来表示树结构的结点结构有 3 个域：

(1) 数据域 data，存放结点数据。

(2) 左链域 child，指向该结点的第一个孩子结点。

(3) 右链域 brother，指向该结点的下一个兄弟结点。

对于给定的一棵树，按照以上规则，可以得到唯一的二叉树表达式，也就是有唯一的一棵二叉树与原树结构相对应。由于树的根结点没有兄弟结点，所以相应的二叉树表达式中的根结点没有右子树。

这种形式的二叉树也可以用来表示森林，即森林可以转化成一棵二叉树来存储，其转化过程如下：

(1) 将森林中的每棵树转化成二叉树。

(2) 用每棵树的根结点的 brother 链将若干棵树的二叉树表示式连接成一棵单独、完整的二叉树。

图 8.14 显示了用二叉树表示树和森林的例子，图 8.14(a) 是一棵树及其对应的二叉树，图 8.14(b) 是森林及其对应的二叉树。

对于给定的二叉树可以还原其树结构，方法为：

(1) 删除原二叉树中所有父结点与右孩子的连线。

(2) 若某结点是其父结点的左孩子，则把该结点的右孩子、右孩子的右孩子等都与该结点的父结点用线连起来。

（3）整理所有保留的和添加的连线，使每个结点的所有子结点位于同一层次。

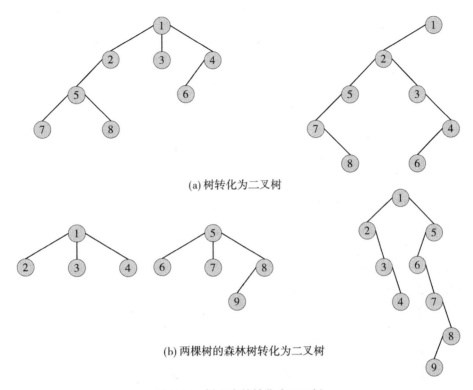

(a) 树转化为二叉树

(b) 两棵树的森林树转化为二叉树

图 8.14　树和森林转化为二叉树

习题 8

8.1　填空题。

（1）一棵深度为 5 的满二叉树有_____个分支结点和_____个叶子。

（2）一棵具有 257 个结点的完全二叉树，它的深度为_____。

（3）设一棵完全二叉树具有 1000 个结点，则此完全二叉树有_____个叶子结点，有_____个度为 2 的结点，有_____个结点只有非空左子树，有_____个结点只有非空右子树。

（4）设一棵满二叉树共有 $2N-1$ 个结点，则它的叶结点数为_____。

8.2　简述二叉树与度为 2 的树的差别。

8.3　对于如图 8.15 所示的二叉树，求先根、中根、后根三种次序的遍历序列。

8.4　什么样的非空二叉树的先根与后根次序遍历序列相同？

8.5　已知二叉树 T，其先根遍历是 1 2 3（数字为结点的编号，以下同），后根遍历是 3 2 1，试分析二叉树 T 所有可能的中根遍历。

8.6　讨论下列关于二叉树的一些操作的实现策略：

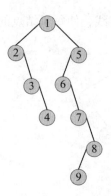

图 8.15　二叉树

（1）统计二叉树的结点个数。

（2）求某结点的层次。

（3）找出二叉树中值大于 k 的结点。

（4）输出二叉树的叶子结点。

（5）将二叉树中所有结点的左右子树相互交换。

（6）求一棵二叉树的高度。

（7）验证二叉树的性质二：$n_0 = n_2 + 1$。

8.7　线索二叉树的建立。

（1）直接建立线索二叉树，即在建树的同时进行线索化。

（2）对图 8.15 所示的二叉树，分别以先序和中序进行线索化。

8.8　把如图 8.16 所示的树转化成二叉树。

8.9　画出与图 8.17 所示的二叉树相应的森林。

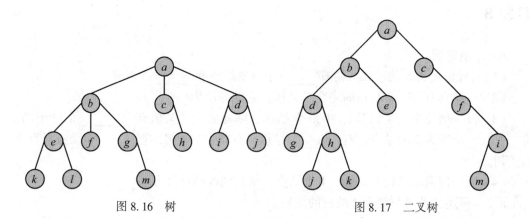

图 8.16　树　　　　　　　　　　图 8.17　二叉树

8.10　解决问题的策略常用树结构来描述。有 8 枚硬币，其中恰有一枚假币，假币比真币重。现欲用一架天平称出假币，使称重的次数尽可能地少。试以树结构描述测试假币的称重策略。

第9章 图

图结构是一种由数据元素集合及元素间的关系集合组成的非线性数据结构。在图结构中，任意两个元素之间都可能有某种关系，因而每个数据元素可以有多个前驱元素和多个后继元素。图是表示离散结构的一种有力的工具，可以用来描述现实世界的众多问题。

本章介绍具有非线性关系的图结构，重点讨论图的基本概念及图的存储结构。除此之外，还将介绍图结构中的常用算法，如遍历算法、图的生成树和结点间的最短路径算法等。

本章在 Visual Studio 中用名为 graph 的类库型项目实现有关数据结构的类型定义，用名为 graphtest 的应用程序型项目实现图结构的测试和应用演示程序。

9.1 图的定义与基本术语

9.1.1 图的定义

图（graph）是一种非线性数据结构，其数据元素之间的关系没有限制，任意两个元素之间都可能有某种关系。数据元素用结点（node）表示，如果两个元素相关，就用一条边（edge）将相应的结点连接起来，这两个结点称为相邻结点。这样，图就可以定义为由结点集合及结点间的关系集合组成的一种数据结构，图 9.1 显示了几个图的示例。结点又称为顶点（vertex），结点之间的关系称为边。一个图 G 记作 $G = (V, E)$，其中，V 是结点的有限集合，E 是边的有限集合，即有：

$$V = \{x \mid x \in 某个具有相同特性的数据元素集合\}$$
$$E = \{e(x, y) \mid x, y \in V\}$$

式中，$e(x, y)$ 表示结点 x 和结点 y 之间的相邻关系，是一种无序结点对，无方向性，称为连接结点 x 和结点 y 的一条边。

如果结点间的关系是有序结点对，可表示为 $e<x, y>$，它表示从结点 x 到结点 y 的一条单向边，是有方向的。因而，图中有向边的集合表示为：

$$E = \{e<x, y> \mid x, y \in V\}$$

1. 无向图与有向图

在一个图 G 中，如果任一条边 $e(x, y)$ 仅表示两个结点 x 和 y 之间的相邻关系，无方向性，则称边 $e(x, y)$ 是无向的；图 G 则被称为无向图（undirected graph）。图 9.1 中的 G_1 和 G_3 都是无向图，G_1 的结点集合 V 和边的集合 E 分别为：

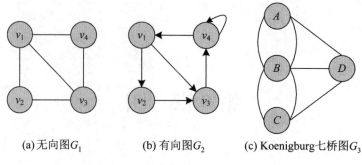

(a) 无向图 G_1　　　(b) 有向图 G_2　　　(c) Koenigburg七桥图 G_3

图 9.1　图结构示例

$$V(G_1) = \{v_1, v_2, v_3, v_4\}$$
$$E(G_1) = \{(v_1, v_2), (v_1, v_3), (v_1, v_4), (v_2, v_3), (v_3, v_4)\}$$

一般，用圆括号将一对结点括起来组成的无序偶对表示无向边，如 (A, B) 和 (B, A) 表示同一条边。

在一个图 G 中，如果任一条边 $e<x, y>$ 是两个结点 x 和 y 的有序偶对，表示从结点 x 到 y 的单向通路，有方向性，则称边 $e<x, y>$ 是有向的。一般，用尖括号将一对结点括起来表示有向边，x 称为有向边的起点（initial node），y 称为有向边的终点（terminal node），所以 $<x, y>$ 和 $<y, x>$ 分别表示两条不同的有向边；其中的边皆为有向边的图称为有向图（directed graph, digraph）。图 9.1 中的 G_2 是有向图，它的结点集合 V 与图 G_1 相同，它的边集合 E 为：

$$E(G_2) = \{<v_1, v_2>, <v_1, v_3>, <v_2, v_3>, <v_3, v_4>, <v_4, v_4>, <v_4, v_1>\}$$

有向图中的边又称为弧（arc）。在图的图形表示中，用箭头表示有向边的方向，箭头从起点指向终点。如果某边的起点和终点是同一个结点，即存在边 $e(v, v)$ 或 $e<v, v>$ 时，称该边为环（loop）。例如，G_2 中存在环 $e<v_4, v_4>$。

无环且无重边的无向图称为简单图，如图 9.1 中的 G_1，本章一般讨论的是简单图。

2. 完全图、稀疏图和稠密图

一个有 n 个结点的无向图，可能的最大边数为 $n\times(n-1)/2$；而一个有 n 个结点的有向图，其弧的最大数目为 $n\times(n-1)$。如果一个图的边数达到相同结点集合构成的所有图的最大边数，则称该图为完全图（complete graph），如图 9.2 所示。n 个结点的完全图通常记为 K_n。

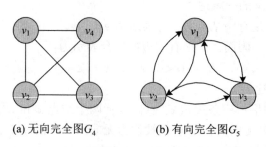

(a) 无向完全图 G_4　　　(b) 有向完全图 G_5

图 9.2　完全图

一个有 n 个结点的图，其边的数目如果远小于 n^2，则称为稀疏图（sparse graph）。一个图的边数如果接近最大数目，则称为稠密图（dense graph）。

3. 带权图

在图中除了用边表示两个结点之间的相邻关系外，有时还需表示它们相关的强度信息，例如从一个结点到另一个结点的距离、花费的代价、所需的时间等，诸如此类的信息可以通过在图的每条边上加一个称作权（weight）的数值来表示。边上加有权值的图称为带权图（weighted graph）或网络（network）。图 9.3 显示了两个带权图，权值标在相应的边上。

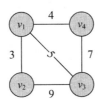 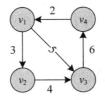

(a)带权的无向图 G_6 　　　　(b)带权的有向图 G_7

图 9.3　带权图

9.1.2　结点与边的关系

1. 相邻结点

若 $e(v_i, v_j)$ 是无向图中的一条边，则称结点 v_i 和 v_j 是相邻结点，边 $e(v_i, v_j)$ 与结点 v_i 和 v_j 相关联。若 $e<v_i, v_j>$ 是有向图中的一条边，则称结点 v_i 邻接到结点 v_j，结点 v_j 邻接于结点 v_i，边 $e<v_i, v_j>$ 与结点 v_i 和 v_j 相关联。

2. 度、入度、出度

图中与结点 v 相关联的边的数目称为该结点的度（degree），记作 $\mathrm{TD}(v)$。度为 1 的结点称为悬挂点（pendant node）。在图 9.1 的图 G_1 中，结点 v_1 和 v_3 的度都是 3，结点 v_2 和 v_4 的度都是 2。

在有向图中，以结点 v 为终点的有向边的数目称为该结点的入度（in-degree），记作 $\mathrm{ID}(v)$；以结点 v 为起点的有向边的数目称为该结点的出度（out-degree），记作 $\mathrm{OD}(v)$。出度为 0 的结点称为终端结点（或叶子结点）。结点 v 的度是该结点的入度与出度之和，即有

$$\mathrm{TD}(v) = \mathrm{ID}(v) + \mathrm{OD}(v)$$

在图 9.1 的图 G_2 中，结点 v_3 的入度 $\mathrm{ID}(v_3)=2$，出度 $\mathrm{OD}(v_3)=1$，度 $\mathrm{TD}(v_3)=3$。

3. 度与边数的关系

如果有 n 个结点的无向图 G，其结点集合为 $\{v_1, v_2, \cdots, v_n\}$，其边数为 e，则

$$e = \frac{1}{2}\sum_{i=1}^{n} \mathrm{TD}(v_i)$$

当 G 为有向图时，它的度与边数的关系可写为

$$\sum_{i=1}^{n} \mathrm{ID}(v_i) = \sum_{i=1}^{n} \mathrm{OD}(v_i) = e$$

$$\sum_{i=1}^{n} \mathrm{TD}(v_i) = \sum_{i=1}^{n} \mathrm{ID}(v_i) + \sum_{i=1}^{n} \mathrm{OD}(v_i) = 2e$$

9.1.3　子图与生成子图

设图 $G = (V, E)$，$G' = (V', E')$，若 $V' \subseteq V$，$E' \subseteq E$，并且 E' 中的边所关联的结点都在 V' 中，则称图 G' 是 G 的子图(subgraph)。任一图 $G = (V, E)$ 都是它自己的子图，如果 G 的子图 $G' \neq G$，则称 G' 是 G 的真子图。

如果 G' 是 G 的子图，且 $V' = V$，则称图 G' 是 G 的生成子图(spanning subgraph)。

9.1.4　路径、回路及连通性

1. 路径与回路

在图 $G = (V, E)$ 中，若从结点 v_i 出发，经过边 $e(v_i, v_{p1})$ 到达结点 v_{p1}，继续经过边 $e(v_{p1}, v_{p2})$ 到达结点 v_{p2} …… 最后经过边 $e(v_{pm}, v_j)$ 到达结点 v_j，也就是从结点 v_i 出发依次沿边 $e(v_i, v_{p1})$，$e(v_{p1}, v_{p2})$，…，$e(v_{pm}, v_j)$ 经过结点序列 v_{p1}，v_{p2}，…，v_{pm} 到达结点 v_j，则称边序列 $\{e(v_i, v_{p1}), e(v_{p1}, v_{p2}), …, e(v_{pm}, v_j)\}$ 是从结点 v_i 到结点 v_j 的一条路径(path)，通常缩写成结点序列 $(v_i, v_{p1}, v_{p2}, …, v_{pm}, v_j)$。

有向图 G 中的路径也是有向的，如果 $e < v_i, v_{p1} >$，$e < v_{p1}, v_{p2} >$，…，$e < v_{pm}, v_j >$ 都是有向图 G 中的边，则结点 v_i 和结点 v_j 之间存在路径，v_i 为该路径的起点，v_j 为终点。

一条路径的长度(path length)就是该条路径上边的数目。在带权图中，路径的长度有时指的是加权路径长度，它定义为从起点到终点的路径上各条边的权值之和。例如，图 9.3(a) 中从结点 v_1 到 v_3 的一条路径 (v_1, v_2, v_3) 的加权路径长度为 $3 + 9 = 12$。

如果在一条路径中，除起点和终点外，其他结点都不相同，则此路径称为简单路径(simple path)。起点和终点相同且长度大于 1 的简单路径成为回路(cycle)。例如，图 9.1 (c) G_3 中的路径 (B, C, D, B) 是一条回路。

2. 图的连通性

如果无向图 G 中的两个结点 v_i 和 v_j 之间有一条路径，则称结点 v_i 和结点 v_j 是连通的(connected)。如果图 G 中任意两个不同的结点之间都是连通的，则称图 G 为连通图(connected graph)。

非连通图中可能若干对结点之间不是连通的，它的极大连通子图称为该图的连通分量(connected component)。图 9.1 中的 G_1 是连通图，图 9.4(a) 则不是连通图，它有两个连通分量，分别是 C_1 和 C_2。

如果有向图 G 中的某两个不同的结点 v_i 和 v_j 之间有一条从 v_i 到 v_j 的路径，同时还有一条从 v_j 到 v_i 的路径，则称这两个结点是强连通的(strongly connected)。如果有向图 G 中任意两个不同的结点之间都是强连通的，则该有向图是强连通的。图 9.4(b) 中的 G_8 是强连通的有向图。

有向图的强连通分量指的是该图的强连通的最大子图。

一个有向图 G 中，若存在一个结点 v_0，从 v_0 有路径可以到达图 G 中其他所有结点，则称结点 v_0 为图 G 的根，称此有向图为有根的图。

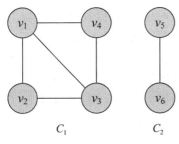
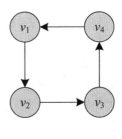

(a) 无向图的两个连通分量 C_1 和 C_2 (b) 强连通有向图 G_8

图 9.4 图的连通性

9.1.5 图的基本操作

图结构的基本操作有以下几种：

Initialize：初始化。建立一个图实例并初始化它的结点集合和边的集合。

AddNode /AddNodes：在图中设置、添加一个或若干结点。

Get/Set：访问。获取或设置图中的指定结点。

Count：求图的结点个数。

AddEdge/ AddEdges：在图中设置、添加一条或若干条边，即设置、添加结点之间的关联。

Nodes/Edges：获取结点表或边表。

Remove：删除。从图中删除一个数据结点及相关联的边。

Contains/IndexOf：查找。在图中查找满足某种条件的结点(数据元素)。

Traversal：遍历。按某种次序访问图中的所有结点，并且每个结点恰好访问一次。

Copy：复制。复制一个图。

9.2 图的存储结构

图结构是结点和边的集合，图的存储结构要记录这两方面的信息。结点的集合可以用一个称为结点表的线性表来表示；图中的一条边表示某两个结点的邻接关系，图的边集可以用邻接矩阵(adjacency matrix)或邻接表(adjacency list)来表示。邻接矩阵是一种顺序存储结构，而邻接表是一种链式存储结构。

9.2.1　图结构的邻接矩阵表示法

1. 邻接矩阵的定义

图结构的邻接矩阵用来表示图的边集，即结点间的相邻关系集合。设 $G = (V,\ E)$ 是一个具有 n 个结点的图，它的邻接矩阵是一个 n 阶方阵，其中的元素具有下列性质：

$$a_{ij} = \begin{cases} 1,\ e(v_i,\ v_j) \in E \text{ 或 } e < v_i,\ v_j > \in E \\ 0,\ e(v_i,\ v_j) \notin E \text{ 或 } e < v_i,\ v_j > \notin E \end{cases}$$

邻接矩阵任意元素 $a_{i,j}$ 的值表示两个结点 v_i 和 v_j 之间是否有相邻关系，即这两个结点间是否存在边：如果 $a_{i,j} = 1$，则 v_i 和 v_j 之间存在一条边；如果 $a_{i,j} = 0$，则 v_i 和 v_j 之间无边相连。邻接矩阵作为其全部元素的整体则表示图的边集。

例如，图 9.5 显示了一个无向图及其对应的邻接矩阵，图 9.6 则显示了一个有向图及其对应的邻接矩阵。

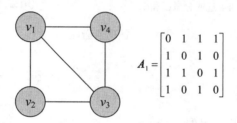

图 9.5　无向图及其邻接矩阵

从上面的例子中可以看出，无向图的邻接矩阵是对称矩阵，即 $a_{ij} = a_{ji}$，有向图的邻接矩阵则不一定对称。一般地，用邻接矩阵表示一个具有 n 个结点的图结构需要 n^2 个存储单元。对于无向图，则因为其邻接矩阵是对称的，可以只存储邻接矩阵的上三角或下三角数据元素，因而只需 $n^2/2$ 个存储单元。图结构的邻接矩阵表示法的空间复杂度为 $O(n^2)$。

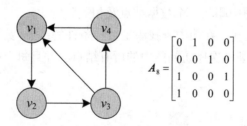

图 9.6　有向图及其邻接矩阵

2. 带权图的邻接矩阵

对于带权图，设某边 $e(v_i,\ v_j)$ 或 $e < v_i,\ v_j >$ 上的权值为 w_{ij}，则带权图的邻接矩阵定义为：

$$a_{ij} = \begin{cases} w_{ij}, & v_i \neq v_j \text{ 且 } e(v_i, v_j) \in E \text{ 或 } e < v_i, v_j > \in E \\ \infty, & v_i \neq v_j \text{ 且 } e(v_i, v_j) \notin E \text{ 或 } e < v_i, v_j > \notin E \\ 0, & v_i = v_j \end{cases}$$

图 9.3 中的两个带权图的邻接矩阵分别为 $\boldsymbol{A}_6$ 和 $\boldsymbol{A}_7$：

$$\boldsymbol{A}_6 = \begin{bmatrix} 0 & 3 & 5 & 4 \\ 3 & 0 & 9 & \infty \\ 5 & 9 & 0 & 7 \\ 4 & \infty & 7 & 0 \end{bmatrix}, \quad \boldsymbol{A}_7 = \begin{bmatrix} 0 & 3 & 5 & \infty \\ \infty & 0 & 4 & \infty \\ \infty & \infty & 0 & 6 \\ 2 & \infty & \infty & 0 \end{bmatrix}$$

3. 邻接矩阵与结点的度

根据邻接矩阵容易求得各个结点的度。无向图中某结点 v_i 的度等于图的邻接矩阵第 i 行上各元素之和，即

$$\text{TD}(v_i) = \sum_{j=1}^{n} a_{ij}$$

有向图中的某结点 v_i 的出度等于矩阵第 i 行上各元素之和，结点 v_j 的入度等于第 j 列上各元素之和，即

$$\text{OD}(v_i) = \sum_{j=1}^{n} a_{ij}, \quad \text{ID}(v_j) = \sum_{i=1}^{n} a_{ij}$$

4. 图的顶点类和邻接矩阵图类的定义

下面定义 Vertex 类表示图中的顶点，成员 data 存储顶点的数据，成员 visited 作为顶点是否被访问过的标志，以后在图的遍历操作中将会用到。

```
public class Vertex<T> {
    private T data;
    private bool visited;
    public Vertex() {
        data =default(T); visited = false;
    }
    public Vertex(T data, bool visited) {
        this.data = data;
        this.visited = visited;
    }
    public Vertex(T data) {
        this.data = data;
        this.visited = false;
    }
    public T Data {
        get { return data; }
        set { data = value; }
    }
```

```
public bool Visited {
    get { return visited; }
    set { visited = value; }
}
public void Show() {
    Console.Write("-" + this.data + " ->");
}
public override string ToString() {
    return string.Format("-{0}->", this.data);
}
}
```

下面定义 AdjacencyMatrixGraph 类表示一个以邻接矩阵存储的具有 n 个结点的图。成员变量 count 表示图的结点个数，成员变量 vertexList 是一个线性表（称作结点表），保存图的结点集合。成员变量 AdjMat 是一个二维数组，用来存储图的邻接矩阵。

```
public class AdjacencyMatrixGraph<T> {
    private int count = 0;                 //图的结点个数
    private IList<Vertex<T>> vertexList;   //图的结点表
    private int[,] AdjMat;                 //二维数组存储图的邻接矩阵
    ......
}
```

上面声明的两个类都是泛型类，顶点的数据类型在定义图和顶点类型的实例时决定。Vertex 类和 AdjacencyMatrixGraph 类都声明在命名空间 DSA 中。

5. 邻接矩阵图的基本操作

(1) 邻接矩阵图的初始化。使用带一个二维数组参数的构造方法创建图对象，存储指定的邻接矩阵，并设置一个空的结点表；缺省的构造方法则分别构建一个空的邻接矩阵和一个空的结点表。算法如下：

```
public AdjacencyMatrixGraph(int[,] adjmat){
    int n = adjmat.GetLength(0);
    AdjMat = new int[n,n];
    Array.Copy(adjmat, AdjMat, n * n);
    vertexList = new List<Vertex<T>>();
    count = n;
}

public AdjacencyMatrixGraph(){
    AdjMat = new int[MaxVertexCount, MaxVertexCount];
    vertexList = new List<Vertex<T>>();
    count = 0;
}
```

（2）返回或设置图的结点数。该操作告知或设置图的结点个数，以名为 Count 的属性来实现这个功能，编码如下：

```
public int Count {
    get { return count; }
    set { count = value; }
}
```

（3）获取或设置指定结点的值。就像 C#的数组下标从 0 开始一样，我们用从 0 开始的索引参数 i 来指示图的第 i 个结点，以类的索引器的形式实现这个功能，编码如下：

```
public T this[int i] {
    get {
        if (i >= 0 && i < count)
            return vertexList[i].Data;
        else
            throw new IndexOutOfRangeException(
                "Index Out Of Range Exception in " + this.GetType());
    }
    set {
        if (i >= 0 && i < count)
            vertexList[i].Data = value ;
        else
            throw new IndexOutOfRangeException(
                "Index Out Of Range Exception in " + this.GetType());
    }
}
```

（4）为图设置一组结点。该操作将图的结点表 vertexList 设为参数 nodes 指定的表，编码如下：

```
public void AddNodes( IList<Vertex<T>> nodes ) {
    vertexList = nodes;
    count = vertexList.Count;
}
```

（5）查找具有特定值的元素。在图中查找具有特定值 k 的元素的过程为：在图中按结点号顺序检查结点值是否等于 k，若相等则返回结点号；否则继续与下一个结点进行比较，当比较了所有的数据元素后仍未找到，则返回-1，表示查找不成功。算法实现如下：

```
public int IndexOf(T k){
    int j = 0;
    while (j < count && ! k.Equals(vertexList[j].Data) )
        j++;
    if ( j >= 0 && j < count )
```

```
        return j;
    else return -1;
}
```

9.2.2　图结构的邻接表表示法

1. 用邻接表表示无向图

邻接矩阵表示图的空间复杂度为 $O(n^2)$，它与图中结点的个数有关，而与边的数目无关。对于稀疏图，其边数可能远小于 n^2，图的邻接矩阵中就会有很多零元素，这种存储方式将造成存储空间上的浪费。对于这种情况，可以用结点表和邻接表来表示和存储图结构，其占用的存储空间既与图的结点数有关，也与边数有关。对于 n 个结点的图，如果边数 $m \ll n^2$，则邻接表表示法需占用的存储空间比邻接矩阵表示法节省许多。另外，邻接表保存了与一个结点相邻接的所有结点，这也会给图的操作提供方便。

图的结点表用来保存图中的所有结点，它通常是一个顺序存储的线性表，该线性表中的每个元素对应于图的一个结点。线性表元素的类型是一种重新定义的图结点类型（GraphNode 类），它包括两个基本成员：data 和 neighbors。其中，data 表示结点数据元素信息，neighbors 则指向该结点的邻接结点表，简称邻接表。

图中的每个结点都有一个邻接表 neighbors，它保存与该结点相邻接的若干个结点，因此邻接表中的每个结点对应于与该结点相关联的一条边。图9.7 显示了一个无向图及其邻接表。

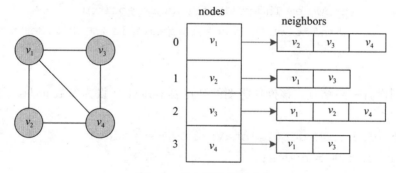

图 9.7　无向图的邻接表

与无向图邻接矩阵表示法将每条边的信息对称地存储两次的情形类似，用邻接表表示无向图，也会将每条边的信息存储两次，每条边分别存储在与该边相关联的两个结点的邻接表中，因此对于 n 个结点 m 条边的无向图，共需要占用 $n+2m$ 个结点单元来存储图结构，即图所占用的存储空间大小既与图的结点数有关，也与图的边数有关。

2. 用邻接表表示有向图

对于有向图，一个结点的邻接表可以只存储出边相关联的邻接结点，因此，n 个结点 m 条边的有向图的邻接表需要占用 $n+m$ 个结点存储单元。图 9.8 显示了一个有向图及其出边邻接表。

204

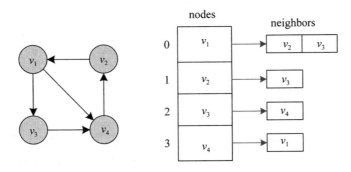

图 9.8 有向图的邻接表

3. 定义图的结点类和邻接表图类

下面定义 GraphNode 类来刻画图中的结点，类的成员变量 data 存储结点的数据，成员变量 neighbors 存储结点的邻接表，成员变量 visited 作为结点是否被访问过的标志，成员 costs 留着用以存储与结点相邻接各边的权值。

```
public class GraphNode<T > {
    private T data;
    private bool visited;
    private List<GraphNode<T>> neighbors = null;
    private List<int> costs;                      //边的权值
    public GraphNode(T data, List<GraphNode<T>> neighbors) {
        this.data = data; this.visited = false;
        this.neighbors = neighbors;
    }
    public GraphNode(T data) : this(data, null) { }
    public T Data { get{return data;} set {data = value;} }
    public bool Visited { get { return visited; }
                          set { visited = value; } }
    public List<GraphNode<T>> Neighbors {
        get {
            if (neighbors == null)
                neighbors =new List<GraphNode<T>>();
            return neighbors;
        }
        set { neighbors = value; }
    }
    public List<int> Costs {
        get {
```

```
            if (costs = = null)
                costs =new List<int>( );
            return costs;
        }
        set { costs = value; }
    }
}
```

下面定义 Graph 类来表示一个以邻接表存储的图，其中，成员变量 nodes 表示图的结点表，结点表中每个元素对应于图的一个结点，它的类型为 GraphNode，结点的 neighbors 成员保存了结点的邻接表。

```
public class Graph<T> {
    private const int Infinity = Int16.MaxValue;
    private IList<GraphNode<T>> nodes;             //图的结点表
    ……
}
```

GraphNode 类和 Graph 类都声明在命名空间 DSA 中。它们也都设计为泛型类，结点的数据类型在定义图和结点类型的实例时决定。

4. 邻接表图的基本操作

(1)邻接表图的初始化。使用构造方法创建图对象，存储指定的结点表，并根据给定的邻接矩阵建立邻接表。算法如下：

```
public Graph( IList<GraphNode<T>> nodes, int[,] mat) {   //以邻接矩
阵建立图的邻接表
    this.nodes = nodes;
    int i, j;
    int nOfNodes = mat.GetLength(0);
    for (i = 0; i < nOfNodes; i++) {
        for (j = 0; j < nOfNodes; j++)          //查找与 i 相邻的其他结点 j
            if (mat[i, j]! =0 && mat[i, j]! =Infinity) {
                nodes[i].Neighbors.Add(nodes[j]);//邻接表中添加结点
            }
        }
    }
}
```

Graph 类的构造方法将邻接矩阵 mat 中表示的边转换成各结点 nodes[i] 的邻接表 Neighbors。

(2)返回图的结点数。该操作告知图的结点个数，以名为 Count 的属性来实现这个功能。编码如下：

```
public int Count {
    get { return nodes.Count; }
}
```

（3）获取或设置指定结点的值。用从 0 开始的索引参数 *i* 来指示图的第 *i* 个结点，以类的索引器的形式实现这个功能。编码如下：

```
public T this[int i] {
    get {
        if (i >= 0 && i < Count)
            return nodes[i].Data;
        else
            throw new IndexOutOfRangeException(
                "Index Out Of Range Exception in " + this.GetType());
    }
    set {
        if (i >= 0 && i < Count)
            nodes[i].Data =value;
        else
            throw new IndexOutOfRangeException(
                "Index Out Of Range Exception in " + this.GetType());
    }
}
```

（4）在图中增加结点。将参数指定的新结点添加进图的结点表。编码如下：

```
//adds a node to the graph
public void AddNode(T value) {
    nodes.Add( new GraphNode<T>(value) );
}
public void AddNode(GraphNode<T> node) {
    nodes.Add(node);
}
```

（5）查找具有特定值的元素。在图的结点表中查找具有特定值的结点，如果找到满足条件的结点，就返回该结点或指示结点的序号；如果图中没有满足条件的结点，则返回 null 或返回 −1。编码如下：

```
public GraphNode<T> FindByValue(T k) {
    foreach (GraphNode<T> node in nodes)
        if (node.Data.Equals(k))
            return node;
    return null;
}
public int IndexOf(T k) {
    int j = 0;
```

```
        while (j < Count && ! k.Equals(nodes[j].Data))
            j++;
        if (j >= 0 && j < Count)
            return j;
        else return -1;
    }
    public int IndexOf(GraphNode<T> k) {
        int j = 0;
        while (j < Count && ! k.Data.Equals(nodes[j].Data)) j++;
        if (j >= 0 && j < Count) return j;
        else return -1;
    }
```

(6)在图中增加边，即增加结点之间的关联。

增加一条有向边的算法如下：

```
public void AddDirectedEdge(GraphNode<T> from,
  GraphNode<T> to, int cost) {
    from.Neighbors.Add(to);
    from.Costs.Add(cost);
}

public void AddDirectedEdge(T from, T to, int cost) {
    GraphNode<T> fromNode = FindByValue(from);
    fromNode.Neighbors.Add(FindByValue(to));
    fromNode.Costs.Add(cost);
}
```

增加一条无向边的算法如下：

```
public void AddUndirectedEdge(GraphNode<T> from,
  GraphNode<T> to, int cost) {
    from.Neighbors.Add(to);
    from.Costs.Add(cost);
    to.Neighbors.Add(from);
    to.Costs.Add(cost);
}
public void AddUndirectedEdge(T from, T to, int cost) {
    GraphNode<T> fromNode = FindByValue(from);
    GraphNode<T> toNode = FindByValue(to);
    fromNode.Neighbors.Add(toNode);
    fromNode.Costs.Add(cost);
    toNode.Neighbors.Add(fromNode);
```

```
        toNode.Costs.Add(cost);
    }
```

（7）输出图的邻接表。ShowAdjacencyList 方法输出各结点的邻接表 Neighbors 中的各个结点数据元素值。

```
public void ShowAdjacencyList() {
    Console.WriteLine("邻接表:");
    for (int i = 0; i < nodes.Count; i++) {
        Console.Write(nodes[i].Data + " -> ");
        for (int j = 0; j < nodes[i].Neighbors.Count; j++) {
            Console.Write(nodes[i].Neighbors[j].Data + " + ");
        }
        Console.WriteLine(".");
    }
}
public void Show() {
    ShowAdjacencyList();
}
```

9.3　图的遍历

图的遍历（traversal）操作指的是，从图的一个结点出发，以某种次序访问图中的每个结点，并且每个结点仅被访问一次。与遍历操作在树结构中的作用类似，遍历也是图的一种基本操作，图的许多其他操作都可以建立在遍历操作的基础之上。

对于图的遍历，存在两种基本策略：深度优先搜索（depth first search）遍历和广度优先搜索（breadth first search）遍历。图的遍历可以从任意结点开始，从图的某一指定结点出发，图的深度优先搜索遍历类似于二叉树的先根遍历，优先从一条路径向更远处访问图的其他结点，逐渐向所有路径扩展；图的广度优先搜索遍历类似于二叉树的层次遍历，优先考虑直接近邻的结点，逐渐向远处扩展。

9.3.1　基于深度优先策略的遍历

1. 基于深度优先策略的遍历算法描述

图的深度优先搜索遍历可以看成是二叉树先根遍历的推广，就是优先从一条路径向更远处访问图的所有结点。图中的一个结点可能与多个结点相邻接，在图的遍历中，访问了一个结点后，可能会沿着某条路径又回到该结点。为了避免同一个结点重复多次被访问，在遍历过程中必须对访问过的结点作标记。前面在图的结点结构（GraphNode 类和 Vertex 类）的定义中，添加数据成员 visited 就是用来记录结点是否被访问过。

深度优先遍历要完成的基本操作是以深度优先的策略搜索下一个未被访问的结点，该过程的递归式实现描述如下：

（1）从图中选定的一个结点（设该结点下标为 m，结点值为 s）出发，访问该结点。

（2）查找与结点 s 相邻接且未被访问过的另一个结点（设该结点下标为 n，结点值为 t）。

（3）若存在这样的结点 t，则从结点 t 出发继续进行深度优先搜索遍历。

（4）若找不到这样的结点 t，说明从 s 开始能够到达的所有结点都已被访问过，此条路径遍历结束。

按照上述算法，对一个连通的无向图或一个强连通的有向图，从某一个结点出发，一次深度优先搜索遍历可以访问图的每个结点；否则，一次深度优先搜索遍历只能访问图中的一个连通分量。图 9.9 所示为从不同的结点进行深度优先搜索遍历。

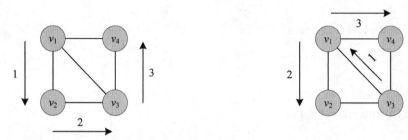

(a) 从顶点 v_1 出发的一种深度优先遍历序列 $\{v_1, v_2, v_3, v_4\}$ (b) 从顶点 v_3 出发的一种深度优先遍历序列 $\{v_3, v_1, v_2, v_4\}$

图9.9　无向图的深度优先搜索遍历过程

2. 邻接矩阵图的深度优先遍历操作的算法实现

在以邻接矩阵存储的图 AdjacencyMatrixGraph 类中，增加成员方法 DepthFirstSearch 和 DepthFirstShow 实现图的深度优先遍历算法。

图的结点表 vertexList 中的每个元素对应图的一个结点，结点类型为 Vertex，它记录结点的值及是否被访问过等信息。在一个含有 n 个结点的图中进行深度优先遍历，一旦访问一个结点，则该结点被标志为"已被访问"（其域 Visited 被置为 true），此后便不再访问该结点。

增加成员后的 AdjacencyMatrixGraph 类如下：

```
public class AdjacencyMatrixGraph<T> {
    private const int MaxVertexCount = 10;
    private const int Infinity = Int16.MaxValue;
    private int count = 0;                    //图的结点个数
    private IList<Vertex<T>> vertexList;      //图的结点表
    private int[,] AdjMat;                     //二维数组存储图的邻接矩阵
    public void ResetVisitFlag() {            //设置未访问标记
        int i;
        for (i = 0; i < count; i++)
```

```
            vertexList[i].Visited = false;
    }
    //从结点 m：[0－count-1] 开始的深度优先遍历,结果放在表或数组 sql 中
    public void DepthFirstSearch(int m, IList<int> sql){
        int n = 0;
        sql.Add(m);
        vertexList[m].Visited = true;
        while (n < count) {    //查找与 m 相邻的且未被访问的其他结点
            if (AdjMat[m, n] ！= 0 && AdjMat[m, n] ！= Infinity && !
                vertexList[n].Visited)
                DepthFirstSearch(n, sql);    //递归,继续深度优先遍历
            else
                n++;
        }
    }
    //从结点 m：[0－count-1] 开始的深度优先遍历,结果显示在控制台
    public void DepthFirstShow(int m) {
        vertexList[m].Show();
        vertexList[m].Visited = true;
        int n = 0;
        while (n < count) {    //查找与 m 相邻的且未被访问的其他结点
            if (AdjMat[m, n] ！= 0 && AdjMat[m, n] ！= Infinity && !
                vertexList[n].Visited)
                DepthFirstShow(n);                //递归,继续深度优先遍历
            else
                n++;
        }
    }
}
```

从上面的代码可以看出，对于有 n 个结点的图，它的邻接矩阵需要 n^2 个存储单元，处理一行的时间复杂度为 $O(n)$，矩阵共有 n 行，故深度优先遍历算法的时间复杂度为 $O(n^2)$。

【例 9.1】邻接矩阵图的深度优先遍历算法测试。

```
using System;
using System.Collections.Generic;
using DSA;
namespace graphtest {
class AdjacencyMatrixGraphTest {
```

```
static void Main( string[ ] args ) {
    int[ , ] adjmat = { { 0, 1, 1, 1 }, { 1, 0, 1, 0 }, { 1, 1, 0, 1 }, {
                       1, 0, 1, 0 } };
    Vertex<string>[ ] nodes = new Vertex<string>[ 4 ];
    for ( int i = 0; i < 4; i++ )
        nodes[ i ] = new Vertex<string>( "Vertex" + ( i+1 ) );
    AdjacencyMatrixGraph<string> g =
        new AdjacencyMatrixGraph<string>( adjmat );
    g.AddNodes( nodes );
    DepthFirstShowTest( g );
}
static void DepthFirstShowTest(
    AdjacencyMatrixGraph<string> g ) {
    Console.WriteLine( "深度优先遍历:" );
    for ( int i = 0; i < g.Count; i++ ) {
        g.DepthFirstShow( i );
        Console.WriteLine();
        g.ResetVisitFlag();
    }
}
} }
```

程序运行结果如下:

深度优先遍历:

-Vertex1 ->-Vertex2 ->-Vertex3 ->-Vertex4 ->

-Vertex2 ->-Vertex1 ->-Vertex3 ->-Vertex4 ->

-Vertex3 ->-Vertex1 ->-Vertex2 ->-Vertex4 ->

-Vertex4 ->-Vertex1 ->-Vertex2 ->-Vertex3 ->

从结点 Vertex1 和 Vertex3 出发得到的深度优先搜索遍历序列分别是<Vertex1,Vertex2, Vertex3, Vertex4>和<Vertex3, Vertex1, Vertex2, Vertex4>, 其过程显示在图 9.9 中。

3. 邻接表图的深度优先遍历算法实现

在表示以邻接表存储的图结构 Graph 类中用 DepthFirstShow 成员方法来实现图的深度优先遍历算法。修改后的 Graph 类如下:

```
public class Graph<T> {
    private const int Infinity = Int16.MaxValue;
    private IList<GraphNode<T>> nodes;        //图的结点表
    public void ResetVisitFlag() {            //重置未访问标记
        for ( int i = 0; i < Count; i++ )
```

```
            nodes[i].Visited =false;
    }
    //图的深度优先遍历,从结点号 m 开始,结果显示在控制台
    public void DepthFirstShow( int m) {
        int i, j;
        Console.Write( "-" + nodes[m].Data + " ->");
        nodes[m].Visited =true;
        for (j = 0; j < nodes[m].Neighbors.Count; j++) {
            if (! nodes[m].Neighbors[j].Visited) {
                i = IndexOf(nodes[m].Neighbors[j]);
                DepthFirstShow(i);          //递归访问邻接结点
            }
        }
    }
    //从结点 k(值)开始的深度优先遍历,结果显示在控制台
    public void DepthFirstShow( T k) {
        int i = IndexOf(k);                 //结点 k 的下标,从 0 开始
        DepthFirstShow(i);
    }
}
```

从上面的代码可以看出,对于有 n 个结点和 m 条边的图,对于邻接表图结构进行深度优先遍历的时间复杂度为 $O(n+m)$。

【例 9.2】邻接表图的深度优先遍历算法测试。

```
using System; using System.Collections.Generic;
using DSA;
namespace graphtest {
    class GraphTraversalTest {
        static void Main(string[] args) {
            int[,] adjmat = { { 0, 1, 1, 1 }, { 1, 0, 1, 0 }, { 1, 1, 0, 1 },
                            { 1, 0, 1, 0 } };
            GraphNode<string>[] nodes = new GraphNode<string>[4];
            for (int i = 0; i < 4; i++)
                nodes[i] = new GraphNode<string>( "Vertex" + (i + 1) );
            Graph<string> g = new Graph<string>(nodes, adjmat);
            g.ShowAdjacencyList();
            DepthFirstShowTest(g);
        }
        static void DepthFirstShowTest(Graph<string> g) {
```

```
Console.WriteLine( "深度优先遍历:");
for (int i = 0; i < g.Count; i++) {
    g.DepthFirstShow(i);
    Console.WriteLine();
    g.ResetVisitFlag();
    }
  }
 }
}
```

程序运行结果如下：

邻接表：

Vertex1 -> Vertex2 + Vertex3 + Vertex4 + .

Vertex2 -> Vertex1 + Vertex3 + .

Vertex3 -> Vertex1 + Vertex2 + Vertex4 + .

Vertex4 -> Vertex1 + Vertex3 + .

深度优先遍历：

-Vertex1 ->-Vertex2 ->-Vertex3 ->-Vertex4 ->

-Vertex2 ->-Vertex1 ->-Vertex3 ->-Vertex4 ->

-Vertex3 ->-Vertex1 ->-Vertex2 ->-Vertex4 ->

-Vertex4 ->-Vertex1 ->-Vertex2 ->-Vertex3 ->

9.3.2　基于广度优先策略的遍历

1. 基于广度优先策略的遍历算法描述

基于广度优先搜索策略遍历图，就是优先考虑直接近邻的结点，逐渐向远处扩展到图的所有结点。该过程的基本任务是以广度优先的策略搜索下一个未被访问的结点。类似于二叉树的层次遍历，在基于广度优先策略的图的遍历操作中，通过设立一个队列结构来保存访问过的结点，以便在继续遍历中依次访问它们的尚未被访问过的邻接点。图的广度优先遍历算法描述如下：

(1)从图中选定的一个结点(设该结点编号为 m，结点值为 s)作为出发点，访问该结点。

(2)将访问过的结点(编号为 m，值为 s)送入队列(Enqueue)。

(3)当队列不空时，进入以下的循环：

①队首结点(设该结点编号为 i，值为 k)从队列出队(Dequeue)，标记为 v_i。

②问与 v_i 有边相连且未被访问过的所有结点 v_n(结点编号为 n，值为 t)，访问过的结点 v_n 入队。

(4)当队列空时，循环结束，说明从结点 s 开始能够到达的所有结点都已被访问过。

用广度优先算法对图进行遍历时，由于使用队列结构保存访问过的结点，若结点 v_1 在结点 v_2 之前被访问，则与结点 v_1 相邻接的结点将会在与结点 v_2 相邻接的结点之前被访问。

图 9.10 所示为从不同的结点进行广度优先搜索遍历所得到的不同结点序列。

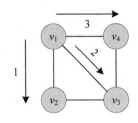 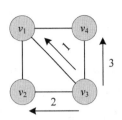

(a) 从顶点v_1出发的一种广度优先遍历序列$\{v_1, v_2, v_3, v_4\}$ (b) 从顶点v_3出发的一种广度优先遍历序列$\{v_3, v_1, v_2, v_4\}$

图 9.10 图的广度优先搜索遍历过程

对于一个连通的无向图或强连通的有向图，从图的任一结点出发，进行一次广度优先搜索便可遍历全图；否则，只能访问图中的一个连通分量。

对于有向图，每条弧$<v_i, v_j>$被检测一次；对于无向图，每条边(v_i, v_j)被检测两次。

2. 邻接矩阵图的广度优先遍历算法实现

在以邻接矩阵存储的图 AdjacencyMatrixGraph 类中，增加一个成员方法 BreadthFirst Show 实现基于广度优先策略的遍历算法。该方法编码如下：

```
//从结点 m 开始的广度优先遍历, m 为起始结点序号
public void BreadthFirstShow(int m) {
    int i,n;
    Queue<int> qi = new Queue<int>();       //设置空队列
    vertexList[m].Show();                    //访问起始结点
    vertexList[m].Visited = true;            //设置访问标记
    qi.Enqueue(m);                           //访问过的 m 结点入队
    while(qi.Count! =0) {                    //队列不空时进入循环
        i = qi.Dequeue();                    //队首出队, i 是结点下标
        n = 0;
        while(n<count){                      //查找与 i 相邻且未被访问的结点
            if(AdjMat[i,n]!=0 && AdjMat[i,n]!=Infinity
                && ! vertexList[n].Visited ) {
                vertexList[n].Show();
                vertexList[n].Visited = true;
                qi.Enqueue(n);
            } else
                n++;
        }
    }
}
```

```
//从值为 k 的结点开始的广度优先遍历
public void BreadthFirstShow(T k) {
    int i = IndexOf(k);                    //结点 k 的下标,从开始
    BreadthFirstShow(i);
}
```

在例 9.1 的 Main 方法中，增加调用图的广度优先遍历操作的语句：

`g.BreadthFirstShow();`

该代码运行的结果如下：

广度优先遍历：

```
-Vertex1 ->-Vertex2 ->-Vertex3 ->-Vertex4 ->
-Vertex2 ->-Vertex1 ->-Vertex3 ->-Vertex4 ->
-Vertex3 ->-Vertex1 ->-Vertex2 ->-Vertex4 ->
-Vertex4 ->-Vertex1 ->-Vertex3 ->-Vertex2 ->
```

3. 邻接表图的广度优先遍历算法实现

在以邻接表存储的图 Graph 类中，增加一个成员方法 BreadthFirstShow 实现图的广度优先遍历操作。该方法编码如下：

```
//图的广度优先遍历, m 为起始结点序号
public void BreadthFirstShow(int m) {
    int i, j;
    Queue<int> qi = new Queue<int>();          //设置空队列
    Console.Write("-" + nodes[m].Data + " ->");   //访问起始结点
    nodes[m].Visited =true;                     //设置访问标记
    qi.Enqueue(m);                              //访问过的 m 结点入队
    while (q.Count ! = 0) {                      //队列不空时
        i = qi.Dequeue();                       //队首出队,i 是结点下标
        for (j = 0; j < nodes[i].Neighbors.Count; j++) {
            if (! nodes[i].Neighbors[j].Visited) {
                        //查找与 i 相邻且未被访问的结点
                Console.Write("-" +nodes[i].Neighbors[j].Data+" ->");
                nodes[i].Neighbors[j].Visited =true;
                qi.Enqueue(IndexOf(nodes[i].Neighbors[j]));
            }
        }
    }
}
//从值为 k 的结点开始的广度优先遍历
public void BreadthFirstShow(T k) {
        int i = IndexOf(k);              //获取结点 k 的下标,从 0 开始
```

```
BreadthFirstShow(i);
}
```

9.4 最小代价生成树

图(graph)可以看成是树(tree)和森林(forest)的推广，树和森林则分别是图的某种特例。下面首先从图的角度来看待树和森林，然后讨论图的生成树、最小代价生成树等概念。

9.4.1 树和森林与图的关系

树和森林都是特殊的图。树是连通的无回路的无向图，树中的悬挂点称为叶子结点，其他的结点称为分支结点。森林则是诸连通分量均为树的图。

树是一种简单图，因为它无环也无重边。若在树中任意一对结点之间加上一条边，则形成图中的一条回路；若去掉树中的任意一条边，则树变为森林，整体是一种非连通图。树和森林与图的关系如图9.11所示。

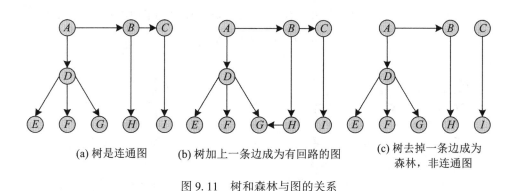

(a) 树是连通图　　　(b) 树加上一条边成为有回路的图　　　(c) 树去掉一条边成为森林，非连通图

图 9.11　树和森林与图的关系

对一棵树 T 而言，其结点数为 n，边数为 m，那么有 $n-m=1$。

9.4.2 图的生成树

1. 生成树的定义

无向图 G 的生成子图 T 如果是一棵树，则树 T 称为图 G 的生成树(spanning tree)。由定义知，图 G 的生成树 T 具有与图 G 相同的结点集合，它包含原图结构中尽可能少的边，但仍然构成连通图。如果在生成树中加入一条边，则产生回路；如果删除生成树中的一条边，生成树将被分成不连通的两棵树。

假设有一个铁路网络图，图中结点表示城市，边表示连接两个城市的铁路线路，则该图的生成树包含图中的所有结点(城市)和尽可能少的边(铁路线路)，但任意两个城市仍然是可通达的。

设 $G=(V, E)$ 是一个连通的无向图，从图 G 的任意一个结点 v 出发进行一次遍历所经过的边的集合为TE，则 $T=(V, \text{TE})$ 是 G 的一个连通子图，它实际上是图 G 的一棵生成树。可见，任意一个连通图都至少有一棵生成树。

图的生成树不是唯一的，从不同的结点出发遍历图的结点可以得到不同的生成树，采用不同的搜索策略也可以得到不同的生成树。具有 n 个结点的连通无向图的生成树有 n 个结点和 $n-1$ 条边。对图的任意两个结点 v_i 和 v_j，在生成树中，v_i 和 v_j 之间只有唯一的一条路径。

以深度优先策略遍历图得到的生成树，称为深度优先生成树；以广度优先遍历得到的生成树，称为广度优先生成树。连通无向图的生成树如图 9.12 所示，强连通有向图的生成树如图 9.13 所示。

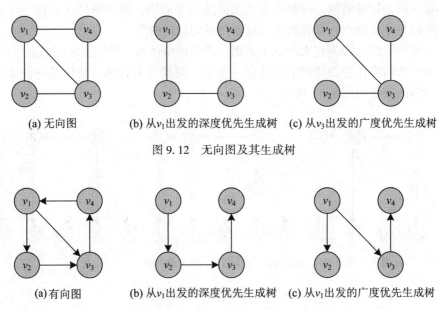

(a) 无向图　　(b) 从v_1出发的深度优先生成树　　(c) 从v_3出发的广度优先生成树

图 9.12　无向图及其生成树

(a)有向图　　(b) 从v_1出发的深度优先生成树　　(c) 从v_1出发的广度优先生成树

图 9.13　有向图及其生成树

2. 生成森林

如果图 G 是非连通的无向图，它的各连通分量的生成树构成图 G 的生成森林（spanning forest）。生成森林中的每棵树是对非连通图 G 进行一次遍历所能到达的一个连通分量。

3. 带权图的生成树

图 9.14 显示一个带权图及其生成树。因为带权图的权值常用来表示代价、距离等，所以称一个带权图的生成树各边的权值之和为生成树的代价（cost）。一般地，一个连通图的生成树不止一棵，各生成树的代价可能不一样，图 9.14 中图的两棵生成树的代价分别为 21 和 18。

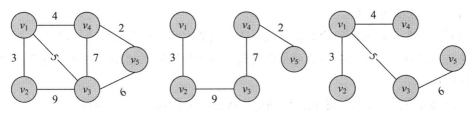

(a) 带权的无向图   (b) 从v_1出发的深度优先生成树   (c) 从v_1出发的广度优先生成树

图 9.14   带权图及其生成树

9.4.3   图的最小代价生成树

在表示城市之间的铁路网络的图结构中，结点表示城市，边表示城市之间的铁路线路，边上的权值表示相应的路程。该图的不同生成子树的边长之和(铁路总长)可能是不同的，其中某些生成树给出连接每个城市的具有最小代价(路程)的铁路布局。许多生产和科研问题都蕴含着与这个例子类似的需求，即需要求取图的最小代价生成树。

若 G 是一个连通的带权图，则它的生成树 T 中各边的权值之和 $w(T)$ 称为图 G 的生成树的代价(cost)，它等于：

$$w(T) = \sum_{e \in T} w(e)$$

式中，$w(e)$ 为边 e 上的权。代价最小的生成树称为图的最小代价生成树(minimum cost spanning tree，MCST)，简称最小生成树(minimal spanning tree，MST)。

按照生成树的定义，具有 n 个结点的连通图的生成树有 n 个结点和 $n-1$ 条边，其中最小代价生成树具有下列 4 条性质：

(1) 包含图中的 n 个结点；

(2) 包含且仅包含图中的 $n-1$ 条边；

(3) 不包含产生回路的边；

(4) 最小生成树是各边权值之和最小的生成树。

在图中构造最小生成树有两种典型的算法：克鲁斯卡尔(Kruskal)算法和普里姆(Prim)算法。它们都在逐步求解的过程中利用了最小生成树的一条简称为 MST 的性质：假设 $G=(V, E)$ 是一个连通加权图，若 $e(u, v)$ 是图中一条具有最小权值的边，其中 u 和 v 是边 e 关联的两个结点，则必存在一棵包含边 $e(u, v)$ 的最小生成树。

1. Kruskal 算法

设连通带权图 $G=(V, E)$ 有 n 个结点和 m 条边。克鲁斯卡尔算法的基本思想是，最初先构造一个包括全部 n 个结点但无边的森林 $T = \{T_1, T_2, \cdots, T_n\}$；然后依照边的权值从小到大的顺序，逐边将它们放回到所关联的结点上，但删除会生成回路的边；由于边的加入，使 T 中的某两棵树合并为一棵，森林 T 中的树的棵数减 1。经过 $n-1$ 步，最终得到一

棵有 $n-1$ 条边的最小代价生成树。

Kruskal 算法描述如下：

（1）构造 n 个结点和 0 条边的森林依照边的权值大小从小到大将边集排序。

（2）进入循环，依次选择权值最小但其加入不产生回路的边加入森林，直至该森林变成一棵树为止。

以 Kruskal 算法构造连通带权图的最小生成树的过程如图 9.15 所示。

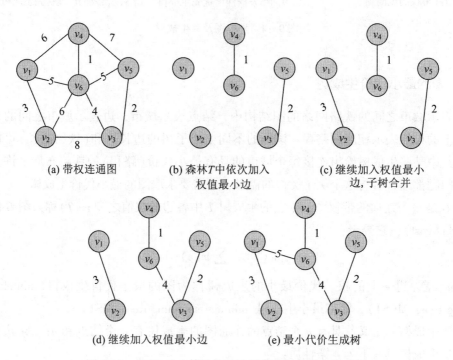

(a) 带权连通图 (b) 森林T中依次加入 (c) 继续加入权值最小
权值最小边 边,子树合并

(d) 继续加入权值最小边 (e) 最小代价生成树

图 9.15　以 Kruskal 算法构造连通带权图的最小生成树

构造最小生成树时，从权值最小的边开始，选择 $n-1$ 条权值较小的边构成无回路的生成树；每一步选择权值尽可能小的边，但是，并非每一条当前权值最小的边都可选。这样的逐步求解过程使得生成树的代价最小。

2. Prim 算法

普里姆算法从连通带权图 $G=(V, E)$ 的某个结点 s 逐步扩张成一棵生成树。Prim 算法描述如下：

（1）生成树 $T=(U, E_T)$ 开始仅包括初始结点 s，即 $U=\{s\}$。

（2）进入循环，选择与 T 相关的具有最小权值的边 $e(u, v_i)$，$u \in U$，$v_i \in V-U$，将该边与结点 v_i 加入到生成树 T 中，直至产生一个 $n-1$ 条边的生成树。

图 9.16 所示为以 v_4 为初始结点，根据 Prim 算法构造连通带权图的最小生成树的过程。

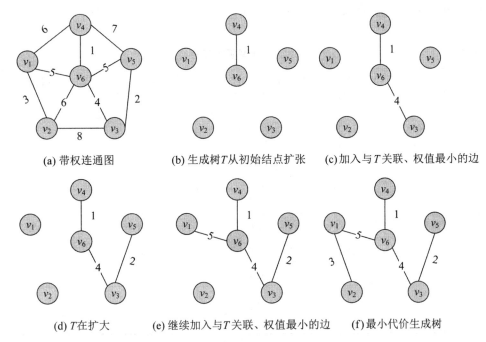

(a) 带权连通图　　(b) 生成树 T 从初始结点扩张　　(c) 加入与 T 关联、权值最小的边

(d) T 在扩大　　(e) 继续加入与 T 关联、权值最小的边　　(f) 最小代价生成树

图 9.16　以 Prim 算法构造连通带权图的最小生成树

9.5　最短路径

在城市间的铁路网络图中，从一个城市到达另一城市可能存在多条路径，不同路径的长度一般是不同的，其中有一条路径的里程最短，这个例子包含着图中两结点间最短路径的概念。

设有一个带权图 $G = (V, E)$，如果图 G 中从结点 v_s 到结点 v_n 的一条路径为 $(v_s, v_1, v_2, \cdots, v_n)$，其路径长度不大于从 v_s 到 v_n 的所有其他路径的长度，则该路径是从 v_s 到 v_n 的最短路径(shortest path)，v_s 称为源点，v_n 称为终点。

在边上权值非负的带权图 G 中，若给定一个源点 v_s，求从 v_s 到 G 中其他结点的最短路径称为单源最短路径问题。依次将图 G 中的每个结点作为源点，求每个结点的单源最短路径，则可求解所有结点间的最短路径问题。

例如，对于图 9.16(a) 中的带权图，其邻接矩阵为

$$A = \begin{bmatrix} 0 & 3 & \infty & 6 & \infty & 5 \\ 3 & 0 & 8 & \infty & \infty & 6 \\ \infty & 8 & 0 & \infty & 2 & 4 \\ 6 & \infty & \infty & 0 & 7 & 1 \\ \infty & \infty & 2 & 7 & 0 & 5 \\ 5 & 6 & 4 & 1 & 5 & 0 \end{bmatrix}$$

以 v_1 为源点的单源最短路径如表 9.1 所示。

表 9.1 以 v_1 为源点的单源最短路径

源 点	终 点	路 径	路径长度	最短路径
v_1	v_2	(v_1, v_2)	3	✓
		(v_1, v_6, v_2)	11	
	v_3	(v_1, v_6, v_3)	9	✓
		(v_1, v_2, v_3)	11	
	v_4	(v_1, v_4)	6	✓
		(v_1, v_6, v_4)	6	✓
	v_5	(v_1, v_6, v_5)	10	✓
		(v_1, v_6, v_3, v_5)	11	
	v_6	(v_1, v_6)	5	✓
		(v_1, v_4, v_6)	7	

这类最短路径问题可用函数迭代法求解。考虑有 n 个结点的网络，直接用编号 1，2，$\cdots$，n 标识结点，需要求解结点 $i(i = 1, 2, \cdots, n-1)$ 到结点 n 的最小距离。函数迭代法将用到下列基本方程：

$$f(i) = \begin{cases} \min_{1 \leqslant j \leqslant n} \{c_{ij} + f(j)\}, & i = 1, 2, \cdots, n-1 \\ 0, & i = n \end{cases}$$

式中，$f(i)$ 表示结点 i 到结点 n 的最小距离；$f(j)$ 表示结点 j 到结点 n 的最小距离；c_{ij} 是连接结点 i 和结点 j 之间的距离，如果结点 i 和结点 j 之间有边，c_{ij} 就等于边上的权值，否则设为无穷大。该方程的含义是，为求结点 i 到结点 n 的最小距离，先对每个结点 j，计算结点 i 到结点 j 的距离 c_{ij}，加上结点 j 到结点 n 的最小距离，计算出的若干结果中值最小的就是结点 i 到结点 n 的最小距离。

在上面的方程中，$f(i)$ 和 $f(j)$ 都是未知量，需要从已知条件出发，逐步迭代求解出最优解。迭代的基本思想是，先计算各结点经 1 步(即经过一条边)达到结点 n 的最短距离 $f_1(i)$，再计算各结点经 2 步到达结点 n 的最短距离 $f_2(i)$，依次类推，计算出结点 i 经 k 步到达结点 n 的最短距离为 $f_k(i)$。具体步骤如下：

(1) 取初始函数 $f_1(i)$ 的值为各结点 i 经 1 步达到结点 n 的距离 c_{in}，其中 $c_{nn} = 0$。

(2) 对于 $k = 2, 3, \cdots$，用下面的方程求 $f_k(i)$：

$$f_k(i) = \begin{cases} \min_{1 \leqslant j \leqslant n} \{c_{ij} + f_{k-1}(j)\}, & i = 1, 2, \cdots, n-1 \\ 0, & i = n \end{cases}$$

(3) 当计算到对所有 $i = 1, 2, \cdots, n$，均成立 $f_{k+1}(i) = f_k(i)$ 时停止。迭代次数不会

超过 $n-1$，理论上可以证明，用函数迭代法确定的值序列 $\{f_k(i)\}$ 是个单调非增序列，并收敛于 $f(i)$。即算法迭代停止时的 $f_k(i)$ 就是结点 i 到结点 n 的最小距离 $f(i)$。达到最优后，可以根据计算过程回溯出从结点 i 达到结点 n 的最短路线。

习题 9

9.1 简述图的基于邻接矩阵的存储结构和基于邻接表的存储结构。

9.2 对于如图 9.17 所示的无向带权图，请给出：

(1)图的邻接矩阵。

(2)图中每个结点的度。

(3)从结点 a 出发，进行深度优先和广度优先遍历所得到路径和结点序列。

(4)以结点 a 为起点的一棵深度优先生成树和一棵广度优先生成树。

(5)分别以 Kruskal 算法和 Prim 算法构造最小生成树。在 Prim 算法中假设从结点 a 开始。

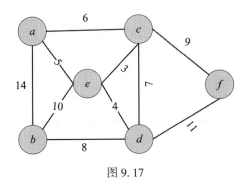

图 9.17

9.3 对于如图 9.18 所示的有向图，请给出：

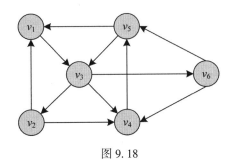

图 9.18

(1)图的邻接矩阵。

(2)图的邻接表。

(3)图中每个结点的度、入度和出度。

（4）图的强连通分量。

（5）从结点 v_1 出发，进行深度优先和广度优先遍历所得到的结点序列和边的序列。

9.4　在邻接矩阵图类 AdjacencyMatrixGraph 中实现查找某个特定结点的操作：

public int IndexOf(Vertex<T> n) ;

9.5　在邻接表图类 Graph 中实现判断结点间是否存在边的操作：

public bool ContainsDirectedEdge(T from , T to) ;

public bool ContainsUndirectedEdge(T from , T to) ;

9.6　有 6 个城市，任何两个城市之间都有一条道路连接，6 个城市两两之间的距离如表 9.2 所示，用有权图来表示这 6 个城市之间的道路连接，计算城市 1 到城市 6 的最短距离。

表9.2

	城市 1	城市 2	城市 3	城市 4	城市 5	城市 6
城市 1	0	2	3	1	12	15
城市 2	2	0	2	5	3	12
城市 3	3	2	0	3	6	5
城市 4	1	5	3	0	7	9
城市 5	12	3	6	7	0	2
城市 6	15	12	5	9	2	0

第 10 章 查 找 算 法

查找操作是指在特定的数据集合中寻找符合某种条件的数据元素的过程，即按数据的内容找到数据对象，这是数据处理中频繁进行的一种操作。在程序设计中，查找是一项重要的基本技术。

本章介绍查找操作相关的基本概念，讨论若干适用于不同数据结构的经典查找技术，如线性表的顺序查找、二分查找和分块查找算法、二叉排序树的查找算法以及哈希表的查找算法；此外，还将分析、比较各种查找算法所适用的存储结构和效率。

本章在 Visual Studio 中用名为 search 的类库型项目实现有关数据结构与算法的基础类定义，用名为 searchtest 的应用程序型项目实现测试和演示程序。

10.1 查找与查找表

在生活、学习和工作中，人们经常要进行某种查找操作，例如，在字典中查找单词，在电话簿中查找电话号码等。与此类似，在数据处理中，常常需要在一组数据中寻找满足某种给定条件的数据元素，这种查找操作是经常使用的一种重要运算。

10.1.1 查找操作相关基本概念

1. 关键字、查找操作、查找表与查找结果

关键字(key)是数据元素类型中用于识别不同元素的某个域(字段)，能够唯一地标识数据元素的关键字称为主关键字(primary key)。查找(search)操作是在特定的数据集合中寻找满足某种给定条件的数据元素的过程，这里所谓的"满足某种给定条件的数据元素"，一般是指它的关键字等于特定的值。

被实施查找操作的数据集合称作查找表(search table)，它一般是同一种数据类型的数据元素的有限集合。查找表可以是各种不同的数据结构，如表 10-1 所示的通信簿可以看成是一个顺序存储结构的线性表，这样的通信簿称为顺序查找表。树结构和图结构也常是实施查找操作的对象。例如，主流的计算机文件系统是一个树型结构的数据集合，目录、子目录是树中的分支节点，文件是树的叶子结点，可以在文件系统中以文件名、文件长度、日期等作为关键字查找特定的文件，此时文件系统称为树形查找表。

查找操作是在查找表中，根据给定的某个值 k，确定关键字与 k 相同的数据元素的过程，所以，查找操作也可以说是按关键字的内容找到数据元素。通过查找操作，可以查询某个特定数据元素是否在查找表中，或检索查找表中某个特定数据元素的属性。查找的结

果有两种：查找成功与查找不成功。如果在查找表中，存在关键字与 k 相同的数据元素，故查找成功；否则，查找不成功。

例如，在表 10.1 所示的通信簿中，以姓名为关键字，查找是否有"刘胜利"的记录，即待查关键字 k ="刘胜利"。最简单的查找过程是：从查找表的第 1 个数据元素开始依次比较当前记录的关键字(姓名)和 k 的值是否相等，因第 3 个数据元素的姓名与 k 相同，故查找成功。如果设待查关键字 k ="李伟"，通信簿中所有数据元素的姓名都不等于 k，则该查找过程将会得到不成功的结果。

表 10.1　　　　　　　　　　　　　通　信　簿

姓名	电话号码	电子邮箱
王红	785386	wh@ 126. cn
张小虎	684721	zxh@ whu. edu. cn
刘胜利	1367899	lsl@ pku. edu. cn
李明	678956	lm@ whu. edu. cn

2. 静态查找表与动态查找表

对查找表除了进行查询和检索操作外，也可能进行其他的操作，如在查找表中插入新的数据元素或删除已存在的数据元素。根据查找表数据是否变化，可以将查找表分为静态查找表和动态查找表：

(1)静态查找表(static search table)：不需要对一个查找表进行插入、删除操作，仅作查询和检索操作，例如，字典是我们经常使用的一种工具，我们在字典中查找时，不需要进行诸如插入、删除等操作，所以字典可以视为一个静态查找表。

(2)动态查找表(dynamic search table)：需要对一个查找表进行插入、删除操作，例如，一本个人电话簿在使用的过程中，有时在查询之后，还需要将查询结果为"不在查找表中"的数据元素插入查找表中；或者，从查找表中删除查询结果为"在查找表中"的数据元素。总之，动态查找表经常需要增加或删除数据元素。所以，电话簿可以视为一种动态查找表。

3. 查找方法

一般情况下，数据元素在查找表中所处的存储位置与它的内容无关，那么按照内容查找某个数据元素时还不得不进行一系列值的比较操作。

查找方法一般因数据的逻辑结构及存储结构的不同而变化。一般而言，如果数据元素之间不存在明显的组织规律，则不便于查找。为了提高查找的效率，需要在查找表的元素之间人为地附加某种确定的关系，即改变查找表的结构，如先将数据元素按关键字值的大小排序，就可以实施高效的二分查找算法。

查找表的规模也会影响查找方法的选择。对于数据量较小的线性表，可以采用顺序查找算法。例如，从个人电话簿的第一个数据元素开始，依次将数据元素的关键字与待查关键字 k 比较，进行查找操作。

当数据量较大时，顺序查找算法执行效率很低，这时可采用分块查找算法。例如，在词典中查找单词，从头开始进行顺序查找的方法效率低、速度慢，恐怕没有人会经常以这种方式在词典中查找特定的词汇。一般我们会分两步来查找某个特定的单词：先确定单词首字母的起始页码，再依次根据单词后几个字母的内容，就可以快速准确地定位单词，并查阅其含义。这是因为词典是按字母顺序分块排列词条，并且在一个索引表中为每个分块建立相应的索引。借助于索引表，分块查找可以极大地缩小查找范围。

顺序查找是在数据集合中查找满足特定条件的数据元素的基本方法，要提高查找效率，可先将数据按一定方式整理存储，如排序、分块索引等。所以，完整的查找技术包含存储(又称造表)和查找两个方面。总之，要根据不同的条件选择合适的查找方法，以求快速高效地得到查找结果。本章将讨论若干种经典的查找技术。

4. 查找算法的性能评价

查找的效率直接依赖于数据结构和查找算法。查找过程中的基本运算是关键字的比较操作，衡量查找算法效率的最主要标准是平均查找长度(average search length，ASL)。平均查找长度是指查找过程所需进行的关键字比较次数的期望值，即

$$ASL = \sum_{i=0}^{n-1} p_i \times c_i$$

式中，n 是查找表中数据元素的个数，p_i 是要查找的数据元素出现在位置 i 处的概率，被查找的数据元素处在查找表中不同的位置 i，则查找相应数据元素需进行的关键字比较次数往往是不同的，用 c_i 表示关键字比较次数。

一般要查找的数据元素的出现概率分布 p_i 很难精确确定，通常考虑等概率出现的情况，即对于 m 个可能出现的位置，可设 $p_i = 1/m$。还需区别查找成功和查找不成功的平均查找长度 ASL，因为它们通常不同，分别用 ASL$_{成功}$ 和 ASL$_{不成功}$ 表示。

10.1.2 C#内建数据结构中的查找操作

C#语言的类库中定义了许多使用方便的数据集合类型，我们以常用的 Array、ArrayList 和 List 以及 Hashtable 和 Dictionary 等类型为例，介绍其中的查找操作方面的内容。

1. Array、ArrayList 和 List

C#中的数组类型都继承自 System. Array 基类型。Array 类提供了许多用于排序、查找和复制数组的方法。System. Collections. ArrayList 类和 System. Collections. Generic. List(泛型)类则都刻画一种使用大小可按需动态增加的数组。

给定某一数组元素的下标(Index)找到该元素的值也可以看成是一种特殊的查找操作，它的时间复杂度为 $O(1)$。而找到满足一定条件的某元素的过程才是一般意义下的查找操作，例如，查找具有特定值的元素。最基本的查找方法是：对于给定待查关键字 k，从数组的一端开始，依次与每个数据元素的关键字进行比较，直到查找成功或不成功。

Array，List 和 ArrayList 类都提供了多种重载(overloaded)形式的 Find( )方法或 FindAll( )方法实现查找操作，Array 类的这些方法是静态方法，它们分别具有下列形式：

(1)`public static T Find<T>(T[] ar, Predicate<T> match);`

其中，T 为数组元素的泛型类型，在调用时指明具体的类型。参数 ar 为要搜索的数组；

match 为定义要搜索的元素应满足的条件的谓词。如果在整个 ar 数组中找到满足条件的元素
（即对该元素谓词 match 为真），则返回第一个匹配元素；否则返回类型 T 的默认值。

（2）public static T[] FindAll<T>(T[] array, Predicate<T> match);

检索与指定谓词定义的条件匹配的所有元素，以数组形式返回，如果没有满足条件的
元素，则结果为空数组。

下面的语句调用 FindAll 方法完成顺序找出数组 a 中的偶数并置于数组 b 中的任务：

int[]b = Array.FindAll (a, x => x % 2 == 0);

Array，List 和 ArrayList 类都提供了多种重载（overloaded）形式的 IndexOf( )方法实现
查找操作，Array 类的 IndexOf 方法是静态方法，它们分别具有下列形式：

（1）public static int IndexOf<T>(T[ ] ar, T k);

其中，T 为数组元素的泛型类型，在调用时指明具体的类型。参数 ar 为要搜索的数
组；k 为要查找的对象。如果在整个 ar 数组中找到 k 的匹配项，则返回值为第一个匹配项
的索引；否则返回值为-1。

（2）public static int IndexOf<T> (T[ ] ar, T k, int startindex, int count);

返回给定数据在数组指定范围内首次出现的位置。如果在 ar 数组中从 startIndex 开始
并且包含 count 个的元素的这部分元素中找到 k 的匹配项，则返回值为第一个匹配项的索
引；否则返回值为-1。

对于已按关键字的值排序好的数据结构，Array 类中提供了实现更高效的二分查找
（binary search）技术的 BinarySearch 方法：

（1）public static int BinarySearch<T> (T[ ] ar, T k);

其中，T 为数组元素的泛型类型，在调用时指明具体的类型。参数 ar 为要搜索的已排
序一维数组；k 为要搜索的对象。返回给定数据在数组中首次出现位置。如果找到 k，则
返回值为指定数组 ar 中的值等于 k 的元素的索引。如果找不到 k，则返回值为一个负数 r,
它的反码（又称按位补码）i(即 $i = \sim r$) 正好是将 k 插入 ar 数组并保持其排序的正确位置。
即，如果 k 小于数组 ar 中的一个元素，则返回数组中大于 k 的第一个元素的索引 i 的按位
补码 r。r 和 i 之间存在如下关系：$i = \sim r = -r - 1$, $r = \sim i = -i - 1$。如果 k 大于数组 ar 中
的所有元素，则返回最后一个元素的索引加 1 的按位补码。

根据返回值的规则，如果返回值 $r < 0$，则说明数组 ar 中没有要查找的数据 k；如果
返回值 $r = -1$，则说明 $k < ar[\sim r] = ar [0]$；如果 $\sim r = ar. Length$，则说明 $k > ar[\sim r - 1] = ar[ar. Length - 1]$；其他情况则有 $ar[\sim r - 1] < k < ar[\sim r]$。

（2）public static int BinarySearch <T>(T[ ] ar, int startindex, int count, T k);

返回给定数据在数组指定范围内首次出现位置。如果找到 k，则返回值为指定 ar 中的
指定 k 的索引。如果找不到 k，返回值的含义同上所述。

2. Hashtable 和 Dictionary

C#类库中定义了名为 Hashtable 的类来表示"<键，值>对"的集合，它定义在
System. Collections 命名空间中。Hashtable 类提供了表示<键，值>对（Key-Value Pair）的集

合，集合中的每个元素都是一个存储在 DictionaryEntry 对象中的键/值对，这些(键，值)对根据键的哈希码进行组织。Hashtable 集合内的元素可以直接通过键来索引，键的作用类似于数组中的下标。在 .NET Framework 2.0 及以后版本的类库中新增了技术上类似于 Hashtable 类的 Dictionary 泛型类(在 System. Collections. Generic 命名空间中)，它也表示(键，值)对的集合。Dictionary 泛型类是作为一个哈希表来实现的，它提供了从一组键到一组值的映射，通过键来检索值的速度是非常快的，时间效率接近于 $O(1)$。

10.2 线性表查找技术

顺序查找是在数据集合中查找满足特定条件的数据元素的基本方法，针对线性表的查找操作有三种基本方法：顺序查找、二分查找和分块查找。要根据不同的条件选择合适的查找方法，以求快速高效地得到查找结果。

10.2.1 顺序查找

在线性表中进行查找的最基本算法是顺序查找(sequential search)，又称为线性查找(linear search)。为了查找关键字值等于 k 的数据元素，从线性表的指定位置开始，依次将 k 与每个数据元素的关键字进行比较，直到查找成功，或到达线性表的指定边界时仍没有找到关键字等于 k 的数据元素，则查找不成功。在第 3 章介绍线性表时，我们在顺序表和链表中都实现了顺序查找算法，它们都以方法 IndexOf 的某种重载形式提供。本章将第 3 章中定义的顺序表 SequencedList 类进行修改，以定义顺序查找表 LinearSearchList 类，重点突出其中的查找操作。

1. 顺序查找的基本思想

设已在顺序查找表 LinearSearchList 对象中保存了一组数据元素，在其中查找一个给定值 k，可以采用如下所述的顺序查找算法：

(1)初始化，令 $i=0$。

(2)进入循环：比较序号为 i 的数据元素的关键字是否等于 k，如果相等，则查找成功，查找过程结束；否则 i 自增 1，即 $i++$，继续比较直至查找表中的所有元素。

(3)如果查找成功，则算法返回关键字值等于 k 的元素序号 i；如果线性表中所有数据元素的关键字都不等于 k，则查找不成功，算法返回-1。

顺序表的顺序查找过程如图 10.1 所示。

2. 顺序查找表的定义

顺序查找表定义为 LinearSearchList 类，它实现顺序表的顺序查找操作及其他基本操作。查找表元素的类型仍设计为泛型，但要求是可进行比较操作的类型(由子句 where T: IComparable 指示)。

```
public class LinearSearchList<T> where T: IComparable {
    private T[] items;              //存储数据元素的数组
    privateint count;              //顺序表的长度
    public LinearSearchList(int capacity) {
```

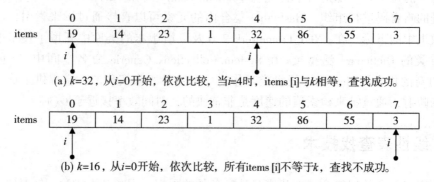

(a) k=32, 从i=0开始, 依次比较, 当i=4时, items[i]与k相等, 查找成功。

(b) k=16, 从i=0开始, 依次比较, 所有items[i]不等于k, 查找不成功。

图 10.1 顺序存储线性表的顺序查找过程

```
    items = new T[capacity];        //分配 capacity 个存储单元
    count = 0;                       //此时顺序表长度为 0
}
public LinearSearchList() : this(16) { }
public void Add(T k) {               //将 k 添加到顺序表的结尾处
  if (Full) {                        //重置数组大小
    Capacity = items.Length * 2;    //容量加倍
  }
  items[count] = k;count++;
}
public bool Full {get { return count >= items.Length; }}
//判断顺序表是否已满
public int Count {get { return count; }}    //返回顺序表长度
public int Capacity {
    get { returnitems.Length; }
    set {
      if (value>items.Length) {
        int n = value;
        T[] copy = new T[n];
        Array.Copy(items, copy, count);
        items = copy;
      }
    }
}
public void Show(bool showTypeName = false) {
    if (showTypeName)
```

```
        Console.Write("LinearSearchList: ");
    for (int i = 0; i <this.count; i++) {
        Console.Write(items[i] + "  ");
    }
    Console.WriteLine();
    }
}
```

顺序查找算法实现在方法 IndexOf 和 Contains 中，编码如下：

//查找 k 值在线性表中的位置,查找成功时返回 k 值首次出现的位置,否则返回-1

```
    public int IndexOf(T k) {
        int i = 0;
        while (i < count && ! items[i].Equals(k) )
            i++;
        if (i >= 0 && i < count)
            return i;
        else return -1;
    }

    //　查找线性表是否包含 k 值,查找成功时返回 true,否则返回 false
    public bool Contains(T k) {
        int j = IndexOf(k);
        if (j ! = -1)
            return true;
        else
            return false;
    }
```

3. 单向链表中的查找操作

如果数据保存在单向链表中，对于一个给定值 k，顺序查找就是从链表的第一个数据结点开始，沿着链接的方向依次与各结点数据进行比较，直至查找成功，或表中所有数据元素的关键字都不等于 k，则查找不成功。在第 3 章介绍的 SingleLinkedList 类中增加实现顺序查找算法的 IndexOf 方法如下：

```
public int IndexOf(T k) {
    int i = 0;
    SingleLinkedNode<T> q = head.Next;
    while (q ! = null) {
        if (k.Equals(q.Item))
            return i;
        q = q.Next;
        i++;
```

```
    }
    return -1;
}
```

4. 算法分析

同前面的章节保持一致，在下面的分析中假定线性查找表中的元素序号从零开始。

设线性查找表的长度为 n，查找位置 i 处元素的概率为 p_i，假设为等概率分布条件，即 $p_i = 1/n$。如果线性查找表中位置 i 处的元素的关键字等于 k，进行 $c_i = i + 1$ 次比较即可找到该元素。

对于成功的查找，关键字的平均查找长度 $\text{ASL}_{\text{成功}}$ 为

$$\text{ASL}_{\text{成功}} = \sum_{i=0}^{n-1} p_i \times c_i = \frac{1}{n} \sum_{i=0}^{n-1} (i+1) = \frac{1}{n} \times \frac{n(n+1)}{2} = \frac{n+1}{2}$$

每个不成功的查找，都只有在 n 次比较后才能确定，故关键字的平均查找长度 $\text{ASL}_{\text{不成功}}$ 为 n，即

$$\text{ASL}_{\text{不成功}} = \sum_{i=0}^{n-1} p_i \times c_i = \sum_{i=0}^{n-1} \frac{1}{n} \times n = n$$

可见，在等概率分布条件下，查找成功的平均查找长度约为线性表长度的一半，查找不成功的平均查找长度等于线性表中元素的个数。由此可知，顺序查找算法的时间复杂度为 $O(n)$。

10.2.2　二分查找

如果顺序存储结构的数据元素已经按照关键字值的大小排序，则可以在其上进行二分查找(binary search)，二分查找又称折半查找。

1. 二分查找的基本思想

为不失一般性，假定线性表的数据元素是按照升序排列的，对于待查关键字值 k，从线性表的中间位置开始比较，如果当前数据元素的关键字等于 k，则查找成功，返回查找到的数据元素的序号。否则，若 k 小于当前数据元素的关键字，则以后在线性表的前半部分继续查找；反之，则在线性表的后半部分继续查找。依照同样的方法重复进行这一过程，直至全部数据集搜索完毕，如果仍没有找到，则说明查找不成功，返回一个负数。

以如下数据序列(仅考虑数据元素的关键字)为例：

$$\{1, 3, 14, 19, 23, 32, 55, 86\}$$

假设要查找 $k = 23$，二分查找算法描述如下：

(1)初始化。令变量 left 和 right 分别为查找范围的左边界和右边界，即 left = 0, right = 7，计算变量 mid = (left + right) / 2，即设置 mid 是 left 和 right 的平均数(取整)，此时 mid = 3，将线性表下标为 mid 的数据元素与 k 进行比较，即比较 items[mid] 与 k，如图 10.2(a)所示。

(2)因为 $k >$ items[mid]，故以后只需在线性表的后半部继续比较，查找范围缩小，left 上移，right 不变，即令 left = mid+1 = 4, right = 7，并更新 mid = 5，如图 10.2(b)所示。

(3)再比较 k 与 items[mid]，有 k < items[mid]，说明以后只需在 mid 的前半部继续比

较，查找范围缩小。left 不变，right 下移，即令 right = mid – 1 = 4，并更新 mid = 4，如图 10.2(c)所示。此时若 $k ==$ items[mid]，则查找成功，mid 为查找到的数据元素的序号，将其值返回。

（4）如果经过多次移动 left 和 right，使得 left>right，说明查找不成功，返回一个负数 r 来标明查找不成功，这个负数的反码(又称按位补码)i 正好是将 k 插入线性表并保持其排序的正确位置。

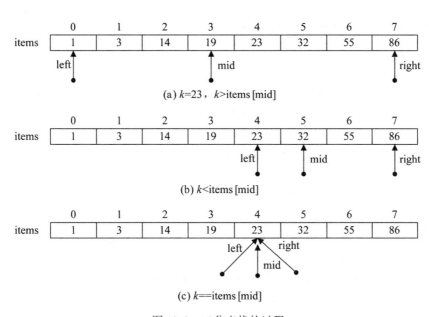

图 10.2　二分查找的过程

2. 二分查找算法实现

在顺序查找表 LinearSearchList 类中增加实现二分查找算法的 BinarySearch 方法。该方法的参数和返回值与前面介绍的 Array 类中的 BinarySearch 方法相同。

//查找 k 值在线性表中的位置,查找成功时返回 k 值首次出现的位置,否则返回应插入位置的反码
//查找范围:从下标 si 开始,包含 length 个元素

```
public int BinarySearch(T k, int si, int length) {
    int mid = 0, left = si;
    int right = left + length - 1;
    while (left <= right) {
        mid = (left + right) /2;
        if (k.CompareTo(items[mid]) == 0)
            return mid;
        else if (k.CompareTo(items[mid]) < 0)
            right = mid - 1;
```

```
        else
            left = mid + 1;
    }
    if (k.CompareTo(items[mid]) > 0)
        mid++;
    return ~mid;
}
```

【例 10.1】创建顺序查找表，对其进行排序后测试二分查找算法。

```
using System; using DSA;
namespace searchtest {
    class LinearSearchListTest {
        static void Main(string[] args) {
            int n = 10;
            LinearSearchList<int> sl = new
                LinearSearchList<int>(n+8);
            Randomize(sl, n);
            Console.Write("随机排列: "); sl.Show(true);
            Console.Write("排序后: "); sl.Sort(); sl.Show(true);
            int k = 50;
            int re = sl.BinarySearch(k, 0, n);
            Console.WriteLine("k={0}, re={1}, i={2}", k, re, ~re);
        }
        // 用 0 到 100 之间的随机整数填充线性表
        static void Randomize(LinearSearchList<int> sl, int n) {
            int k; Random random = new Random();
            for (int i = 0; i < n; i++) {
                k = random.Next(100);
                sl.Add(k);
            }
        }
    }
}
```

程序运行结果如下：

随机排列: LinearSearchList: 73　56　79　53　79　70　99　99　29　36

排序后　: LinearSearchList: 29　36　53　56　70　73　79　79　99　99

k=50, re=-3, i=2

结果说明，在随机产生的一组数中不包含 50 这个数；如果要将 50 插入排好序的一组数中，应该将它插入到 2 号位置，即 36 和 53 之间，才能保持其排序。

3. 算法分析

在长度 $n=8$ 的线性表中进行二分查找的过程如图 10.3 所示，二分查找过程形成一棵二叉判定树。结点中的数字表示数据元素在线性表中的下标。

二叉判定树反映了二分查找过程中进行关键字比较的数据元素次序和操作的推进过程。当 $n=8$ 时，线性表的左边界为 0，即 left=0，右边界为 7，即 right=7，第一次 k 与下标为 mid=(0+7)/2=3 的数据元素比较，若相等，则查找成功，返回当前结点序号。若 k 值较小，再与下标为 1 的数据元素比较，否则与下标为 5 的数据元素比较；继续查找依照同样的方法。

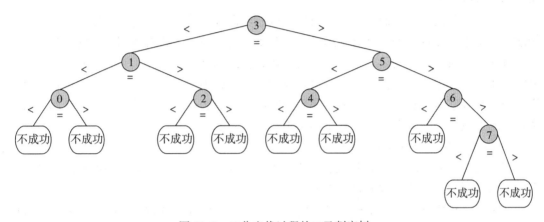

图 10.3　二分查找过程的二叉判定树

设二叉判定树的高度为 h，则 h 满足下式：

$$2^h-1<n\leqslant2^{h+1}-1$$

在二叉判定树中，一次成功的查找将走过一条从根结点出发到二叉树中的某结点结束的路径，进行比较操作的次数为这条路径所经过的结点个数，最少为 1 次，最多为 $\lceil\log_2(n+1)\rceil$，平均比较次数与查找表元素个数 n 的关系为 $O(\log_2n)$。

不成功的查找路径则总是从根结点到某个叶子结点，平均比较次数与查找表元素个数 n 的关系也为 $O(\log_2n)$。

因此，二分查找算法的时间复杂度为 $O(\log_2n)$。二分查找算法每比较一次，如果查找成功，算法结束；否则，将查找的范围缩小一半。而顺序查找算法在每一次比较后，仅将查找范围缩小了一个数据元素。可见，二分查找算法的平均效率比顺序查找算法高。

顺序查找算法简单，对原始数据不要求已排序，适用于顺序存储结构和链式存储结构；二分查找算法虽然减少了查找次数，查找速度较快，但条件严格，要求数据序列是顺序存储并且已排序的，而对数据序列进行排序也是要花费一定的时间代价的。

10.2.3　分块查找

当数据量较小时，可以采用前面介绍的顺序查找算法；但当数据量较大时，顺序查找的效率比较低，查找操作所需花费的时间可能比较多。在一定条件下，可以采用分块查找

(blocking search)算法来提高查找速度。例如,在字典中查找单词一般都使用了分块查找方法,这是因为字典中的单词是按字母顺序分块排列的。借助于一个索引表,分块查找可以快速缩小查找范围,因而大大地提高查找效率。

1. 分块查找的基本思想

要对数据进行分块查找,首先需要将数据分块存储,即将数据序列中的数据元素存储在若干数据块中,数据块按照数据元素的关键字大小排序,而在每一个数据块内,各数据元素可以是排序的,也可以未排序,这种分块特性称为"块间有序"。

另设一个索引表(index table),记录每个数据块的起始位置。通过索引表的帮助,迅速缩小查找的范围。

为不失一般性,可以假定不同的数据块按照数据元素关键字的递增次序排列,即处于较前面的块中的任意一个数据元素的关键字都小于后面块中的所有数据元素的关键字。

例如,字典可以看成是数据量较大的查找表,使用顺序查找方法来查字典显然是不合适的,而适宜采用分块查找技术。为使查找方便,字典中的单词通常是按照字母顺序分块排列的,并且字典都有一个索引表指明每个数据块的起始位置,通过索引表的帮助,对一个单词的查找,就能限定到一个特定的块中较快地完成。

2. 静态查找表的分块查找

字典是一种典型的静态查找表,主要操作是查找,不需要进行诸如插入、删除等操作,可以采用顺序存储结构来存储数据。

字典分块查找算法的基本思想是:将所有单词排序后存放在数组 dict 中,并为字典设计一个索引表(index),记录每个数据块的起始位置,即 index 表中的每个元素由两部分组成:首字母和块起始位置下标,它们分别对应于单词的首字母和以该字母为首字母的所有单词在 dict 数组中的起始下标。

通过索引表 index,将较长的单词表 dict 在逻辑上划分成若干个数据块,以首字母相同的若干单词构成各自的数据块,每块的起始位置记录在索引表 index 中,由 index 表中对应于"首字母"列的"块起始位置下标"列标明。

在字典 dict 中查找给定的单词 token,使用分块查找算法包括下面两个步骤:

(1)在索引表 index 中查找 token 的首字母,以确定 token 在 dict 中的哪一个数据块。

(2)跳到相应数据块中,使用顺序或二分查找方法在块内查找 token。

在某一数据块内进行的顺序查找,可以通过顺序查找表中的重载方法 IndexOf 来完成,通过提供更多的参数以限定查找范围。该方法具有下列形式:

```
public int IndexOf(T k, int si, int length) {
    int j = si;
    while( (j < si+length) && ! items[j].Equals(k) )
        j++;
    if(j >= si && j < si + length)
        return j;
    else return -1;
}
```

参数 si 和 length 用来限定查找范围，一般通过在索引表 index 中查找所在块的信息来确定调用 IndexOf 方法时给这些参数所赋的值。

3. 动态查找表的分块查找

动态查找表中的主要操作除查找外，还经常需要对查找表进行插入、删除操作。动态查找表的存储结构必须适应插入或删除操作给数据集带来的动态变化。

例如，个人电话簿是一种动态查找表。如果以顺序存储结构保存电话簿的数据，则进行插入、删除操作时必须移动大量的数据元素，运行效率低。如果以链式存储结构保存电话簿的数据元素，虽然插入、删除操作比较方便，但相应的缺点是，不仅花费的存储空间比较多，而且查找的效率也会被拉低。

以顺序存储结构和链式存储结构相结合的方式来存储数据集合中的元素，就可能既最大限度地利用空间，又提高运行效率。

【例 10.2】创建动态分块查找表，对其测试分块查找算法。

为不失一般性，设每个数据元素仅由关键字组成。对于如下的数据序列：

{10，6，23，5，2，26，33，36，43，41，40，46，49，57，54，53，67，61，71，74，72，89，80，93，92}

采用如图 10.4 所示的分块存储结构。定义 DynamicLinearBlockSearchList 类表示动态分块查找表。

类成员 Block 数组充当各数据块的索引表，元素 Block[i]指向一个数据块，它的类型为前面定义的顺序查找表 LinearSearchList 类。设每个数据块最多可保存 10 个数据元素，Block[0]指向的数据块保存值为 0 到 9 的数据元素，Block[1]指向的数据块保存值为 10 到 19 的数据元素，依次类推。

Block 数组的元素保存对数据块的引用，它们的初值均为 null。在向查找表增加数据元素时，根据实际需要，在已有数据块中添加数据或动态生成新的数据块，将对数据块的引用保存在 Block 数组相应的元素中。

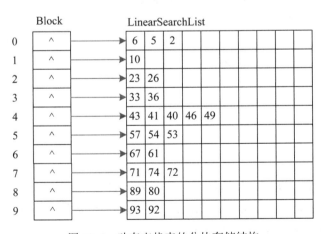

图 10.4 动态查找表的分块存储结构

```
public class DynamicLinearBlockSearchList{
    private LinearSearchList<int>[] Block;
    private int Blocksize;
    public DynamicLinearBlockSearchList(int capacity, int bs) {
        Blocksize = bs;
        int nb = (capacity % bs == 0)? capacity/bs: capacity/bs+1;
        Block =new LinearSearchList<int>[nb];
    }
    public void Show() {
        for (int i = 0; i < Block.Length; i++) {
            Console.Write("Block [" + i + "]");
            if (Block[i] == null)
                Console.WriteLine(" = .");
            else {
                Console.Write("->");
                Block[i].Show(true);
            }
        }
        Console.WriteLine();
    }
}
```

在动态分块查找表 DynamicLinearBlockSearchList 类中，Contains 方法查询表中是否包含给定值，Add 方法在表中插入结点。

Add(int k)将数据元素 k 添加到查找表中。它首先根据 k 的值确定应该添加到由 Block[k/Blocksize]指向的数据块，再调用 LinearSearchList 类的 Add(int k)方法将数据元素 k 添加到相应的数据块中。

```
public void Add(int k) {
    int i = k /Blocksize;
    if (Block[i] == null) {
        Block[i] =new LinearSearchList<int>(Blocksize);
    }
    Block[i].Add(k);
}
```

Contains(int k)方法实现分块查找算法。首先根据分块规则，确定可能所属的数据块，再调用 LinearSearchList 类的 Contains (int k)方法在相应的数据块中求得查找结果。

```
public bool Contains(int k) {
    int i = k /Blocksize;
    bool found = false;
```

```
    if (Block[i] ! = null) {
        Console.Write("search k = " + k + " in Block[" + i + "] \t");
        found = Block[i].Contains(k);
    }
    return found;
}
```

DynamicLinearBlockSearchList 类的测试程序如下所示:

```
class DynamicBlockSearchTest {
    static void Main(string[] args) {
        DynamicLinearBlockSearchList sl = new
                DynamicLinearBlockSearchList(100, 10);
        Randomize(sl, 25); //在查找表中添加 25 个随机数
        sl.Show();
        bool f = sl.Contains(50);
        Console.WriteLine("Contains(" + 50 + ") = " + f);
    }
    static void Randomize(
                DynamicLinearBlockSearchList sl, int len) {
        int k;
        Random random = new Random();
        for (int i = 0; i < len; i++) {
            k = random.Next(100);
            sl.Add(k);
        }
    }
}
```

程序运行结果如下:

```
Block[0]->LinearSearchList: 6   5   2
Block[1]->LinearSearchList: 10
Block[2]->LinearSearchList: 23   26
Block[3]->LinearSearchList: 33   36
Block[4]->LinearSearchList: 43   41   40   46   49
Block[5]->LinearSearchList: 57   54   53
Block[6]->LinearSearchList: 67   61
Block[7]->LinearSearchList: 71   74   72
Block[8]->LinearSearchList: 89   80
Block[9]->LinearSearchList: 93   92
search k = 50 in Block[5]    Contains(50) = False
```

10.3　二叉查找树及其查找算法

在数据集合中查找满足特定条件的数据元素，顺序查找是基本方法。要提高查找效率，可先将数据按一定方式整理存储，如以某种有序的方式存储在树结构中，可能会大大提高后续的查找操作的效率或方便实施其他操作。本节以二叉查找树（Binary Search Tree，BST）为例，介绍二叉树结构的查找算法。在普通的二叉树中查找，可能需要遍历整棵二叉树，而在二叉查找树中查找，进行查找所产生的比较序列仅是搜索二叉树中的一条路径，不需要遍历整棵二叉树。

1. 二叉查找树的定义

二叉查找树具有下述性质：

（1）如果根结点的左子树非空，则左子树上所有结点的关键字值均小于等于根结点的关键字值。

（2）如果根结点的右子树非空，则右子树上所有结点的关键字值均大于根结点的关键字值。

（3）根结点的左、右子树也分别为二叉查找树。

二叉查找树又称二叉排序树。根据上述性质可知，二叉排序树的中根遍历序列是按升序排列的。例如，以数值序列$\{6,3,2,5,8,1,7,4,9\}$建立的一棵二叉查找树如图 10.5 所示，它的中根遍历序列是$\{1,2,3,4,5,6,7,8,9\}$。

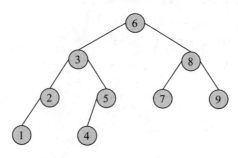

图 10.5　一棵二叉查找树

定义二叉查找树类 BinarySearchTree，它继承第 8 章中定义的二叉树类 BinaryTree，结点的类型为 BinaryTreeNode 类。

```
public class BinarySearchTree<T> : BinaryTree<T>
        where T:IComparable{…}
```

二叉查找树类是数据集合类型，其元素类型设计为泛型，是为了适应构造各种数据类型的集合实例，但要求元素属于可比较的类型，上面的子句 where T: IComparable 表达了这一要求。

在二叉查找树 BinarySearchTree 类中，Contains 方法在树中查找给定值，Add 方法在树中插入结点，类的构造方法根据给定的数据序列建立二叉查找树。下面依次介绍二叉查找树的查找、插入和建树算法。

2. 在二叉查找树中进行查找

在一棵二叉查找树中查找给定值 k 的算法过程描述如下：

（1）初始化，变量 p 初始指向二叉查找树的根结点。

（2）进入循环，直到查找成功或 p 为空：比较 k 和 p 结点的值，若两者相等，则查找成功；若 k 值较小，则进入 p 的左子树继续查找；若 k 值较大，则进入 p 的右子树继续查找。

（3）退出循环后，p 为非空时表示查找成功，p 为空时表示查找不成功。

实现该查找算法的代码如下：

```
public bool Contains(T k) {
    BinaryTreeNode<T> p = root;
    Console.Write("search(" + k + ")=   ");
    while (p ! = null && ! k.Equals(p.Data) ) {      //比较是否相等
        Console.Write(p.Data + " ");
        if (k.CompareTo(p.Data) < 0)                 //比较大小
            p = p.Left;           //k 小,进入左子树
        else
            p = p.Right;          //k 大,进入右子树
    }
    if (p ! = null)
        return true;              //查找成功
    else
        return false;             //查找不成功
}
```

在二叉查找树中，从根结点到某结点所经过的结点序列，正好是查找该结点所进行的一次成功查找。例如，在图 10.5 的二叉查找树中查找 7，比较的结点序列是 $\{6,8,7\}$。而查找不成功的路径，是从根结点到某叶子结点所经过的结点序列。假如要查找 4.5，需要比较的结点序列是 $\{6,3,5,4\}$，当已与叶子结点 4 比较过并且不相等，才能作出查找不成功的结论。

在一般的二叉树中进行查找，其过程实质是一个遍历二叉树的过程，因为，理论上要将二叉树的每个结点与查找关键字进行比较。但在二叉排序树查找中，为查找而产生的比较操作序列只是搜索二叉树中的一条路径，而不是遍历整棵树，不需要访问所有结点。

3. 在二叉查找树中插入新元素

在二叉查找树中插入一个值为 k 的结点，使得插入操作的结果仍然是一棵二叉查找树，所以，插入操作首先需要找到新的数据元素应该插入的位置，这是一个查找问题，而且，通常情况下这是一次不成功的查找。插入新结点的算法过程描述如下：

（1）如果是空树，则为数据 k 建立一个新结点，并将此结点作为二叉查找树的根结点。

（2）否则，从根结点开始，将数据 k 与当前结点的关键字进行比较，如果 k 值较小，

则进入其左子树；如果 k 值较大，则进入其右子树。循环迭代直至当前结点为空结点。

（3）为数据 k 建立一个新结点，并将新结点与最后访问的结点进行值的比较，插到合适的位置。

按照该算法，每次新插入的结点都是叶子结点，这样就不会破坏二叉查找树原有的形态。

实现新结点插入算法的代码如下：

```
public void Add(T k) {
    BinaryTreeNode<T> p, q = null;
    if (root == null)
        root = new BinaryTreeNode<T>(k);        //建立根结点
    else {
        p = root;
        while (p != null) {
            q = p;
            if (k.CompareTo(p.Data) <= 0)
                p = p.Left;
            else
                p = p.Right;
        }
        p = new BinaryTreeNode<T>(k);
        if (k.CompareTo(q.Data) <= 0)            //q 为最后访问的结点
            q.Left = p;
        else
            q.Right = p;
    }
}
```

4. 二叉排序树的建立

在二叉查找树 BinarySearchTree 类中用构造方法建立一棵二叉排序树实例，它将其参数（一个数组）包含的数据依次插入构建的二叉排序树中。

```
public BinarySearchTree(T[] td) {              //以数组中的数据建立二叉排序树
    Console.Write("建立二叉排序树：");
    for(int i = 0; i < td.Length; i++) {
        Console.Write(td[i] + " ");
        Add(td[i]);
    }
    Console.WriteLine();
}
```

以关键字序列 {6, 3, 2, 5, 8, 1, 7, 4, 9} 为例，建立一棵二叉查找树的过程如图 10.6 所示。

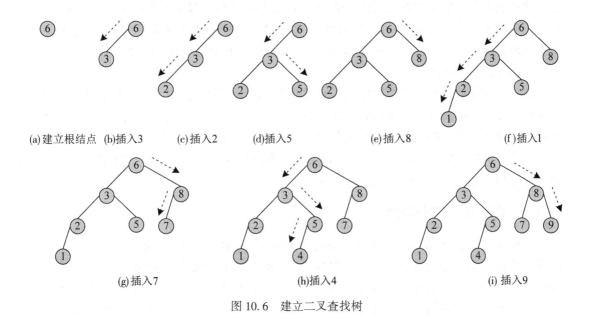

(a)建立根结点 (b)插入3 (c)插入2 (d)插入5 (e)插入8 (f)插入1

(g)插入7 (h)插入4 (i)插入9

图 10.6 建立二叉查找树

【例 10.3】建立二叉查找树，并测试其结果。

BinarySearchTree 类的测试程序如下所示：

```
using DSA;
namespace searchtest {
    class BinarySearchTreeTest {
        public static void Main(string[] args) {
            int[] td = { 5, 8, 3, 2, 4, 7, 9, 1, 5 };
            BinarySearchTree<int> tr = new BinarySearchTree
                <int>(td);
            tr.ShowInOrder();
        }
    }
}
```

程序运行结果如下：

建立二叉排序树： 5 8 3 2 4 7 9 1 5

中根次序： 1 2 3 4 5 5 7 8 9

10.4 哈希查找

前面介绍的查找算法，无论是顺序查找、二分查找或分块查找算法，都需要进行一系列的关键字值的比较操作，才能确定数据元素在查找表中的位置，或得出查找不成功的结论。这些查找算法的平均查找长度 ASL 都与查找表的规模，即表中数据元素的个数有关，数据元素越多，为查找而进行的平均比较次数就越多。在这些查找表中，数据元素所占据的存储位置往往与数据元素的内容本身无关，那么按照内容查找某个数据元素时，不得不进行一系列值的比较操作。

如果在存储数据时，能够根据数据元素的内容决定其存储位置，那么在这种特定的查找表中，就有可能高效实施按内容查找数据。与前述诸多查找方法不同，哈希（Hash）技术正是一种按关键字的值编址以实现存储和检索数据的方法。哈希意为杂凑，也称散列，它使用哈希函数（Hash function）完成某种关键字集合到地址空间的映射，按哈希方法建立的一组数据存储区域称为哈希表（Hash table）。

10.4.1　哈希查找的基本思想

在查找表中，如果数据元素所占据的存储位置与数据元素的关键字值无关，那么查找某个数据元素时不得不进行一系列值的比较操作。如果能在数据元素的关键字与其存储位置之间建立一种对应关系，就可以通过对关键字的运算直接得到数据元素的存储位置，而不需要进行多次比较，从而提高查找的效率。哈希查找技术就是基于这种思想设计的一种查找方法，哈希技术利用哈希函数确定数据元素的关键字与其存储位置的对应关系。

哈希函数实质上是关键字集合到地址空间的映射，按哈希函数建立的一组数据元素的存储区域称为哈希表。以哈希函数构造哈希表的过程称为哈希造表，以哈希函数在哈希表中查找的过程称为哈希查找。

哈希查找技术的设计思想是，根据数据元素的关键字值 k 计算出相应的哈希函数值 $Hash(k)$，这个函数值决定该数据元素的存储位置。基于这一思想进行哈希造表过程，将待查找的数据序列存储在哈希表中。而在哈希查找过程中，直接计算查找关键字的哈希函数值，以得到数据元素的存储位置或给出查找不成功的信息。

在计算哈希函数时，如果有两个不同的关键字 k_1 和 k_2，对应相同的哈希函数值，表示不同关键字的多个数据元素映射到同一个存储位置。这种现象称为冲突（collision），与 k_1 和 k_2 分别对应的两个数据元素称为同义词。

如果哈希表的存储空间足够大，使得所有数据元素的关键字与其存储位置是一一对应的，则不会产生冲突。但被处理的数据一般来源于较大的集合，而计算机系统的地址空间则是有限的，因此在解决实际问题时，哈希函数一般是从较大规模集合（关键字的定义域）到较小规模集合（地址空间）的映射，冲突是不可避免的。我们一方面要考虑如何尽可能减少冲突，另一方面则要考虑当冲突发生时如何解决冲突。

哈希查找技术包括以下两个关键问题：

（1）避免冲突（collision avoidance）：主要是通过设计一个好的哈希函数，尽可能减少冲突。

（2）解决冲突（collision resolution）：因为冲突是不可避免的，发生冲突时，需要实施一种有效解决冲突的策略（collision resolution strategy）。

10.4.2　哈希函数的设计

为避免冲突，需设计一个好的哈希函数。哈希函数一般是从较大规模集合(关键字的定义域)到较小规模集合(地址空间)的映射，一个好的哈希函数应该能将关键字值均匀地映射到整个哈希表的地址空间中，这样就尽可能地减少了冲突的机会。哈希函数在值域分布得越均匀，产生冲突的可能性就越小。

为了设计好的哈希函数，应该考虑以下几方面的因素：

(1)系统存储空间的大小和哈希表的大小；

(2)查找关键字的性质和数据分布情况；

(3)数据元素的查找频率；

(4)哈希函数的计算时间。

在针对具体问题设计哈希函数时，上述因素需要综合考虑，一般原则是，好的哈希函数应该发挥关键字的所有组成成分的作用，从而充分反映关键字区别不同元素的能力，这样实现的关键字到地址的映射就会比较均匀。

下面介绍设计哈希函数的几种常用方法。

1. 除留余数法

除留余数法较简单，哈希函数设定为

$$\text{Hash}(k) = k\%p$$

显而易见，哈希函数的值域为$[0, p-1]$。在除留余数法定义的哈希函数中，参数p有多种取值方法，例如：

(1)选p为10的某个幂次方；如果选定$p = 10^3$，哈希函数值即是取关键字值的后三位，亦即数据按其关键字值的后三位编址存储。在这种情况下，后三位相同的所有关键字有相同的哈希函数值，即产生冲突。例如，6123与7123构成同义词，在哈希表中的地址都是123，因而产生冲突。

(2)选p为小于哈希表长度的最大素数。

对于不同的问题，选取不同的p值对所产生的哈希表的性能影响是不一样的。

2. 平方取中法

平方取中法将关键字值的平方(k^2)的中间几位作为哈希函数$\text{Hash}(k)$的值，而所取的位数取决于哈希表的长度。例如，$k = 381$，$k^2 = 14\ 51\ 61$，若表长为100，取中间两位，则哈希函数值$\text{Hash}(k) = 51$。

因为乘积的中间几位数和乘数的每一位都相关，所以平方取中法定义的哈希函数在某些情况下产生冲突的可能性较小。

3. 折叠法

折叠法将组成关键字值的不同成分按照某种规则折叠组合在一起。例如移位折叠法，将关键字分成若干段，高位数字右移后与低位数字相加，得到的结果作为哈希函数值。

不同的查找问题所采用的关键字可能差异很大，每种关键字类型都有自己的特殊性。例如，以整数或字符串作为关键字时，哈希函数的定义方式就应该有所不同。总的来说，不存在一种哈希函数对任何关键字集合都能达到最佳效果的情况。在实际应用中，应该根据具体情况，分析关键字值与地址空间之间可能的映射关系，构造不同的哈希函数，或将若干基本的哈希函数组合起来使用。例如，C#类库中 Hashtable 类使用的哈希函数定义为：

$$Hash(k) = \{k.\,GetHashCode(\,) + 1 + [\,k.\,GetHashCode(\,) >> 5 + 1\,]\,\%\,(\,Hashsize - 1\,)\,\}\,\%\,hashsize$$

其中，GetHashCode 方法继承于 Object 类，可由自定义类型重新定义(override)，这样就有可能根据关键字的性质定义合适的哈希函数，以达到最佳效果。

10.4.3　冲突解决方法

一个好的哈希函数能使关键字不同的数据元素在哈希表中的分布较为均匀，但好的哈希函数也只能减少冲突，而不能完全避免冲突。所以，在哈希技术中，当冲突发生时还必须有效解决冲突。

解决冲突的方法有很多，这里介绍探测定址法(probing rehashing)、再散列法(rehashing)和散列链法(Hash chaining)。C#类库中 Hashtable 类使用再散列法来解决冲突，Dictionary 类使用散列链法解决冲突。

1. 探测定址法

在哈希造表阶段，设关键字为 k 的数据元素的哈希函数值为 $i = Hash(k)$，如果哈希表中位置 i 处为空，则存入该数据元素；否则表明产生了冲突，需在哈希表中探测一个空位置来存入该数据。

探测定址的具体方法有多种，如线性探测、平方探测和随机探测法。下面以最简单的线性探测法为例，对探测定址的基本思想进行说明。在产生冲突时，线性探测法继续探测下一个空位置。当探测了哈希表全部空间而没有找到空位置时，说明哈希表已满，无法再存入新的数据元素，这种情况称为溢出。通常另建一个溢出表来处理溢出的情况，原来的哈希表称为哈希基表。

例如，对关键字序列{19，14，23，1，32，86，55，3，62，10}采用线性试探法进行哈希造表。设哈希函数定义为 $Hash(k) = k\%7$，所生成的哈希基表与溢出表如图 10.7 所示。

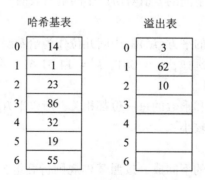

图 10.7　线性试探法的哈希表

在查找过程中，设查找关键字为 k，计算哈希函数值 $i = Hash(k)$，将 k 与哈希基表中位置 i 处的数据元素进行比较，如果相等，则查找成功，否则继续在哈希基表中向后顺序查找。如果在哈希基表中没有找到，还要在溢出表查找，在溢出表中常采用基本的顺序查找。可见，此时哈希查找已蜕变为顺序查找。

线性试探法是一种较原始的方法，简单易行，实现方便，但其中存在的缺陷也很严重，包括以下几点：

(1)可能产生溢出现象，必须另行设计溢出表，并采取相应的算法来处理溢出现象。

(2)容易产生堆积(clustering)现象，即存入哈希表的数据元素连成一片，增大了产生冲突的可能性。

(3)哈希表只能查找和插入数据元素，不能删除数据元素。如果删除了某数据元素，将中断哈希造表过程中形成的探测序列，以后将无法查到具有相同哈希函数值的后继数据元素。

2. 再散列法

再在散列法中要定义多个哈希函数：

$$H_i = \text{Hash}_i(\text{key}), \quad i=1, 2, \cdots, n$$

当同义词对一个哈希函数产生冲突时，计算另一个哈希函数，直至冲突不再发生。这种方法不易产生堆积现象，但增加了计算时间。

3. 散列链法

散列链法的基本思想是，所有哈希函数值相同的数据元素，即产生冲突的数据元素，被存储到一个称为哈希链表的线性链表中，并用一个哈希基表记录所有的哈希链表，基表中的一个元素称为一个哈希槽(Hash slot)。散列链法对于冲突的解决既灵活又有效，得到了更多的应用。

散列链法的造表过程是：对于关键字 k，首先计算其哈希函数值 $i=\text{Hash}(k)$，将该数据元素插入到哈希基表位置 i 处记录的哈希链表中。如果 baseList[i]哈希链表在加入元素 k 前，已含有其他元素，表明产生了冲突。如果 baseList[i]哈希链表为空链表，说明该哈希槽尚没有有效数据。

以关键字序列{19, 14, 23, 1, 32, 86, 55, 3, 62, 10, 16, 17}为例，设哈希函数定义为 $\text{Hash}(k)=k\%7$，$i=\text{Hash}(k)$对应哈希基表 baseList 的下标值 i。实际上，哈希表中一般会有多条哈希链表，每一条哈希链表是一条单向链表，哈希基表则是一个数组，其元素类型为单向链表类型，哈希基表记录多条链表。采用哈希链法的哈希表结构如图 10.8 所示。

基于散列链法的哈希查找操作的过程描述如下：

(1)设给定关键字值为 k，计算哈希函数值 $i=\text{Hash}(k)$，若哈希基表中位置 i 处的元素 basetable[i]指向的链表为空表，则查找不成功。

(2)否则，说明产生冲突，需要在由 baseList[i]指向的哈希链表中继续按顺序查找。查找该链表进一步确定查找是否成功。

上述算法将在整个表中搜索 k 的过程通过哈希函数的计算限定在某条特定的哈希链表中。哈希链表是动态的，同义词越多，链表越长。因此要设计好的哈希函数，使数据尽量均匀地分布在哈希基表中。如果哈希函数的均匀性较差，则会造成空闲的哈希槽较多，而某些哈希链表可能很长的情况。一般来说，哈希链表越短越好，而哈希链表过长，则会占用较大的存储空间，降低查找效率。

　　散列链法克服了试探法的缺陷，无需另外考虑溢出问题，也不会产生堆积现象，而且可以随时对哈希表进行插入、删除和修改等操作。因而散列链法是一种有效的存储结构和查找方法。

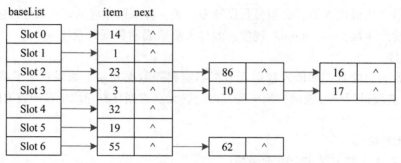

图 10.8　散列链法的哈希表

　　定义基于散列链法的哈希查找表 HashLinkedList 类，它的数据成员 baseList 是一个数组，作为哈希基表使用，数组元素类型为 SingleLinkedList 类（参见第 3 章线性表）。在 HashLinkedList 类中，方法 Hash(k) 计算 k 的哈希函数值，哈希函数选用 $k \% p$ 类型。Add(k) 方法在哈希表中加入数据 k，AddRange(T[ ] ts) 方法在哈希表中加入用参数 ts 数组表示的一组数据，Search(k) 方法和 Contains(k) 方法在哈希表中查找给定值。

　　HashSearchList 类的定义如下：

```
public class HashLinkedList<T> {
    SingleLinkedList<T>[ ] baseList;
    public HashLinkedList(int hashsize) {
        baseList = new SingleLinkedList<T>[hashsize];
        for (int i = 0; i < baseList.Length; i++)
            baseList[i] = new SingleLinkedList<T>();
    }
    public HashSearchList(): this(7) { }
    public int Hash(T k) {
        return k.GetHashCode() % basetable.Length;
    }
    public void Add(T k) {
        int i = Hash(k);
        baseList[i].Add(k);        //或 baseList[i].Insert(0, k);
    }
    public void AddRange(T[ ] ts) {
        int i = 0;
```

```
            for ( int j = 0; j < ts.Length; j++) {
                i = Hash(ts[j]);
                baseList[i].Add(ts[j]);
            }
        }
    public SingleLinkedNode<T>Search(T k) {
        int i = Hash(k);
        return baseList[i].Search(k);
    }
    public bool Contains(T k) {
        SingleLinkedNode<T> q = Search(k);
        if ( q ! = null)
            returntrue;
        else
            returnfalse;
    }
    public void Show() {
        for ( int i = 0; i < baseList.Length; i++) {
            Console.Write("BaseList[" + i + "]= ");
            baseList[i].Show();
        }
    }
}
```

在链表 SingleLinkedList 类中具有如下的 Search(k)方法顺序查找值为 k 的结点：

```
public SingleLinkedNode<T> Search(T k) {
    SingleLinkedNode<T> q = head.Next;
    while (q ! = null) {
        if (k.Equals(q.Item))
            return q;
        q = q.Next;
    }
    return null;
}
```

【例 10.4】测试哈希查找表建表及查找过程。

基于散列链法的哈希查找表 HashLinkedList 类的测试程序如下所示：

```
using System; using DSA;
namespace searchtest {
```

```
class HashLinkedListTest {
    static void Main(string[] args) {
        int k = 16;
        int[] d = { 19, 14, 23, 1, 32, 86, 55, 3, 62, 10, 16, 17 };
        HashLinkedList<int> hll = newHashLinkedList<int>();
        hll.AddRange(d);
        hll.Show();
        Console.WriteLine("hash({0})={1}", k, hll.Hash(k));
        Console.WriteLine("Contains({0})={1}",
          k, hll.Contains(k));
    }
}
```

程序运行结果如下：

BaseList[0] = 14.

BaseList[1] = 1.

BaseList[2] = 23 -> 86 -> 16.

BaseList[3] = 3 -> 10 -> 17.

BaseList[4] = 32.

BaseList[5] = 19.

BaseList[6] = 55 -> 62.

hash(16)= 2

Contains(16)= True

从哈希查找过程得知，哈希表查找的平均查找长度取决于以下因素：

(1)选用的哈希函数；

(2)选用的处理冲突的方法；

(3)哈希表饱和的程度，常用装载因子 $t=n/m$ 的大小来衡量哈希表饱和的程度，其中 n 为数据元素个数，m 为表的长度。可以证明哈希表的平均查找长度能限定在某个范围内，它是装载因子 t 的函数，而不是数据元素个数 n 的函数，亦即哈希表的查找在常数时间内完成，称其时间复杂度为 $O(1)$。

习题 10

10. 1 试分别画出在有序表{1, 2, 3, 4, 5, 6, 7, 8}中查找 6 和 10 的二分查找过程。

10. 2 试分别写出对有序表数据进行二分查找的非递归与递归算法实现。

10. 3 在一棵空的二叉查找树中依次插入关键字序列{12, 7, 17, 11, 16, 2, 13, 9, 21, 4}，请画出所得到的二叉查找树。

10. 4 假设在有 20 个元素的有序数组 a 上进行二分查找，则比较一次查找成功的结

点数为 _____ ; 比较两次查找成功的结点数为 _____ ; 比较四次查找成功的结点数为 _____ ; 在等概率的情况下查找成功的平均查找长度为 _____ 。设有 100 个结点,用二分查找时,最大比较次数是 _____ 。设有 22 个结点,当查找失败时,最少需要比较 _____ 次,最多需要比较 _____ 次。

10.5 假设在有序表 {2, 8, 13, 16, 27, 36, 78} 中进行二分查找,请画出判定树,并分别给出查找 16 和 40 时 BinarySearch 方法的返回值。

10.6 哈希查找的设计思想是什么? 哈希技术中的关键问题有哪些?

10.7 设哈希表的地址范围为 $0 \sim 17$,哈希函数为:$H(k) = k\%16$ 。用线性探测法处理冲突,说明对输入关键字序列 {10, 24, 32, 17, 31, 30, 46, 47, 40, 63, 49} 的哈希造表及查找过程。

10.8 设哈希基表的地址范围为 $0 \sim 9$,哈希函数为:$H(k) = k\%10$ 。用散列链法处理冲突,说明对输入关键字序列 {10, 24, 32, 17, 31, 30, 46, 47, 40, 63, 49} 的哈希造表及查找过程。

第 11 章 排 序 算 法

有序的数据便于处理，例如字典和电话簿一般都会按某种顺序排列其数据以便于使用。排序是将某种数据结构按照其数据元素的关键字值的大小以递增或递减的次序排列的过程，它在计算机数据处理中有着广泛的应用。

本章介绍排序操作相关的基本概念，讨论多种经典排序算法，包括插入、交换、选择和归并等排序算法，并分析、比较各种排序算法的运行效率。

本章在 Visual Studio 中用名为 sort 的类库型项目实现有关数据结构与算法的定义，用名为 sorttest 的应用程序型项目实现测试和演示程序。

11.1 数据序列及其排序

11.1.1 排序操作相关基本概念

1. 数据序列、关键字和排序

数据序列(data series)是特定数据结构中的一系列数据元素，它是待加工处理的数据元素的有限集合。以学生信息系统为例，每个学生的信息是待处理的数据元素，若干相关学生的信息则组成一个待加工处理的数据序列，例如某个院系同年级的学生成绩表。

数据序列的排序(sort)建立在数据元素间的比较操作基础之上。一个数据元素可由多个数据项组成，以数据元素的某个数据项作为比较和排序的依据，则该数据项称为排序关键字(sort key)。例如，学生信息由学号、专业、姓名、成绩等多个数据项组成。如果按学号进行排序，则学号就是排序关键字；如果按成绩排序，则成绩成为排序关键字。在数据序列中，如果某一关键字能唯一地标识一个数据元素，则称这样的关键字为主关键字(primary key)。不同数据元素，其主关键字的值也不同，因此用主关键字进行排序会得到唯一确定的结果。例如，在一所学校，学生的学号是唯一的，可以作为学生信息排序的主关键字，而学生的姓名则可能有重复，姓名不是主关键字，依据姓名排序的结果可能不是唯一的。

排序是将某种数据结构或数据序列按其数据元素的关键字的值以递增或递减的次序排列的过程，它在计算机数据处理中有着广泛的应用。

2. 内排序与外排序

根据被处理的数据规模大小，排序过程中涉及的存储器类型可能不同，由此，排序问题一般可分为内排序和外排序两大类。

（1）内排序：如果待排序的数据序列中的数据元素个数较少，在整个排序过程中，所有的数据元素及中间数据可以同时保留在内存中。

（2）外排序：待排序的数据元素非常多，它们必须存储在磁盘等外部存储介质上，在整个排序过程中，需要多次访问外存逐步完成数据的排序。

显然，内排序是基础，外排序建立在内排序的基础之上，但增加了一些复杂性。

3. 排序算法的性能评价

像评价其他算法一样，对排序算法的性能也是从算法的时间复杂度和空间复杂度两个方面进行评价的。

（1）时间复杂度：排序算法包含的基本操作的重复执行次数与待排序的数据序列长度之间的关系。数据排序的基本操作是数据元素的比较与移动操作，分析某个排序算法的时间复杂度，就是要确定该算法在执行过程中，数据元素比较次数和数据元素移动次数与待排序的数据序列长度之间的关系。

（2）空间复杂度：排序算法所需内存空间与待排序的数据序列长度之间的关系。数据的排序过程需要一定的内存空间才能完成，这包括待排序数据序列本身所占用的内存空间，以及其他附加的内存空间。分析某个排序算法的空间复杂度，就是要确定该算法在执行过程中，所需附加的内存空间与待排序数据序列的长度之间的关系。

一个好的排序算法应该具有相对低的时间复杂度和空间复杂度，即算法应该尽可能减少运行时间，占用较少的额外空间。

4. 排序算法的稳定性

用主关键字进行排序会得到唯一的结果，而用可能有重复的非主关键字进行排序，结果不是唯一的。假设，在数据序列中有两个数据元素 r_i 和 r_j，它们的关键字 k_i 等于 k_j，且在未排序时，r_i 位于 r_j 之前。如果排序后，元素 r_i 仍在 r_j 之前，则称这样的排序算法是稳定的排序（stable sort）。如果排序后，元素 r_i 和 r_j 的顺序可能保持不变也可能会发生改变，则称这样的排序为不稳定的排序（unstable sort）。

本章主要讨论几种经典的内排序算法。为了将注意力集中在算法的本质上，如不作特别说明，本章假设待排序的数据序列保存在一个数组中，并假定每个数据元素只含关键字，排序一般都是按关键字值非递减的次序对数据进行排列。关键字为某种可比较的类型，如 C#编程语言中的 int、double、string 等类型，以及实现了 IComparable 接口的各种自定义类型。

设计一个称为 Sort 的类，在其中以静态方法的形式实现本章将要一一讨论的各种排序算法。它们具有如下形式：

```
public class Sort<T> where T: IComparable {
    public static void InsertSort(T[] items);
    public static void ShellSort(T[] items);
    public static void BubbleSort(T[] items);
    public static void QuickSort(T[]items, int nLower, int nUpper);
    public static void SelectSort(T[] items);
```

```
public static void HeapSort(T[] items);
public static void MergeSort(T[] items);
}
```

11.1.2　C#数组的排序操作

C#类库中定义的 System. Array 类是 C#程序中各种数组的基类。Array 类提供了许多用于排序、查找和复制数组的方法,其中排序功能以具有多种重载形式的 Sort 方法提供。它们使用 QuickSort 算法进行排序,该排序算法效率较高,但属于不稳定排序,即如果两元素相等,则其原顺序在排序后可能会发生改变。

Array 类的各个 Sort 方法都是静态方法,它们分别具有下列形式:

(1)public static void Sort (Array ar);

参数 ar 为待排序的一维数组。这个数组的元素类型需是可比较的类型,即该类型要实现接口 IComparable,该实现定义了元素间的比较协议,据此对整个一维数组中的元素进行排序。

(2)public static void Sort (Array ar, int index, int length);

参数 ar 为待排序的一维数组,参数 index 为排序范围的起始索引,参数 length 为排序范围内的元素数。

(3)public static void Sort (Array ar, IComparer comparer);

参数 ar 为待排序的一维数组,参数 comparer 为比较元素时要使用的"比较器"对象,它实现 IComparer 接口,在该接口规定的 Compare 方法中决定数据元素之间的比较规则。

(4)public static void Sort (Array ar, Comparision<T> c);

参数 ar 为待排序的一维数组,参数 c 为比较元素时要使用的"比较"方法的委托,在该方法中决定数据元素之间的比较规则,Sort 方法使用指定的"比较"方法对数组中的元素进行排序。

下面的例子演示 Array 类的 Sort 方法和有关的类型(如 IComparable 接口与 Comparision 委托)的使用方法。

【例 11.1】学生类型的定义与学生信息表的排序演示。

学生类型 class Student 的定义如下所示,Student 类型的对象之间是可以比较的,缺省的比较规则是通过实现由 IComparable 接口定义的 CompareTo( )方法来确定的,在这里两个学生对象之间的比较等价于比较这两个学生对象的学号。

```
public class Student: IComparable{
    private int studentID;
    private string name;
    private double score;
    public Student (int id, string name, double score ) {
        this.studentID = id;
        this.name = name;
        this.score = score;
```

```
    }
    public int StudentID {
      get { return studentID; }
      set { studentID = value; }
    }
    public string Name {
      get { return name; }
      set { name = value; }
    }
    public double Score{
      get{ return score;}
      set{ score = value;}
    }
    public int CompareTo(object obj) {
      if(obj is Student) {
        Student di = (Student)obj;
        return this.studentID.CompareTo(di.StudentID);
      }
      throw new ArgumentException(String.Format("object is not a
        Student"));
    }
  }
```

在应用程序中可以直接调用 Array. Sort 方法，以按照 Student 类定义的缺省比较方式完成学生信息表的排序，Student 类型的对象的缺省比较方式定义为按学生的学号来比较。如果要按其他的方式比较并排序一个 Student 类型的数组，则调用需要两个参数的 Array. Sort 方法来完成，其中第二个参数指定比较元素时要使用的"比较"方法的委托，该方法定义数据元素之间的比较规则。

另外设计两个帮助类型，一个是称为 CompareKey 的枚举类型，它定义几个符号枚举常数；另一个是称为 StudentsSort 的类，其中定义两个静态方法 Sort(Student[] items, CompareKey k) 和 ComparisonBy(CompareKey k)。它们根据参数 k 的值构造 Comparison 委托实例以定义数据元素之间的比较规则。

```
public enum CompareKey {ID, Name, Score, IDD, NameD, ScoreD}
public class StudentsSort {
  public static void Sort(Student[] items,
    CompareKey key = CompareKey.ID) {
      Array.Sort(items, ComparisonBy(key));
  }
```

```
public static Comparison<Student> ComparisonBy(
        CompareKey k = CompareKey.ID) {
    Comparison<Student> c = null;
    switch (k) {
      case CompareKey.Name:
        c = (Student x, Student y) => {
            return x.Name.CompareTo(y.Name); };
        break;
      case CompareKey.Score:
        c = (Student x, Student y) => {
            return x.Score.CompareTo(y.Score); };
        break;
      case CompareKey.IDD:
        c = (Student x, Student y) => {
            return y.StudentID.CompareTo(x.StudentID); };
        break;
      case CompareKey.NameD:
        c = (Student x, Student y) => {
            return y.Name.CompareTo(x.Name); };
        break;
      case CompareKey.ScoreD:
        c = (Student x, Student y) => {
            return y.Score.CompareTo(x.Score); };
        break;
      default:
        c = (Student x, Student y) => {
            return x.StudentID.CompareTo(y.StudentID); };
        break;
    }
    return c;
  }
}
```

在下面的 Main 方法内分别按学号、成绩和姓名对学生信息表进行排序。

```
using System;
public class ArraySortTest {
    static void Main(string[] args) {
    Student[] items = new Student[5];
    SetData(items);
```

```
      Show(items);
      Console.WriteLine("按学号排序");
      Array.Sort(items);
      Show(items);
      Console.WriteLine("按成绩排序(从高到低)");
      StudentsSort.Sort(items, CompareKey.ScoreD);
      Show(items);
      Console.WriteLine("按姓名排序");
      Array.Sort(items, StudentsSort.ComparisonBy(
            CompareKey.Name));
      Show(items);
   }
   static void Show(Student[] items){
      Console.WriteLine("学号\t姓名\t成绩");
      for(int j=0; j<items.Length; j++){
         Console.WriteLine(items[j].StudentID+"\t"+
               items[j].Name+"\t"+items[j].Score);
      }
   }
   staticvoid SetData(Student [] items){
         items[0] = newStudent(3016, "张超", 89);
         items[1] = newStudent(3053, "马飞", 80);
         items[2] = newStudent(3041, "刘羽", 96);
         items[3] = newStudent(3025, "赵备", 79);
         items[4] = newStudent(3039, "关云", 85);
   }
}
```

运行这个程序,将显示学生信息表的各种排序结果。

11.2 插入排序

插入排序(insertion sort)基于一个简单的基本思想:将待排序的数据序列依次有序地插入成一个有序的数据序列。该算法将整个数据序列视为由两个子序列组成:处于前面的已排序的子序列和处于后面的待排序的子序列;在排序过程中,分趟将待排序的数据元素按其关键字值的大小插入前面已排序的子序列中,从而得到一个新的、元素个数增1的有序序列,重复该过程直到全部元素插入完毕。下面介绍直接插入排序算法和希尔排序算法。

11.2.1 直接插入排序

1. 算法的基本思想

直接插入排序(straight insertion sort)分趟将待排序的数据依次有序地插入成一个有序的数据序列，其核心思想是：在第 m 趟插入第 m 个数据元素 k 时，前 $m-1$ 个数据元素已组成有序数据序列 S_{m-1}，将 k 与 S_{m-1} 中各数据元素依次进行比较并插入适当位置，得到新的序列 S_m 仍是有序的。

设有一个待排序的数据序列为 items $= \{36, 91, 31, 26, 61\}$，直接插入排序算法的执行过程如下：

(1)初始化：以 items$[0] = 36$ 建立有序子序列 $S_0 = \{36\}$，$m = 1$。

(2)在第 m 趟，欲插入元素值 $k =$ items$[m]$，在 S_{m-1} 中进行顺序查找，找到 k 值应插入的位置 i；从序列 S_{m-1} 末尾开始到 i 位置的元素依次向后移动一位，空出位置 i；将 k 置入 items$[i]$，得到有序子序列 S_m，m++。例如，当 $m = 1$ 时，$k = 91$，$i = 1$，$S_1 = \{36, 91\}$。当 $m = 2$ 时，$k = 31$，$i = 0$，$S_2 = \{31, 36, 91\}$

(3)重复步骤(2)，依次将其他数据元素插入已排序的子序列中。

图 11.1 显示了对上述数据序列的直接插入排序过程。

```
index    0    1    2    3    4
items  [ 36 ][   ][   ][   ][   ]
```

(a) $m=0$，插入36，得到 $S_0=\{36\}$

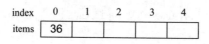

```
index    0    1    2    3    4
items  [ 36 ][ 91 ][   ][   ][   ]
```

(b) $m=1$，在 S_0 中查找 $k=$items[m]$=91$的插入
位置$i=1$，插入k得到$S_1=\{36,91\}$

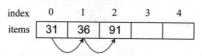

```
index    0    1    2    3    4
items  [ 31 ][ 36 ][ 91 ][   ][   ]
```

(c) $m=2$，在 S_1 中查找 $k=$items[m]$=31$的插入
位置$i=0$，插入k得到$S_2=\{31,36,91\}$

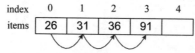

```
index    0    1    2    3    4
items  [ 26 ][ 31 ][ 36 ][ 91 ][   ]
```

(d) $m=3$，在 S_2 中查找 $k=$items[m]$=26$的插入
位置$i=0$，插入k得到$S_3=\{26,31,36,91\}$

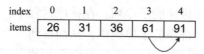

```
index    0    1    2    3    4
items  [ 26 ][ 31 ][ 36 ][ 61 ][ 91 ]
```

(e) $m=4$，在 S_3 中查找 $k=$items[m]$=61$的插入
位置$i=3$，插入k得到$S_4=\{26,31,36,61,91\}$

图 11.1 序列的直接插入排序过程描述

2. 数组的直接插入排序算法实现

```
public static void InsertSort(T[] items){
    T k;
    int i,j, m;
    int n = items.Length;
    for(m=1; m<n; m++){
        k = items[m];
        for(i=0; i<m; i++){
            if( k.CompareTo(items[i])<0 ){
                for(j=m;j>i;j--)
                    items[j] = items[j-1];
                items[i] = k;
                break;
            }
        }
        Show(m, items);
    }
}
```

Sort 类中还定义了名为 Show 的帮助方法,用以显示当前排序趟数及数据序列的值。

```
public static void Show(int i, T[] items){
    if(i==0)
        Console.Write("数据序列: ");
    else
        Console.Write("第" + i + "趟排序后: ");
    for(int j=0; j<items.Length; j++)
        Console.Write(items[j] + " ");
    Console.WriteLine();
}
```

【例 11.2】整型数组的直接插入排序算法测试。

```
static void Main(string[] args) {
    int[] items = { 36, 91, 31, 26, 61, 37};
    Sort<int>.Show(0, items);
    Sort<int>.InsertSort(items);
    Console.Write("排序后");
    Sort<int>.Show(0,items);
}
```

程序运行结果如下:

数据序列: 36 91 31 26 61 37

第 1 趟排序后： 36 91 31 26 61 37
第 2 趟排序后： 31 36 91 26 61 37
第 3 趟排序后： 26 31 36 91 61 37
第 4 趟排序后： 26 31 36 61 91 37
第 5 趟排序后： 26 31 36 37 61 91
排序后数据序列：26 31 36 37 61 91

3. 算法分析

数据排序的基本操作是数据元素的比较与移动，下面来分析在直接插入排序算法中，数据元素的比较次数和数据元素的移动次数与待排序数据序列的长度之间的关系。由前一章查找算法可知，在具有 m 个数据元素的有序线性表中顺序查找一个数据元素的平均比较次数为 $(m+1)/2$。所以，直接插入排序过程中的平均比较次数为：

$$C = \sum_{m=1}^{n-1} \frac{m+1}{2} = \frac{1}{4}n^2 + \frac{1}{4}n - \frac{1}{2} \approx \frac{n^2}{4}$$

由有关线性表的章节可知，在长度为 m 的数据序列中，在等概率条件下，插入一个数据元素的平均移动次数是 $m/2$，即需要移动序列全部数据元素的一半。所以，直接插入排序过程中的平均移动次数为：

$$M = \sum_{m=1}^{n-1} \frac{m}{2} = \frac{n(n-1)}{4} \approx \frac{n^2}{4}$$

由以上两个方面的分析可知，直接插入排序算法的时间复杂度为 $O(n^2)$。

直接插入排序过程只需几个辅助变量，其存储空间的大小与序列的长度无关，所以算法的空间复杂度为 $O(1)$。

很明显，对于关键字相同的元素，直接插入排序不会改变它们原有的次序。所以，直接插入排序算法是稳定的排序。

直接插入排序算法在每趟的插入过程中，要首先用查找操作在有序子表中确定待排序元素应插入的位置。可以用二分查找算法代替顺序查找算法完成在有序表中查找的工作，这样可以降低平均比较次数。但是，用二分查找算法代替顺序查找算法并不能减少移动数据元素操作的次数，故算法的总体时间复杂度仍为 $O(n^2)$。

改进后的算法如下：

```
public static void InsertSortBS(T[] items) {
    T k;
    int i, j, m, n = items.Length;
    for (m = 1; m < n; m++) {
        k = items[m];
        i = Array.BinarySearch<T>(items, 0, m, k);
        if(i<0)
            i = ~i;
        else{
            while(k.Equals(items[i])) i++;
```

```
        }
        for (j = m; j > i; j--)
            items[j] = items[j - 1];
        items[i] = k;
        Show(m, items);
        }
    }
```

11.2.2 希尔排序

1. 算法的基本思想

希尔排序(Shell sort)又称缩小增量排序(diminishing increment sort),它也属于插入排序类的方法。其基本思想是:先将整个序列分割成若干子序列分别进行排序,待整个序列基本有序时,再进行全序列直接插入排序,这样可使排序过程加快。

直接插入排序每次比较的是相邻的数据元素,一趟排序后数据元素最多移动一个位置。如果待排序序列的数据元素个数为 n,假定序列中第 1 个数据元素的关键字值最大,排序后的最终位置应该是序列的最后一个单元,则将它从序列头部移动到序列尾部需要运行 $n-1$ 步。如果有某种办法将该元素一次移动到尾部或尽可能靠近尾部,那么排序的速度就可能快得多。希尔排序算法在排序之初,将位置相隔较远的若干数据元素归为一个子序列,因而进行相互比较的是位置相隔较远的数据元素,这就使得数据元素移动时能够跨越多个位置;然后逐渐减少被比较数据元素间的距离(缩小增量),直至距离为 1 时,各数据元素都已按序排好。

2. 数组的希尔排序算法实现

```
public static void ShellSort(T[] items) {
    T t;
    int n = items.Length, jump = n / 2;
    int i, j, m = 1;
    while (jump > 0) {
        for (i = jump; i < n; i++) {
            j = i - jump;
            while (j >= 0) {
                if (items[j].CompareTo(items[j + jump]) > 0) {
                    t = items[j];
                    items[j] = items[j + jump];
                    items[j + jump] = t;
                    j -= jump;
                }
                else
                    j = -1;
```

261

```
            }
        }
        Console.Write("jump=" + jump + " ");
        Show(m, items); m++;
        jump /= 2;
    }
}
```

在希尔排序算法的代码中有三重循环：

(1)最外层循环(while 语句)：控制增量 jump，其初值为数组长度 n 的一半，以后逐次减半缩小，直至增量为1。整个序列分割成 jump 个子序列，分别进行直接插入排序。

(2)中层循环(for 语句)：相隔 jump 的元素进行比较、交换，完成一轮子序列的直接插入排序。

(3)最内层循环(while 语句)：将元素 items[j]与相隔 jump 的元素 items[j+jump]进行比较，如果两者是反序的，则执行交换。重复往前(j -= jump)与相隔 jump 的元素再比较、交换；当 items[j]<=items[j+jump]时，表示元素 items[j]已在这趟排序后的位置，不需交换，则退出最内层循环。

例如，对于一个待排序的数据序列 items = {36, 91, 31, 26, 61, 37, 97, 1, 93, 71}，数据序列长度 $n = 10$，初始增量 jump = n/2。希尔排序的执行过程如下所叙：

(1)jump=5，j 从第0个位置元素开始，将相隔 jump 的元素 items[j]与元素 items[j+jump]进行比较。如果反序，则交换，依次重复进行完一趟排序，得到序列{36, 91, **1**, 26, 61, 37, 97, 31, 93, 71}。

(2)jump=2，相隔 jump 的元素组成子序列{36, 1, 61, 97, 93}和子序列{91, 26, 37, 31, 71}。在子序列内比较元素 items[j]与元素 items[j+jump]，如果反序，则交换，依次重复。得到序列{ **1**, 26, **36**, 31, **61**, 37, **93**, 71, **97**, 91}。

(3)jump=1，在全序列内比较元素 items[j]与元素 items[j+jump]，如果反序，则交换；得到序列{ 1, 26, 31, 36, 37, 61, 71, 91, 93, 97}。

【例 11.3】整型数组的希尔排序算法测试。

```
int[] items = {36, 91, 31, 26, 61, 37, 97, 1, 93, 71};
Sort<int>.ShellSort(items);
Console.Write("排序后");
Sort<int>.Show(0,items);
```

程序运行结果如下：

数据序列: 36 91 31 26 61 37 97 1 93 71
jump=5 第1趟排序后: 36 91 1 26 61 37 97 31 93 71
jump=2 第2趟排序后: 1 26 36 31 61 37 93 71 97 91
jump=1 第3趟排序后: 1 26 31 36 37 61 71 91 93 97
排序后数据序列: 1 26 31 36 37 61 71 91 93 97

3. 算法分析

希尔排序算法的时间复杂度分析比较复杂，实际所需的时间取决于每次排序时增量的取值。研究证明，若增量的取值比较合理，希尔排序算法的时间复杂度为约 $O(n(\log_2 n)^2)$。希尔排序算法的空间复杂度为 $O(1)$。希尔排序算法是一种不稳定的排序算法，对于关键字相同的元素，排序可能会改变它们原有的次序。

11.3 交换排序

在基于交换的排序算法中有两个算法非常经典：冒泡排序（bubble sort）和快速排序（quick sort）。冒泡排序是一种直接的交换排序算法；快速排序是目前平均性能较好的一种排序算法，. NET Framework 的 System. Array 类的 Sort 方法使用 quick sort 算法进行排序。

11.3.1 冒泡排序

1. 冒泡排序基本思想

冒泡排序算法的基本思想简单直接，它依次比较相邻的两个数据元素的关键字值，如果反序，则交换它们的位置。对于一个待排序的数据序列，经过一趟交换排序后，具有最大值的数据元素将移到序列的最后位置，值较小的数据元素向最终位置移动一位，这一趟交换过程又称为一趟起泡。如果在一趟排序中，没有发生一次数据交换（起泡），则说明序列已排好序。

对于有 n 个数据元素的数据序列，最多需 $n-1$ 趟排序，第 m 趟对从位置 0 到位置 $n-m-1$ 的数据元素与其后一位的元素进行比较、交换，如果该趟没有发生一次数据的交换，则整个序列的排序过程结束。因此冒泡排序算法可用二重循环实现。

2. 数组的冒泡排序算法实现

```
public static void BubbleSort(T[ ] items) {
    T t;int n = items.Length;
    bool exchanged;
    for (int m = 1; m < n; m++) {
        exchanged = false;
        for (int j = 0; j < n - m; j++) {
            if (items[j].CompareTo(items[j + 1]) > 0) {
                t = items[j];
                items[j] = items[j + 1];
                items[j + 1] = t;
                exchanged =true;
            }
        }
    }
```

```
        Show(m, items);
        if(! exchanged)
            break;
    }
}
```

假设有一个待排序的数据序列为 items = {36, 91, 31, 26, 61, 37}，在该序列上进行冒泡排序的过程如图 11.2 所示。

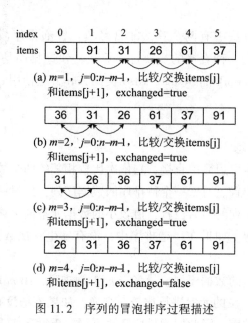

图 11.2 序列的冒泡排序过程描述

算法测试的程序运行结果如下：

第 1 趟排序后：36 31 26 61 37 91

第 2 趟排序后：31 26 36 37 61 91

第 3 趟排序后：26 31 36 37 61 91

第 4 趟排序后：26 31 36 37 61 91

3. 算法分析

BubbleSort 方法用两重循环分趟实现交换排序算法。外循环控制排序趟数，在最好的情况下，序列已排序，只需一趟排序即可，进行比较操作的次数为 $n-1$，进行移动操作的次数为 0，算法的时间复杂度为 $O(n)$；最坏的情况是序列已按反序排列，这时需要 $n-1$ 趟排序，每趟过程中进行比较和移动操作的次数均为 $n-1$，算法的时间复杂度为 $O(n^2)$。

就平均情况而言，冒泡排序算法的时间复杂度为 $O(n^2)$。

在冒泡排序过程中，需要一个辅助存储空间来交换两个数据元素，这与序列的长度无关，故冒泡排序算法的空间复杂度为 $O(1)$。

从交换的过程易看出，对于关键字相同的元素，排序不会改变它们原有的次序，故冒泡排序是稳定的。

11.3.2 快速排序

1. 快速排序算法基本思想

快速排序的基本思想是: 将长序列以其中的某值为基准(这个值称作枢纽 pivot)分成两个独立的子序列, 第一个子序列中的所有元素的关键字值均比 pivot 小, 第二个子序列所有元素的关键字值则均比 pivot 大; 再以相同的方法分别对两个子序列继续进行排序, 直到整个序列有序。具体做法是, 在待排序的数据序列中任意选择一个元素(例如选择第一个元素)作为基准值 pivot, 由序列的两端交替地向中间进行比较、交换, 使得所有比 pivot 小的元素都交换到序列的左端, 所有比 pivot 大的元素都交换到序列的右端, 这样序列就被划分成三部分: 左子序列、pivot 和右子序列。再对两个子序列分别进行同样的操作, 直到子序列的长度为 1。每趟排序过程中, 将找到基准值 pivot 在序列中的最终排序位置, 并据此将原序列分成两个小序列。

2. 数组的快速排序算法实现

```
public static void QuickSort(T[] items, int nLower, int nUpper) {
    if (nLower < nUpper) {
        int nSplit = Partition(items, nLower, nUpper);
        Console.Write("left = " + nLower + " right = " + nUpper + " Piv-
            ot = " + nSplit + " \t");
        Show(0, items);
        QuickSort(items, nLower, nSplit - 1);
        QuickSort(items, nSplit + 1, nUpper);
    }
}
private static int Partition(T[] items, int nLower, int nUpper) {
    T t, pivot = items[nLower];
    int nLeft = nLower + 1;
    int nRight = nUpper;
    while (nLeft <= nRight) {
        while (nLeft <= nRight &&
            (items[nLeft]).CompareTo(pivot) <= 0)
            nLeft = nLeft + 1;
        while (nLeft <= nRight &&
            (items[nRight]).CompareTo(pivot) > 0)
            nRight = nRight - 1;
        if (nLeft < nRight) {
            t = items[nLeft];
            items[nLeft] = items[nRight];
```

```
            items[nRight] = t;
            nLeft = nLeft + 1;
            nRight = nRight - 1;
        }
    }
    t = items[nLower];
    items[nLower] = items[nRight];
    items[nRight] = t;
    return nRight;
}
```

QuickSort 方法以递归方式实现快速排序算法。设 nLower 和 nUpper 分别表示待排序的子序列的左右边界，Partition 方法选取子序列的第一个元素为基准值 pivot 进行一趟排序，将作为基准值的元素交换到它在最终完全排好序的序列中的应有位置，并将该位置值作为方法的返回值返回到调用它的 QuickSort 方法中，并记录在变量 nSplit 中。这样经一趟排序后，原序列分为两个子序列，序列元素下标分别为[nLower, nSplit - 1]和[nSplit + 1, nUpper]。对两个子序列再分别调用 QuickSort 方法进行递归排序。

在 Partition 方法中，选取子序列的第一个元素作为基准值 pivot，开始时变量 nLeft 和 nRight 分别表示子序列除基准值外的第一个元素和最后一个元素的位置，while（nLeft <= nRight）循环进行一轮比较，nLeft，nRight 分别从序列的最左、右端开始向中间扫描。在左端发现大于 pivot 或右端发现小于或等于 pivot 的元素，则交换到另一端，并收缩两端的范围，最终确定基准值 pivot 应有的最终排序位置。最后将 pivot 交换到该位置，并将该位置值作为方法的结果返回。

假设有一个待排序的数据序列为 items = {36, 91, 31, 26, 61, 37}，在这个序列上进行快速排序的过程描述如图 11.3 所示。算法测试的程序运行结果如下：

```
left = 0 right = 5 Pivot = 2   数据序列: 31 26 36 91 61 37
left = 0 right = 1 Pivot = 1   数据序列: 26 31 36 91 61 37
left = 3 right = 5 Pivot = 5   数据序列: 26 31 36 37 61 91
left = 3 right = 4 Pivot = 3   数据序列: 26 31 36 37 61 91
```
排序后数据序列: 26 31 36 37 61 91

3. 算法分析

快速排序的执行时间与序列的初始排列及基准值的选取有关。最坏情况是，当序列已排序时，例如，对于序列{1, 2, 3, 4, 5, 6, 7, 8}，如果选取序列的第一个元素作为基准值，那么分成的两个子序列将分别是{1}和{2, 3, 4, 5, 6, 7, 8}，而且它们仍然是已排序的。这样必须经过 $n-1=7$ 趟才能完成最终的排序。在这种情况下，其时间复杂度为 $O(n^2)$，排序速度已退化，比冒泡排序法还慢。一般而言，对于接近已排序的数据序列，快速排序算法的时间效率并不理想。

快速排序的最好情况是，每趟排序将序列分成两个长度相同的子序列。

研究证明，当 n 较大时，对平均情况而言，快速排序名副其实，其时间复杂度为

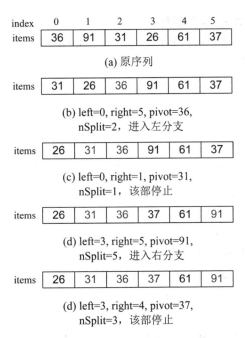

图 11.3　序列的快速排序过程描述

$O(n\log_2 n)$。但当 n 很小时，或基准值选取不适当时，快速排序的时间复杂度可能退化为 $O(n^2)$。在算法实现中，常常以随机方法在待排序的数据序列中选择一个元素作为初始基准值，而不是固定选第一个元素。

快速排序是递归过程，需要在系统栈中传递递归函数的参数及返回地址，算法的空间复杂度为 $O(\log_2 n)$。

快速排序算法是不稳定排序算法。对于关键字相同的元素，排序可能会改变它们原有的次序。

11.4　选择排序

选择排序算法常用的有两种：直接选择排序（straight selection sort）和堆排序（heap sort）。

11.4.1　直接选择排序

1. 直接选择排序算法基本思想

直接选择排序的基本思想是依次选择出待排序数据中的最小者将其有序排列，具体过程是：对于有 n 个元素的待排序数据序列 items，第 1 趟排序，比较 n 个元素，找到关键字最小的元素 items[min]，将其交换到序列的首位置 items[0]；第 2 趟排序，在余下的 $n-1$ 个元素中选取最小的元素，交换到序列的 items[1] 位置；这样经过 $n-1$ 趟排序，完成

267

n 个元素的排序。

2. 数组的直接选择排序算法实现

```
public static void SelectSort(T[ ] items) {
    T t;
    int min, n = items.Length;
    for (int m = 1; m < n; m++) {
        min = m - 1;
        for (int j = m; j < n; j++) {
            if (items[j].CompareTo(items[min]) < 0)
            min = j;
        }
        if (min ! = m - 1) {
            t = items[m - 1];
            items[m - 1] = items[min];
            items[min] = t;
        }
        Console.Write("min = " + min + " ");
        Show(m, items);
    }
}
```

SelectSort 方法用一个二重循环实现直接选择排序。外层 for 循环控制 $m = 1$：$n-1$ 趟排序，每趟排序找到一个最小值置于 items[$m-1$]；内层 for 循环控制 $j=m$：$n-1$ 在序列剩余的数据元素中进行每趟的比较，找到关键字最小的元素 items[min]，然后与 items[$m-1$] 交换。

假设有一个待排序的数据序列为 items = {36, 91, 31, 26, 61}，在其上进行直接选择排序的过程描述如图 11.4 所示。算法测试的程序运行结果如下：

min = 3 第趟排序后：26 91 31 36 61

min = 2 第趟排序后：26 31 91 36 61

min = 3 第趟排序后：26 31 36 91 61

min = 4 第趟排序后：26 31 36 61 91

排序后数据序列：　26 31 36 61 91

3. 算法分析

在直接选择排序算法中，比较操作的次数与数据序列的初始排列无关。对于有 n 个数据元素的待排序数据序列，在第 m 趟排序中，查找最小值所需的比较次数为 $n-m$ 次。所以，直接选择排序算法总的比较次数为

$$C = \sum_{m=1}^{n-1} (n - m) = \frac{1}{2}n(n - 1) \approx \frac{n^2}{2}$$

序列的初始排列对算法执行中数据元素的移动次数是有影响的。最好的情况是，数据

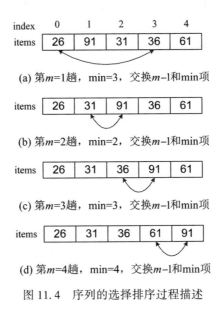

index　　0　　1　　2　　3　　4
items　26　91　31　36　61

(a) 第m=1趟，min=3，交换m-1和min项

items　26　31　91　36　61

(b) 第m=2趟，min=2，交换m-1和min项

items　26　31　36　91　61

(c) 第m=3趟，min=3，交换m-1和min项

items　26　31　36　61　91

(d) 第m=4趟，min=4，交换m-1和min项

图 11.4　序列的选择排序过程描述

序列的初始状态已是按数据元素的关键字值递增排列的，那么算法执行中无需移动元素，数据移动操作的次数 $M = 0$。最坏情况是，每一趟排序过程都要交换数据元素的位置，此时总的数据元素移动次数为 $M = 3 \times (n-1)$。所以，直接选择排序算法的时间复杂度为 $O(n^2)$。

在直接选择过程中，需要一个辅助存储空间来交换两个数据元素，这与序列的长度无关，故算法的空间复杂度为 $O(1)$。

直接选择排序算法是不稳定的。对于关键字相同的元素，排序可能会改变它们原有的次序。

11.4.2　堆排序

1. 堆排序算法

直接选择排序算法每趟选择最小值，都没有利用上前一趟进行比较所得到的结果，重复的操作比较多。堆排序算法的基本思想是：在每次选择最小或最大值时，利用以前的比较结果，以提高排序的速度。

n 个元素的序列$\{k_0, k_1, \cdots, k_{n-1}\}$当且仅当满足下列关系时，称之为堆。

$$\begin{cases} k_i \geqslant k_{2i+1} \\ k_i \geqslant k_{2i+2} \end{cases}$$

式中，$i = 0, 1, \cdots, \dfrac{n-1}{2}$。

如果将此序列看成是一个完全二叉树的数组表示，则对应的完全二叉树中所有非终端结点的值均大于等于其左右孩子结点的值，树的根结点(堆顶)的值为序列的最大值。

先将序列建成一个堆，若在输出堆顶的最大值后，调整剩余的序列重新建成一个堆，则可以取得次大值，如此反复，便得到一个有序序列，该过程称为堆排序。

2. 数组的堆排序算法实现

```
public static void HeapSort(T[] items) {
    T t;
    int i, n = items.Length;
    for (i = (n-1)/2; i >= 0; i--) {        //从最后一个非终端结点建大顶堆
        HeapAdjust(items, i, n);
    }
    for (i = n-1; i > 1; i--) {
        t = items[0];
        items[0] = items[i];
        items[i] = t;                       //根(最大)值交换到后面
        HeapAdjust(items,0,i);              //调整成堆
    }
}

private static void HeapAdjust(T[] items, int s, int m) {
    int i = s; int j = 2 * i + 1;          //第 j 个元素是第 i 个元素的左孩子
    T t = items[i];                         //获得第 i 个元素的值
    while (j < m-1) {
        if (items[j].CompareTo(items[j+1])<0)
            j++;                            //如果右孩子值较大时, j 表示右孩子
        if (t.CompareTo(items[j]) < 0) {   //根小,子树调整成堆
            items[i] = items[j];           //设置第 i 个元素为 j 的值
            i = j;                          //i,j 向下滑动一层
            j = 2 * I + 1;
        }
        else break;
    }
    items[i] = t;
}
```

HeapSort 方法实现堆排序算法，它从最后一个非终端结点开始调用 HeapAdjust 方法 $(n+1)/2$ 次，将待排序序列建成堆。再调用 HeapAdjust 方法 $n-2$ 次，每次将根(最大值)交换到依次缩小的序列尾部。

当序列长度 n 较小时，不提倡使用堆排序算法，当 n 较大时，堆排序算法还是很有效的，它的时间复杂度为 $O(n \log_2 n)$，即使在最坏的情况下亦能保持这样的时间复杂度，相对于快速排序，这是堆排序的一大优点。

堆排序算法在运行过程中需要一个辅助存储空间来交换两个数据元素，这与序列的长度无关，故算法的空间复杂度为 $O(1)$。

堆排序算法是不稳定的，对于关键字相同的元素，排序会改变它们原有的次序。

11.5 归并排序

有序的数据便于处理，如果待排序序列内已存在某种有序性，排序算法利用上这种内在的有序性，那么将加快排序操作的运行。

1. 归并排序算法基本思想

将两个有序子数据序列合并，形成一个大的有序序列的过程称为归并(merge)，又称两路归并。对于有 n 个元素的待排序数据序列，两路归并排序算法的过程如下：

(1)将待排序序列看成是 n 个长度为 1 的已排序子序列。

(2)依次将两个相邻的子序列合并成一个大的有序序列。

(3)重复第(2)步，合并更大的有序子序列，直到完成整个序列的排序。

2. 数组的归并排序算法实现

```
public static void MergeSort(T[] items) {
    int len = 1;                          //已排序的序列长度,初始值为1
    T[] temp = new T[items.Length];   //temp 所需空间与 items 一样
    do {
        MergePass(items, temp, len);  //将 items 中元素归并到 temp 中
        Show(0, temp);
        len *= 2;
        MergePass(temp, items, len);  //将 temp 中元素归并到 items 中
        Show(0, items);
        len *= 2;
    } while (len < items.Length);
}
private static void MergePass(T[] src, T[] dst, int len) {
    int i = 0, j;
    Console.Write("len=" + len + "   ");
    while (i < src.Length - 2 * len) {       //src 至少包含两块子序列
        Merge(src, dst, i, i + len, len);
        i += 2 * len;
    }
    if (i + len < src.Length)
        Merge(src, dst, i, i + len, len);   //src 余下不足两块子序列,再
                                              一次归并
    else
```

```
        for (j = i; j < src.Length; j++) //src 余下不足一块子序列,直接复制
            dst[j] = src[j];
    }

    private static void Merge(T[] src, T[] dst, int r1, int r2, int n) {
        int i = r1, j = r2, k = r1;
        while (i < r1 + n && j < r2 + n && j < src.Length) {
            if (src[i].CompareTo(src[j]) < 0) {      //较小的值送到 dst 中
                dst[k] = src[i];k++; i++;
            }
            else {
                dst[k] = src[j];k++; j++;
            }
        }
        while (i < r1 + n) {              //将一子序列余下的值复制到 dst 中
            dst[k] = src[i];k++; i++;
        }
        while (j < r2 + n && j < src.Length) {   //将另一子序列余下的值复制到
                                                        dst 中
            dst[k] = src[j];k++; j++;
        }
    }
```

MergeSort 方法实现两路归并排序算法。待排序的数据序列存放在数组 items 中，temp 是排序中使用的一个辅助数组，它具有与 items 相同的长度。变量 len 是归并过程中当前已排序的子序列的长度，初始值为 1，每次归并后，len 的值扩大一倍。一轮外循环(do… while 循环)中通过两次调用 MergePass 方法完成两趟归并排序，分别从 items 归并到 temp，再从 temp 归并到 items，使得排序后的数据序列仍保存在数组 items 中。

MergePass 方法完成一趟归并排序。它调用 Merge 方法，依次将数组 src(例如 items) 中相邻两个有序子序列归并到数组 dst(例如 temp)中，子序列的长度为 len。如果相邻的子序列已归并完，数组 src 中仍有数据，则将其复制到 dst 中。

Merge 方法完成两个有序子序列的归并，将数组 src 中相邻的两个子序列(起始位置分别为 r_1 和 r_2，长度为 n，n 为形参，其值由调用者设定为当前子序列的长度)

$$src[r1], \cdots, src[r1+n-1] \text{ 和 } src[r2], \cdots, src[r2+n-1]$$

归并到 dst 中

$$dst[r1], \cdots, dst[r1+n+n-1]$$

假设有一个待排序的数据序列为 items = { 36，91，31，26，61，37，97，1，93，71}，在

其上进行两路归并排序的过程描述如图 11.5 所示。算法测试的程序运行结果如下：

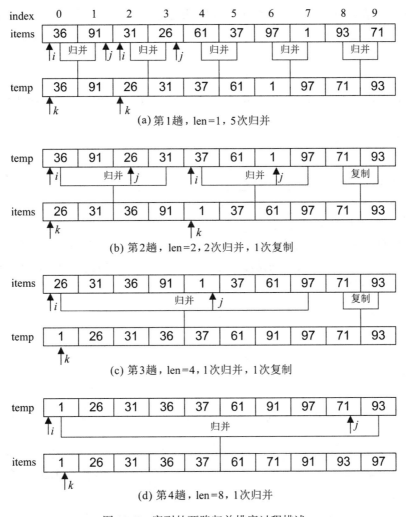

图 11.5 序列的两路归并排序过程描述

len=1 数据序列：36 91 26 31 37 61 1 97 71 93
len=2 数据序列：26 31 36 91 1 37 61 97 71 93
len=4 数据序列：1 26 31 36 37 61 91 97 71 93
len=8 数据序列：1 26 31 36 37 61 71 91 93 97
排序后数据序列： 1 26 31 36 37 61 71 91 93 97

3. 算法分析

Merge 方法完成两个有序子序列的归并，需要进行 $O(\text{len})$ 次比较。MergePass 方法完成一趟归并排序，需要调用 Merge 方法 $O(n/\text{len})$ 次。MergeSort 方法实现归并排序算法，需要调用 MergePass 方法 $O(\log_2 n)$ 次。所以，归并算法的时间复杂度为 $O(n\log_2 n)$。

归并排序算法在运行过程中需要与存储原数据序列的空间相同大小的辅助空间，所以它的空间复杂度为 $O(n)$。

归并排序算法是稳定的，对于关键字相同的元素，排序不会改变它们原有的次序。

习题 11

11.1 设要将序列 $\{12, 61, 8, 70, 97, 75, 53, 26, 54, 61\}$ 按非递减顺序重新排列，则：

冒泡排序一趟的结果是 _____ ；

插入排序一趟的结果是 _____ ；

二路归并排序一趟的结是 _____ ；

快速排序一趟的结果(以原首元素为枢轴)是 _____ ；

上述算法中稳定的排序算法有 _____ ；

11.2 设有一个待排序的数据序列，其关键字序列如下：$\{3, 17, 12, 61, 8, 70, 97, 75, 53, 26, 54, 61\}$，试写出下列排序算法对这个数据序列进行排序的中间及最终结果：

(1)直接插入排序；

(2)希尔排序；

(3)冒泡排序；

(4)快速排序；

(5)选择排序；

(6)归并排序。

11.3 说明本章介绍的各个排序算法的特点，并比较它们的时间复杂度与空间复杂度。

11.4 排序算法的稳定性的含义是什么？说明本章介绍的各个排序算法的稳定性。

11.5 排序的关键字不同，排序的结果也不一样。说明 C#程序中指定排序关键字的一些方法。

11.6 分析用冒泡排序对数据序列 items $= \{70, 30, 12, 61, 80, 20, 97, 46\}$ 进行升序排序所需的比较操作的总次数。

11.7 分析快速排序在最好情况和最坏情况下的时间复杂度。

参 考 文 献

[1] Cormen, Leriserson, Rivest. Introduction to algorithms (3rd Edition)[M]. The MIT Press, 2009.

[2] M. McMillan. Data Structures and Algorithms using C#[M]. Cambridge University Press, 2007.

[3] [美]萨特吉·萨尼(Sartaj Sahni). 数据结构、算法与应用——C++语言描述[M]. 第2版. 王立柱，刘志红，译. 北京：机械工业出版社，2015.

[4] 严蔚敏，吴伟民. 数据结构(C 语言版)[M]. 北京：清华大学出版社，1997.

[5] 殷人昆，等. 数据结构(用面向对象方法与 C++描述)[M]. 北京：清华大学出版社，1999.

[6] 陈明. 数据结构(C++版)[M]. 北京：清华大学出版社，2005.

[7] 叶核亚. 数据结构(Java 版)[M]. 北京：电子工业出版社，2004.

[8] 雷军环，等. 数据结构(C#语言版)[M]. 北京：清华大学出版社，2009.

[9] 陈广. 数据结构(C#语言描述)[M]. 北京：北京大学出版社，2009.

[10] 陈越，何钦铭. 数据结构[EB/OL]. 中国大学 MOOC, http：// www. icourse163. org/ course/ZJU-93001, 浙江大学.